U0198174

DK自然传奇大百科

（修订版）

版权贸易合同登记号　图字：01-2016-8055

审图号：GS京（2024）0888号
本书中第214、216、218、219、220、226、228、229、232、233、240、257、307、309页地图系原文插图。

图书在版编目（CIP）数据

DK自然传奇大百科 / 英国DK公司编著；苏静等译
. --修订版. --北京：电子工业出版社，2025.1
　ISBN 978-7-121-47782-9

　Ⅰ.①D⋯　Ⅱ.①英⋯　②苏⋯　Ⅲ.①自然科学—少儿
读物　Ⅳ.①N49

中国国家版本馆CIP数据核字（2024）第088817号

本书各部分的作者、译者、审校者如下：
《骨骼》　史蒂夫·帕克 著，苏静 等译
《池塘与河流》　史蒂夫·帕克 著，徐彬 等译
《海岸世界》　史蒂夫·帕克 著，郭红梅 等译
《鲨鱼》　米兰达·马奎提 著，郭红梅 等译
《濒危动物》　本·霍尔 汤姆·杰克逊 著，徐彬 周玉莹 等译，张孚允 审

责任编辑：董子晔
印　　刷：鸿博昊天科技有限公司
装　　订：鸿博昊天科技有限公司
出版发行：电子工业出版社
　　　　　北京市海淀区万寿路173信箱　邮编：100036
开　　本：889×1194　1/16　印张：20.5　字数：656千字
版　　次：2017年1月第1版
　　　　　2025年1月第2版
印　　次：2025年4月第2次印刷
定　　价：158.00元

凡所购买电子工业出版社图书有缺损问题，请向购买书店调换。若书店售缺，请与本
社发行部联系，联系及邮购电话：（010）88254888，88258888。
质量投诉请发邮件至zlts@phei.com.cn，盗版侵权举报请发邮件至dbqq@phei.com.cn。
本书咨询联系方式：（010）88254161 转1865，dongzy@phei.com.cn。

www.dk.com

DK自然传奇大百科

（修订版）

英国DK公司	编著
苏　静	等译
张孚允	等审

电子工業出版社·

Publishing House of Electronics Industry

北京·BEIJING

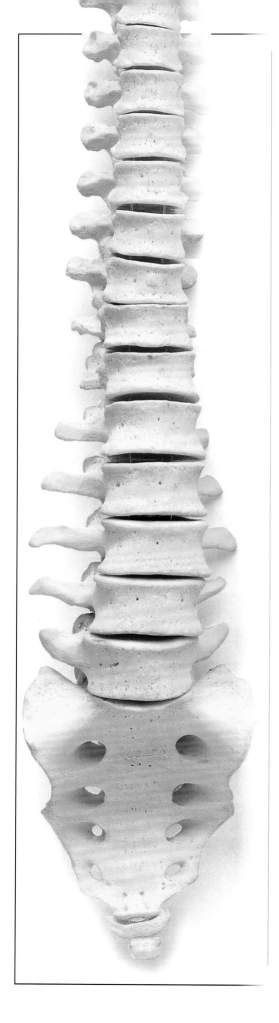

目　录

第二章　池塘与河流

第三章 海岸世界

第四章　鲨鱼

第五章　濒危动物

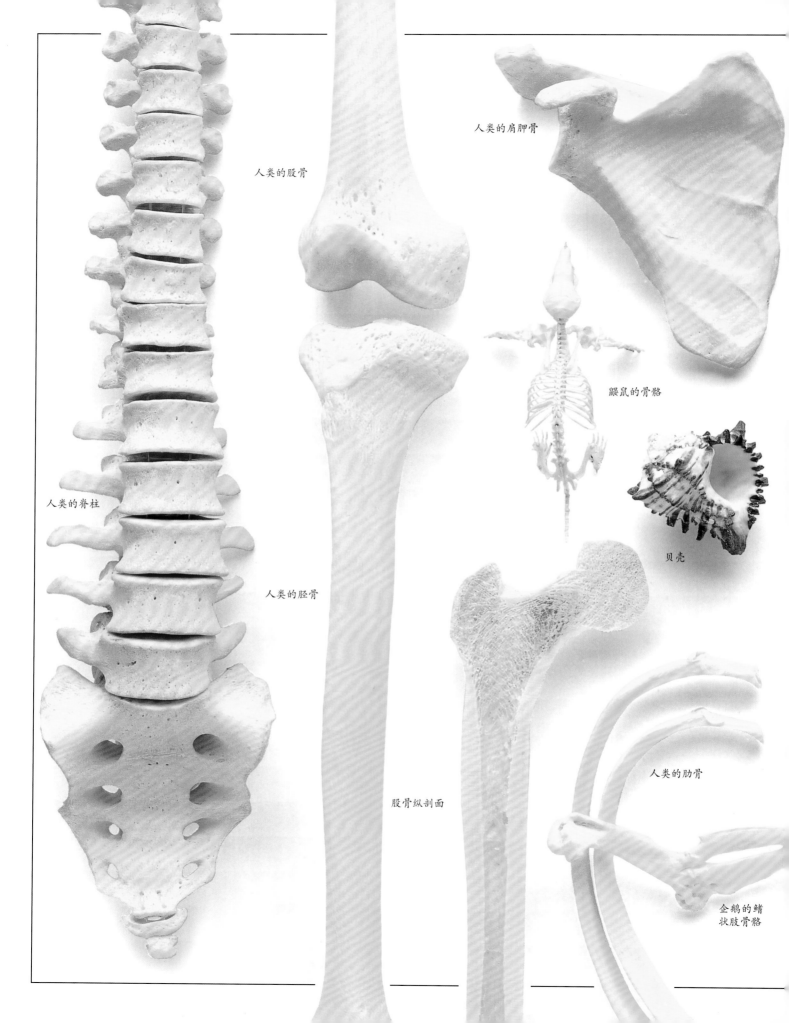

人类的股骨

人类的肩胛骨

人类的脊柱

鼹鼠的骨骼

贝壳

人类的胫骨

股骨纵剖面

人类的肋骨

企鹅的鳍
状肢骨骼

人类的臼齿

海星

骨 骼

Skeleton

进入骨骼的世界，揭开动物和人类骨骼的秘密。

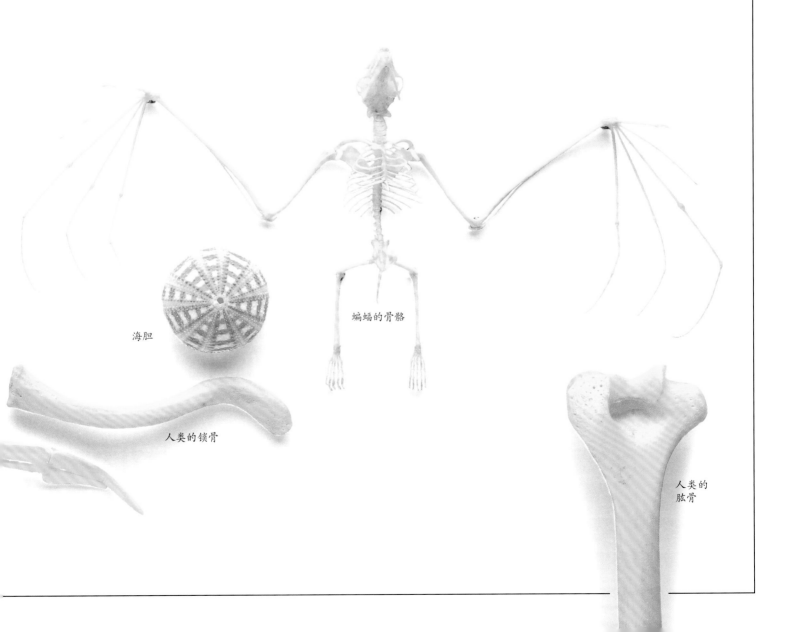

海胆

蝙蝠的骨骼

人类的锁骨

人类的
肱骨

人体骨骼

我们的骨骼具有支撑、运动和保护功能，既有刚性，又有灵活性。每块骨头都很坚硬，无法弯曲，形成了一个内部框架来支撑身体的其他部位，从而防止身体坍缩成一堆果冻状的东西。骨头之间由可活动的关节连接，由肌肉带动工作，共同形成一种系统，使其具有桁架、杠杆和钳子似的功能，这样，人们就可以从树上摘苹果或以35千米的时速移动全身。骨骼保护着我们身体最脆弱和最重要的器官：头骨保护大脑，肋骨保护心脏和肺。研究发现，大约4000种脊椎动物的骨骼基本构造也同样适用于人体骨骼。但是动物的种类数不胜数，相应地，其骨骼也是各种各样。

大脑袋
相对于其他动物的大脑占其身体的比重而言，人脑是最大的大脑之一。

早期印象 *上图*
18世纪和19世纪的医学教科书已经包含如此详细的插图。

食物处理器
每年每人的牙齿可咀嚼约500千克的食物。

解剖学讲座 *下图*
中世纪的解剖学教室放有人类和动物的骨骼。

中世纪的医学
15世纪，这名外科医生在对一个学生讲述胸腔的细微构造。

头骨的测量
头骨测量仪用来测量头骨的大小，进而推算出大脑的尺寸。

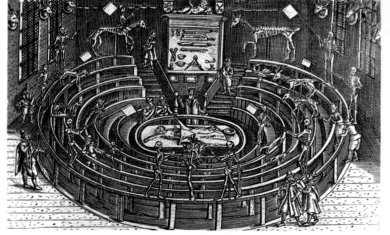

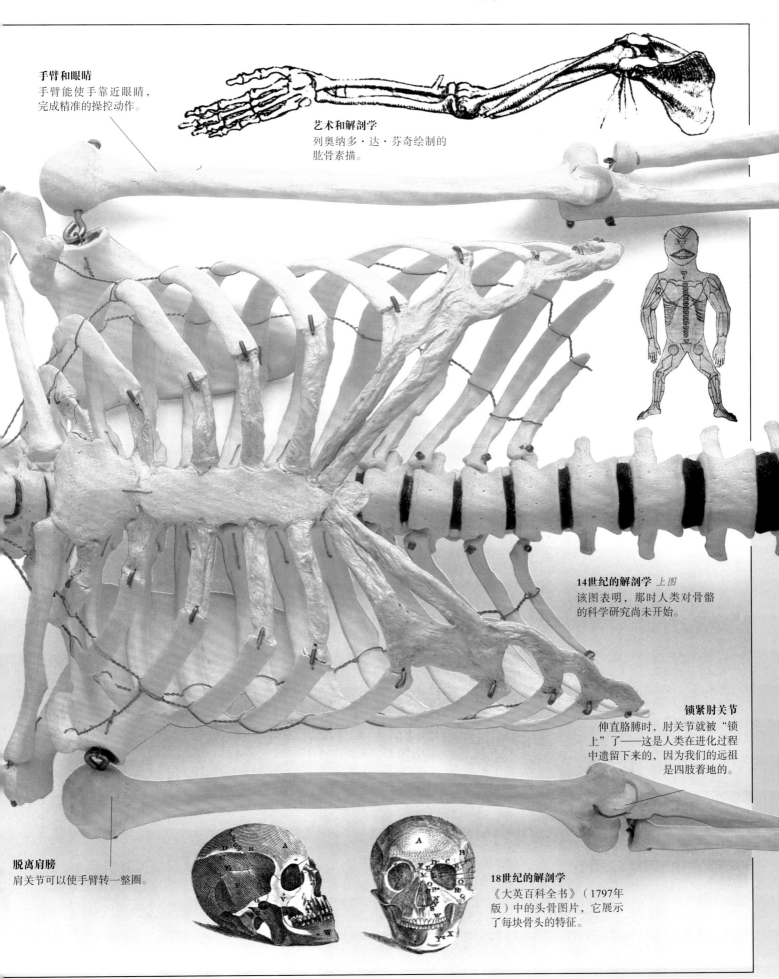

手臂和眼睛
手臂能使手靠近眼睛，完成精准的操控动作。

艺术和解剖学
列奥纳多·达·芬奇绘制的肱骨素描。

14世纪的解剖学 上图
该图表明，那时人类对骨骼的科学研究尚未开始。

锁紧肘关节
伸直胳膊时，肘关节就被"锁上"了——这是人类在进化过程中遗留下来的，因为我们的远祖是四肢着地的。

脱离肩膀
肩关节可以使手臂转一整圈。

18世纪的解剖学
《大英百科全书》（1797年版）中的头骨图片，它展示了每块骨头的特征。

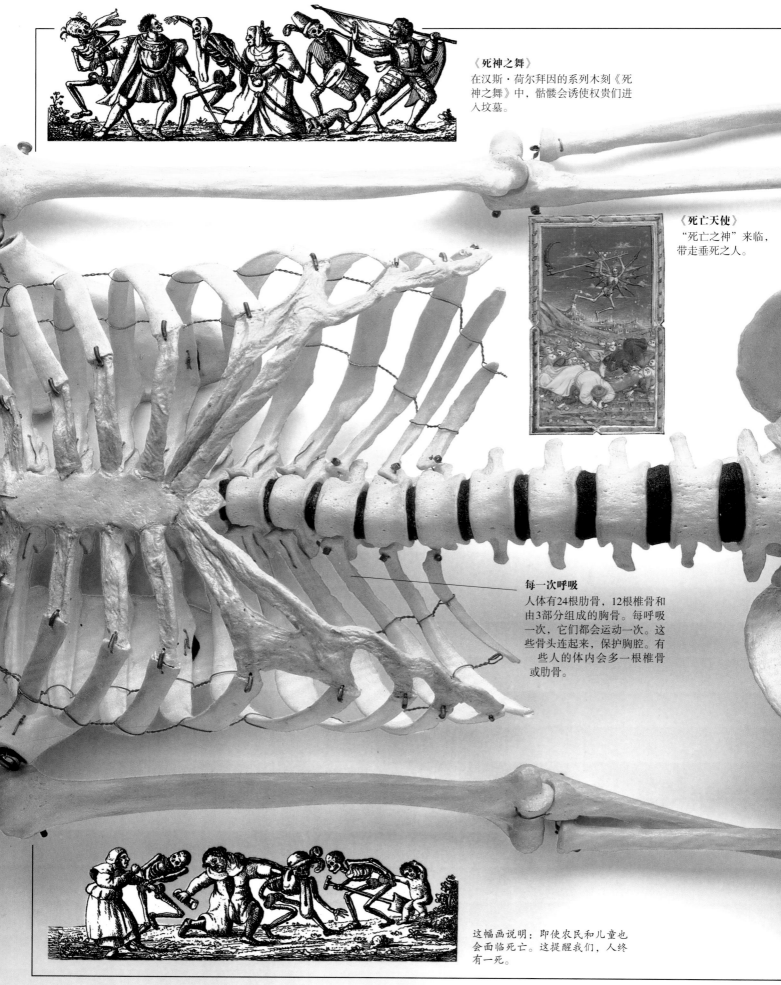

《死神之舞》
在汉斯·荷尔拜因的系列木刻《死神之舞》中，骷髅会诱使权贵们进入坟墓。

《死亡天使》
"死亡之神"来临，带走垂死之人。

每一次呼吸
人体有24根肋骨，12根椎骨和由3部分组成的胸骨。每呼吸一次，它们都会运动一次。这些骨头连起来，保护胸腔。有些人的体内会多一根椎骨或肋骨。

这幅画说明：即使农民和儿童也会面临死亡。这提醒我们，人终有一死。

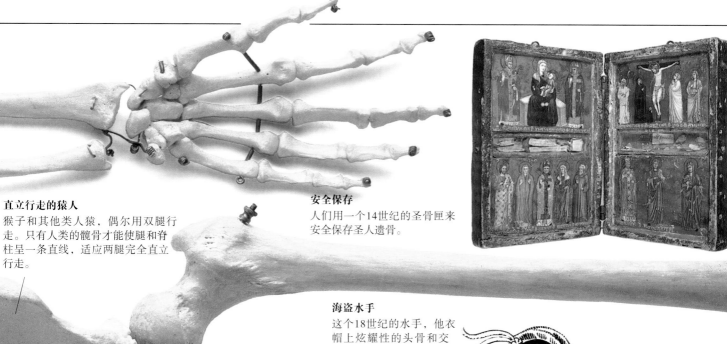

直立行走的猿人
猴子和其他类人猿，偶尔用双腿行走。只有人类的髋骨才能使腿和脊柱呈一条直线，适应两腿完全直立行走。

安全保存
人们用一个14世纪的圣骨匣来安全保存圣人遗骨。

海盗水手
这个18世纪的水手，他衣帽上炫耀性的头骨和交叉的腿骨是海盗的标志，象征死亡和毁灭。

死亡的标志
头骨和一根股骨，二者合在一起象征生命的终结。

灵活的双手
每只手有27块骨头和许多关节。通过肩膀的转动以及前臂和腕骨的运动，人类几乎可以把手放在身体的任何位置。

预测未来
塔罗牌是当今使用的最古老的纸牌，被认为可以预测未来。

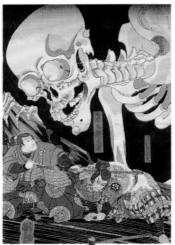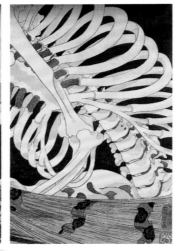

东方巫术

歌川国芳的这幅画显示，日本传说中的女巫泷夜叉姬唤来一具庞大的骷髅来威吓敌人。

最长的骨头

股骨在人体中是最长的管状骨。股骨的形状使小腿的脚踝和膝盖可以触地，其上面连接髋关节，下面连接膝盖，其长可超40厘米。

计时 左图

这块头骨是一款手表的表壳，1620年前后制造于德国。

右图标示的是发生变形的头骨的细节。

艺术家的幻想

从侧面近距离观察小汉斯·霍尔拜因的《使节》，画面前景部分那个奇怪的形状是一个变形的骷髅头。

可以锁定的膝盖

膝盖是人体内最大的关节，承受着几乎一半的身体重量。它形成了一个锁式铰链，仅朝一个方向弯曲。

可怜的约里克

莎士比亚笔下的哈姆雷特在对着丹麦宫廷小丑约里克的头骨沉思："这具骷髅头曾经长着舌头，曾经也会唱歌……"

骷髅杯

它由头骨制成，象征着享用他人的思想。

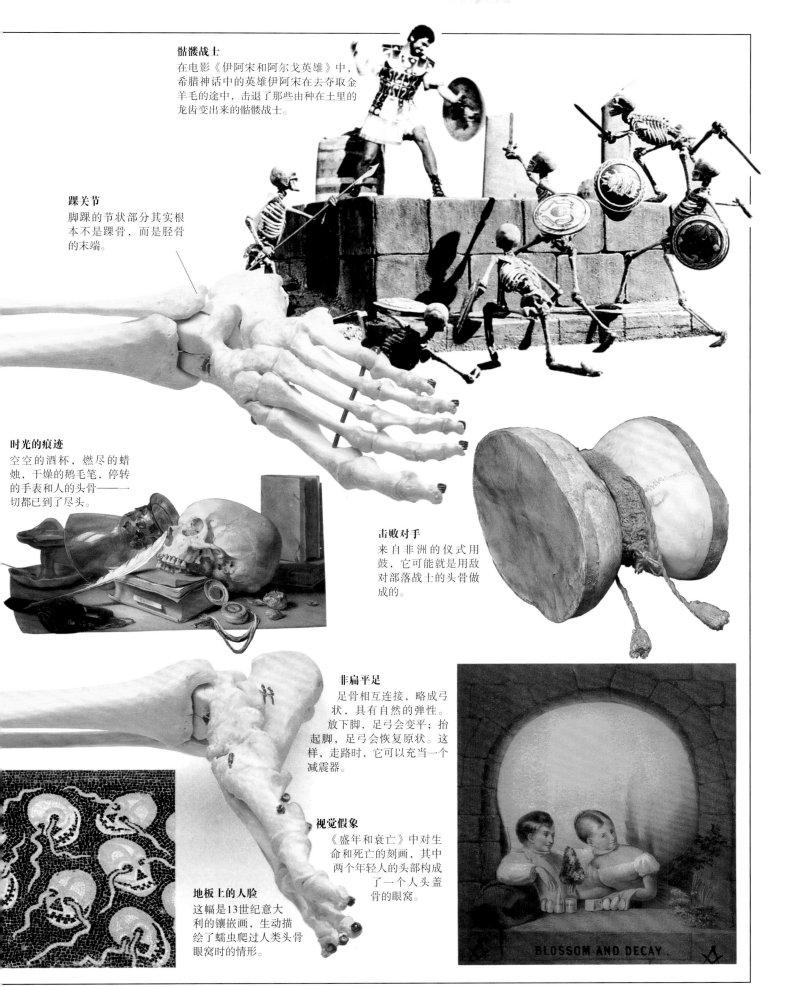

骷髅战士
在电影《伊阿宋和阿尔戈英雄》中，希腊神话中的英雄伊阿宋在去夺取金羊毛的途中，击退了那些由种在土里的龙齿变出来的骷髅战士。

踝关节
脚踝的节状部分其实根本不是踝骨，而是胫骨的末端。

时光的痕迹
空空的酒杯，燃尽的蜡烛，干燥的鹅毛笔，停转的手表和人的头骨——一切都已到了尽头。

击败对手
来自非洲的仪式用鼓，它可能就是用敌对部落战士的头骨做成的。

非扁平足
足骨相互连接，略成弓状，具有自然的弹性。放下脚，足弓会变平；抬起脚，足弓会恢复原状。这样，走路时，它可以充当一个减震器。

视觉假象
《盛年和衰亡》中对生命和死亡的刻画，其中两个年轻人的头部构成了一个人头盖骨的眼窝。

地板上的人脸
这幅是13世纪意大利的镶嵌画，生动描绘了蠕虫爬过人类头骨眼窝时的情形。

BLOSSOM AND DECAY.

从骨头到化石

骨骼大部分都非常坚固持久，这使它们极易以化石的形式保存下来。像贝壳、牙齿和骨头这样坚硬的部分，会沉入海洋、河流或沼泽的底部。它们迅速被泥沙覆盖，历经数百万年后，被沉积成了岩石。在这段时期，组成骨骼的矿物质由骨头变成石头，便形成了化石。我们对以前生活在地球上的生物的认识，大部分来自骨骼化石，既有大约30亿年前的生物体的细胞壁，也有过去几百万年前我们人类祖先的骨头。

蹄鳍鱼

鱼类化石 上图
这种鱼叫蹄鳍鱼，是现代深水鱼——松鼠鱼的祖先。据悉，蹄鳍鱼已有8000万年的历史。

不变的构造
现在的扇贝与1.8亿年前侏罗纪时期的扇贝几乎一样。

扇贝

三叶虫

恐龙的骨骼
人们已经发现了数以百计的禽龙骨骼化石。这种食草恐龙高达5米。此处显示的腿骨和尾椎骨的化石已有1.35亿年历史。

禽龙

微小的贝壳
类化石

海底墓地
在全世界发现了数以千计早已灭绝的三叶虫化石。这种生物生活在4.2亿年前的志留纪时期。

化石形成的
石灰岩层

恐龙尾巴上的单块椎骨

腓骨或小腿
胫骨

完整的鱼龙骨骼

眼窝

锥形齿大小相同

古老的爬行动物 *上图*
鱼龙是一种海洋爬行动物。这具头骨上有成排锥形齿的鱼龙骨骼，来自1.8亿年前的侏罗纪岩石。

19世纪的菊石雕刻

充满气体的螺层

菊石

居住端的螺层

蛇颈龙的牙齿
（1.8亿年前）

匕首状的牙齿便于捕捉溜滑的鱼类。

鲨鱼的牙齿
（2000万年前）

用于捕捉鱼类的牙齿 *上图*
这颗鲨鱼的牙齿原先的主人身长约18米，血盆大口张开时口径足有2米。这些较小的牙齿来自蛇颈龙。

在螺层里安家 *上图*
1.8亿年前，菊石十分常见。它貌似章鱼，居住在螺层大头一端的外侧，其他螺层则充满了气体，以增加浮力。它与鹦鹉螺有亲缘关系。

箭石

箭石的"子弹" *下图*
箭石与鱿鱼和墨鱼有亲缘关系。它们生活在3.4亿到5000万年前。这块被称为"护甲"的子弹状化石是身体的一部分，保护这种动物的尖端。

箭石的护甲

刺状突起用于保持稳定 *左图*
这块长有刺状突起的扇贝化石来自大约8千万年前的白垩纪岩石。这些刺状突起可以让扇贝吸附在湿滑的海床上。

化石记录 *右图*
如此庞大的骨骼化石，往往是我们所掌握的早已灭绝的动物的唯一证据。

这具骨骼的獠牙由上向下弯转。

带刺的扇贝

17

哺乳动物

狗、猫、猴子和我们人类的整体骨骼构造相同。脊柱是身体的主要支撑，灵活而又不失刚性。头骨容纳并保护着大脑以及视觉、听觉、嗅觉和味觉等脆弱的器官。肋骨在心脏和肺部周围形成一个防护罩。四肢基本相同：每条腿或手臂都有一块扁平宽大的骨头与脊柱连接，上半部分是一块长骨，下半部分是两块长骨，此外还有几块较小的骨头（在手腕或脚踝部位）和5块指骨或趾骨。当然，为了适应不同的生活环境和生活方式，哺乳动物的形状和大小各异。

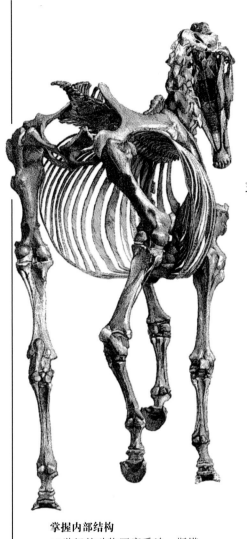

掌握内部结构
18世纪的动物画家乔治·斯塔布斯于1766年绘制的一具马的骨骼。

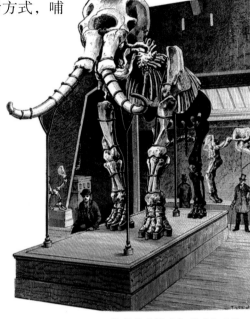

像猛犸这样的大型哺乳动物，很多已经灭绝。

脊柱

髋骨

胸腔

尾椎

獾的后肢成一定角度，这令其具有独特的体态。

獾的骨骼

獾擅长挖掘的构造
矮胖而又强壮的獾，它的四肢由粗壮的骨头支撑，四足有力，爪子很长，这些都有助于它挖掘地道，在土中刨食小动物。

带爪子的脚趾用来刨土

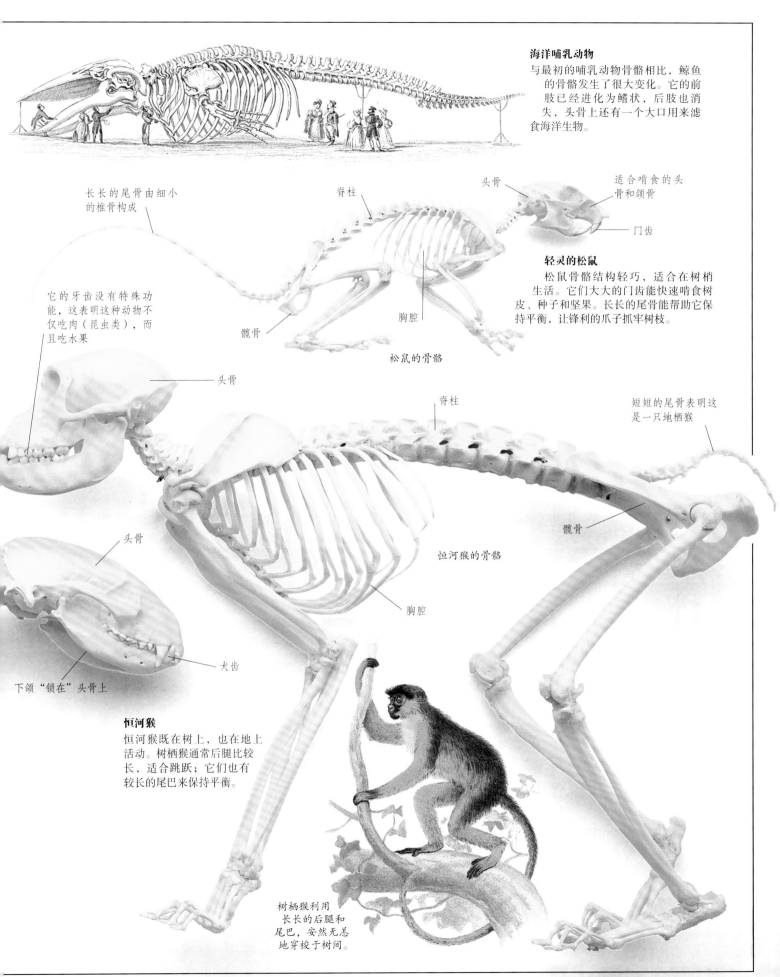

海洋哺乳动物
与最初的哺乳动物骨骼相比，鲸鱼的骨骼发生了很大变化。它的前肢已经进化为鳍状，后肢也消失，头骨上还有一个大口用来滤食海洋生物。

长长的尾骨由细小的椎骨构成

脊柱

头骨

适合啃食的头骨和颌骨

门齿

轻灵的松鼠
松鼠骨骼结构轻巧，适合在树梢生活。它们大大的门齿能快速啃食树皮、种子和坚果。长长的尾骨能帮助它保持平衡，让锋利的爪子抓牢树枝。

它的牙齿没有特殊功能，这表明这种动物不仅吃肉（昆虫类），而且吃水果

髋骨

胸腔

松鼠的骨骼

头骨

脊柱

短短的尾骨表明这是一只地栖猴

髋骨

恒河猴的骨骼

头骨

胸腔

犬齿

下颌"锁在"头骨上

恒河猴
恒河猴既在树上，也在地上活动。树栖猴通常后腿比较长，适合跳跃；它们也有较长的尾巴来保持平衡。

树栖猴利用长长的后腿和尾巴，安然无恙地穿梭于树间。

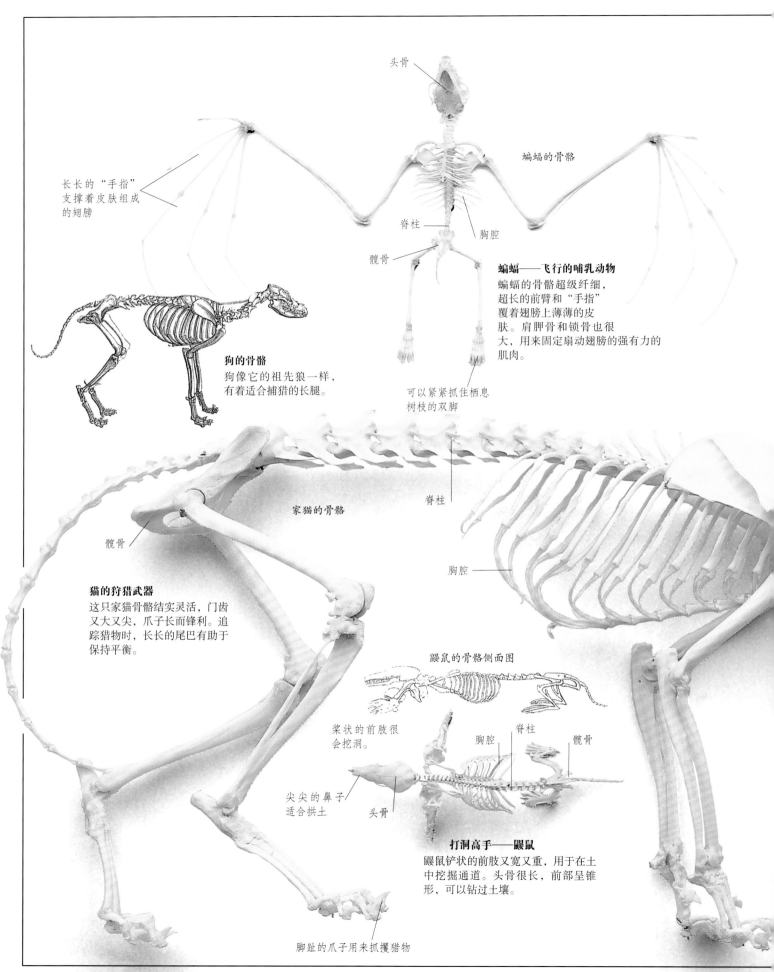

头骨

蝙蝠的骨骼

长长的"手指"
支撑着皮肤组成
的翅膀

脊柱

胸腔

髋骨

蝙蝠——飞行的哺乳动物
蝙蝠的骨骼超级纤细，
超长的前臂和"手指"
覆着翅膀上薄薄的皮
肤。肩胛骨和锁骨也很
大，用来固定扇动翅膀的强有力的
肌肉。

可以紧紧抓住栖息
树枝的双脚

狗的骨骼
狗像它的祖先狼一样，
有着适合捕猎的长腿。

脊柱

家猫的骨骼

髋骨

胸腔

猫的狩猎武器
这只家猫骨骼结实灵活，门齿
又大又尖，爪子长而锋利。追
踪猎物时，长长的尾巴有助于
保持平衡。

鼹鼠的骨骼侧面图

桨状的前肢很
会挖洞。

胸腔

脊柱

髋骨

尖尖的鼻子
适合拱土

头骨

打洞高手——鼹鼠
鼹鼠铲状的前肢又宽又重，用于在土
中挖掘通道。头骨很长，前部呈锥
形，可以钻过土壤。

脚趾的爪子用来抓攫猎物

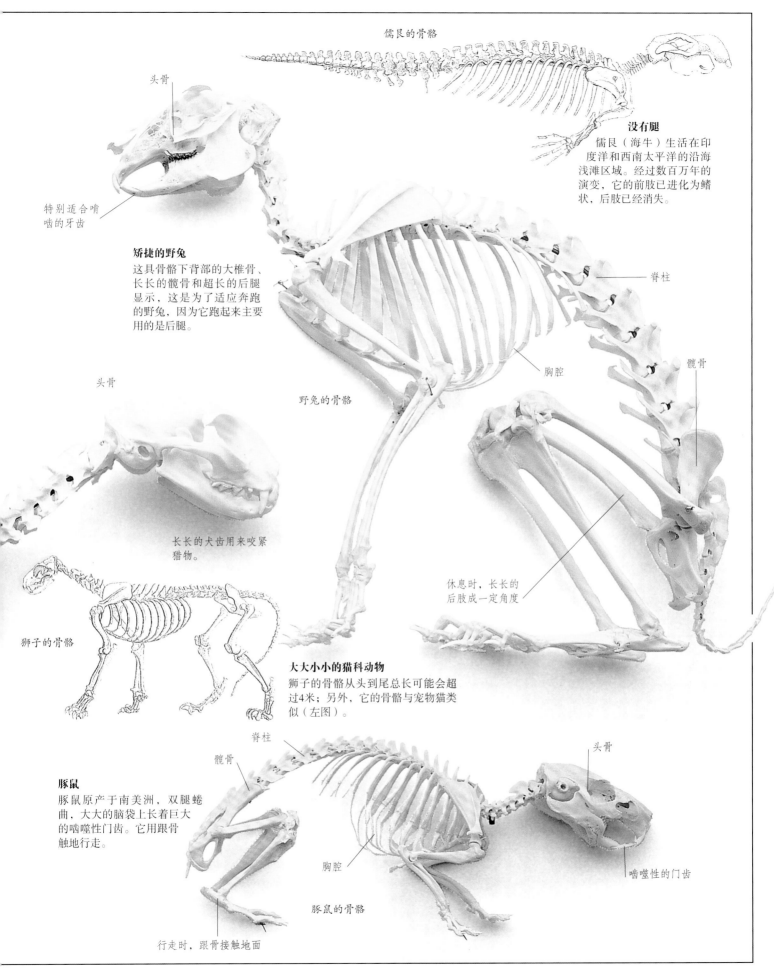

儒艮的骨骼

头骨

特别适合啃
啮的牙齿

没有腿
儒艮（海牛）生活在印
度洋和西南太平洋的沿海
浅滩区域。经过数百万年的
演变，它的前肢已进化为鳍
状，后肢已经消失。

矫捷的野兔
这具骨骼下背部的大椎骨、
长长的髋骨和超长的后腿
显示，这是为了适应奔跑
的野兔，因为它跑起来主要
用的是后腿。

脊柱

髋骨

头骨

胸腔

野兔的骨骼

长长的犬齿用来咬紧
猎物。

休息时，长长的
后肢成一定角度

狮子的骨骼

大大小小的猫科动物
狮子的骨骼从头到尾总长可能会超
过4米；另外，它的骨骼与宠物猫类
似（左图）。

脊柱

髋骨

头骨

豚鼠
豚鼠原产于南美洲，双腿蜷
曲，大大的脑袋上长着巨大
的啮噬性门齿。它用跟骨
触地行走。

胸腔

啮噬性的门齿

豚鼠的骨骼

行走时，跟骨接触地面

鸟类

鸟的骨骼充分利用了减重的特点。很多骨头是空心的，其力量来自管状或鞘状的设计。管状骨内部有起支撑作用的细支柱贯穿其中，以免骨头发生扭曲和弯曲。颌骨上轻盈的角状（非骨质）喙用于啄食。胸骨进化成一道大大的凸缘（龙骨）来固定拍打翅膀的大肌肉和两块额外的骨头——"喙突"，并支撑鸟的肩膀和脊柱。

滑翔的苍鹭
高大而气派的苍鹭是滑翔高手。苍鹭的羽毛由角蛋白构成，通过肌腱与翼骨相连。鸟翎根部的肌肉有助于扇动羽毛。

头骨

喙

苍鹭的骨骼

苍鹭

钩状喙

飞行肌群附着于此

胸骨上的龙骨

深而结实的胸腔

鹦鹉的骨骼

鹦鹉的肋骨
像所有鸟类一样，鹦鹉的胸腔又短又深。这就使得身体中部变得坚挺，以对抗飞行肌群的牵拉。

上臂骨（肱骨）

融为一体的椎骨和髋骨（综荐骨）

大腿骨（股骨）

喙

鸭的颈部
大多数鸟类有长而灵活的颈部，这样在进食和整理羽毛时，它们的头和喙就可以朝任意方向转动。

灵活的颈椎来移动头和喙

颅间隙可以减轻重量

翼骨

颌骨

尾椎有助于带动尾羽

下颌上方的角质喙：现实生活中，喙的颜色十分鲜艳

海鹦头部有孔
海鹦很多时间在空中飞行。像许多鸟类一样，它的头骨有许多孔，以减轻自身重量和保持更好的平衡。

鸳鸯的骨骼

脚上有蹼，适合游泳

海鹦的骨骼

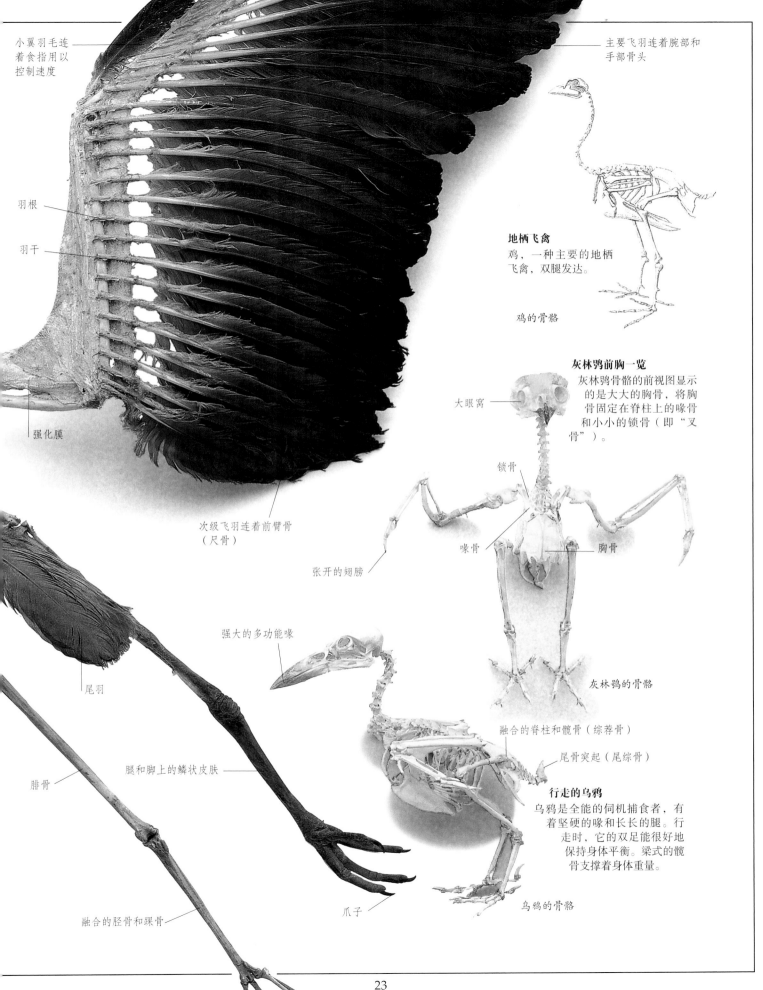

小翼羽毛连着食指用以控制速度

主要飞羽连着腕部和手部骨头

羽根

羽干

强化膜

次级飞羽连着前臂骨（尺骨）

地栖飞禽
鸡，一种主要的地栖飞禽，双腿发达。

鸡的骨骼

灰林鸮前胸一览
灰林鸮骨骼的前视图显示的是大大的胸骨，将胸骨固定在脊柱上的喙骨和小小的锁骨（即"叉骨"）。

大眼窝

锁骨

喙骨

胸骨

张开的翅膀

灰林鸮的骨骼

强大的多功能喙

融合的脊柱和髋骨（综荐骨）

尾骨突起（尾综骨）

行走的乌鸦
乌鸦是全能的伺机捕食者，有着坚硬的喙和长长的腿。行走时，它的双足能很好地保持身体平衡。梁式的髋骨支撑着身体重量。

尾羽

腓骨

腿和脚上的鳞状皮肤

融合的胫骨和踝骨

爪子

乌鸦的骨骼

鱼类、爬行动物和两栖动物

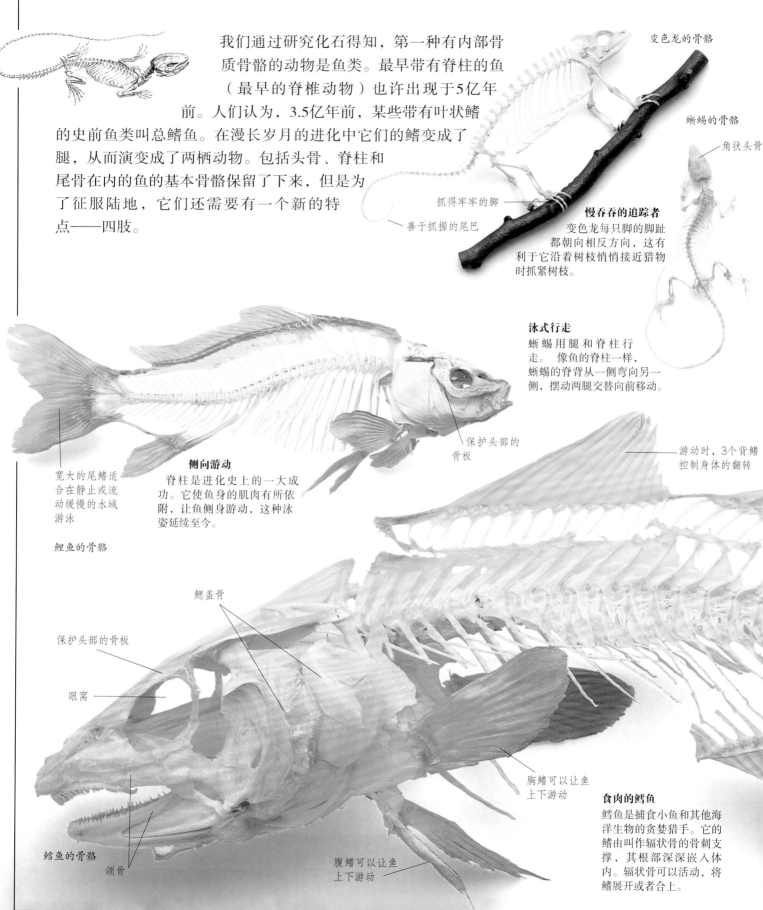

我们通过研究化石得知，第一种有内部骨质骨骼的动物是鱼类。最早带有脊柱的鱼（最早的脊椎动物）也许出现于5亿年前。人们认为，3.5亿年前，某些带有叶状鳍的史前鱼类叫总鳍鱼。在漫长岁月的进化中它们的鳍变成了腿，从而演变成了两栖动物。包括头骨、脊柱和尾骨在内的鱼的基本骨骼保留了下来，但是为了征服陆地，它们还需要有一个新的特点——四肢。

变色龙的骨骼

蜥蜴的骨骼

角状头骨

抓得牢牢的脚

善于抓握的尾巴

慢吞吞的追踪者
变色龙每只脚的脚趾都朝向相反方向，这有利于它沿着树枝悄悄接近猎物时抓紧树枝。

泳式行走
蜥蜴用腿和脊柱行走。像鱼的脊柱一样，蜥蜴的脊背从一侧弯向另一侧，摆动两腿交替向前移动。

保护头部的骨板

宽大的尾鳍适合在静止或流动缓慢的水域游泳

侧向游动
脊柱是进化史上的一大成功。它使鱼身的肌肉有所依附，让鱼侧身游动，这种泳姿延续至今。

鲤鱼的骨骼

游动时，3个背鳍控制身体的翻转

鳃盖骨

保护头部的骨板

眼窝

胸鳍可以让鱼上下游动

食肉的鳕鱼
鳕鱼是捕食小鱼和其他海洋生物的贪婪猎手。它的鳍由叫作辐状骨的骨刺支撑，其根部深深嵌入体内。辐状骨可以活动，将鳍展开或者合上。

鳕鱼的骨骼

颌骨

腹鳍可以让鱼上下游动

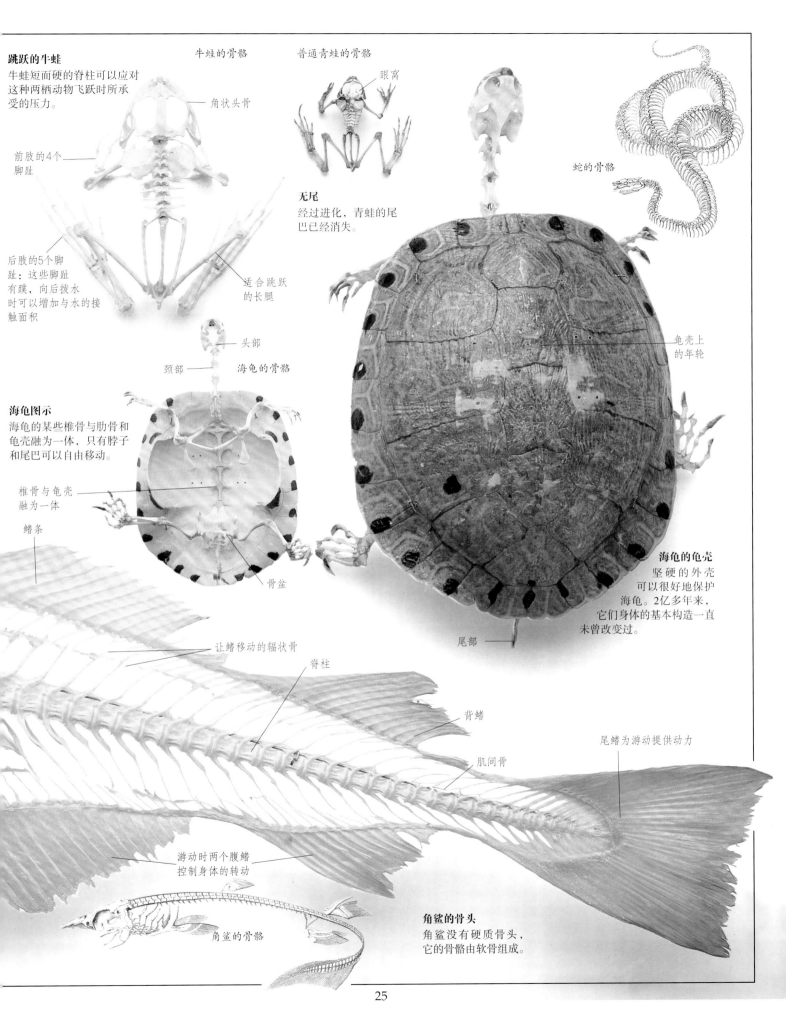

跳跃的牛蛙
牛蛙短而硬的脊柱可以应对这种两栖动物飞跃时所承受的压力。

牛蛙的骨骼

普通青蛙的骨骼

眼窝

无尾
经过进化，青蛙的尾巴已经消失。

蛇的骨骼

角状头骨

前肢的4个脚趾

后肢的5个脚趾：这些脚趾有蹼，向后拨水时可以增加与水的接触面积

适合跳跃的长腿

头部

颈部

海龟的骨骼

海龟图示
海龟的某些椎骨与肋骨和龟壳融为一体，只有脖子和尾巴可以自由移动。

椎骨与龟壳融为一体

鳍条

骨盆

龟壳上的年轮

海龟的龟壳
坚硬的外壳可以很好地保护海龟。2亿多年来，它们身体的基本构造一直未曾改变过。

尾部

让鳍移动的辐状骨

脊柱

背鳍

肌间骨

尾鳍为游动提供动力

游动时两个腹鳍控制身体的转动

角鲨的骨头
角鲨没有硬质骨头，它的骨骼由软骨组成。

角鲨的骨骼

骨骼的外观

昆虫、蜘蛛、贝类和其他无脊椎动物都有一个坚硬的外壳，称为"外骨骼"。这种外骨骼与内骨骼作用相同，都是在柔软的内脏周围形成了一个坚硬的防护罩，但不能变大，所以必须褪掉旧的外骨骼，才能长出更大的新骨骼。长到一定的尺寸，外骨骼会变得又厚又重，致使肌肉无法让身体移动。这就是外骨骼动物往往体形很小的原因。

微生物的骨骼
数十亿的硅藻漂浮在海洋中。它们制造硅鞘裹住自己，这些"骨骼"形状各异，种类繁多，出奇地精致和美丽。

放大40倍的效果图

钻木虫
这种散发着金属光泽、紫黄相间的甲虫，其幼虫会在树皮下面钻孔。

钻木虫
钻木虫的幼虫寿命可达30年。

钻木虫
这种鲜绿色甲虫的幼虫是一种严重危害木材的害虫。

叶甲
鲜绿色的外骨骼把叶甲伪装在树叶之间。

母独角仙
这种甲虫把粪便填入洞穴，作为幼虫的食物。

鹿角虫
雄性鹿角虫不能咬硬东西——它们的肌肉太无力了。

拟步甲
长长的触角有助于甲虫向四周探路。

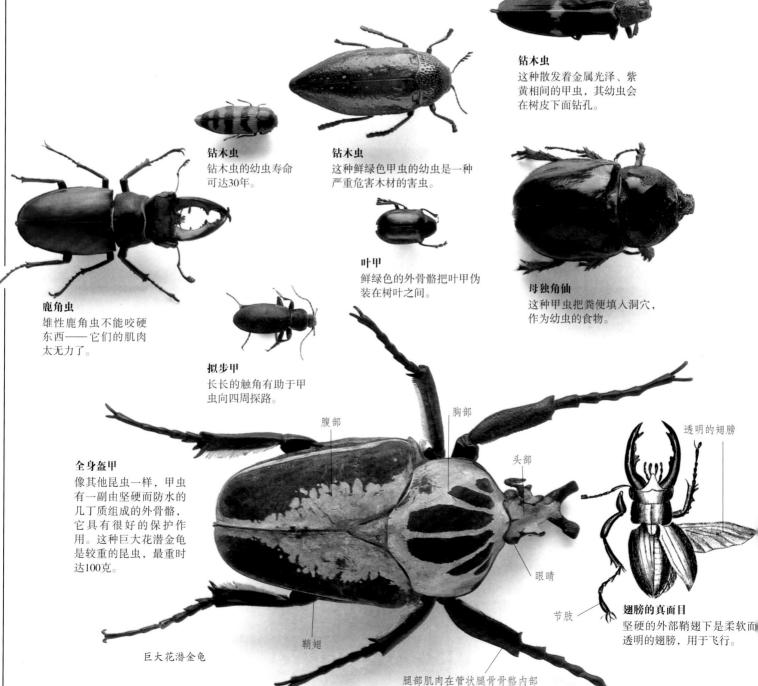

全身盔甲
像其他昆虫一样，甲虫有一副由坚硬而防水的几丁质组成的外骨骼，它具有很好的保护作用。这种巨大花潜金龟是较重的昆虫，最重时达100克。

腹部

胸部

头部

眼睛

节肢

巨大花潜金龟

鞘翅

腿部肌肉在管状腿骨骨骼内部

透明的翅膀

翅膀的真面目
坚硬的外部鞘翅下是柔软而透明的翅膀，用于飞行。

螯刺

尾刺
蝎子尾部的外骨骼很细。它们是灵活的关节，能够用螯抓住猎物，并用致命的尾刺将其螫伤。

蝎子

分节的尾巴

食鸟蜘蛛
尽管狼蛛外表柔软，但它有外骨骼。这种狼蛛用毒牙咬伤猎物。

螯

颌骨

4对步足

狼蛛

外层保护
这个外壳分为两部分：上部的甲壳和下部的腹甲，每一部分都覆盖着一层盾板或硬鳞。龟壳与肋骨和脊柱相连。

盾板覆盖着骨质的背甲

狼蛛的脚对振动非常敏感，可以察觉到是否有猎物靠近

头部和胸部

腹部

海龟

适合游泳的蹼足

毒牙

头部

尾部

用于行走的节肢

脊柱

肩胛骨

骨质的背甲

龟壳下面
龟壳与骨质的内骨骼融为了一体。右图显示的是下面的腹甲。

盾板上的年轮显示生长速度

陆龟

骨盆

胸甲

龟壳边缘的盾板边缘

头端

龟壳顶部的背侧盾板

缓慢而安全
海龟的近亲陆龟，有60块骨板。这些骨板长在肉里，形成一个坚不可摧的堡垒。然而，这类骨骼令其行动不便。

尾端

海洋生物的外骨骼

有坚硬壳状外骨骼的动物在水中要比在陆地上长得大。这是因为水会给骨骼以浮力，这样它就感觉不到那么沉重了。但是，和昆虫一样，甲壳纲动物必须蜕皮以促进外骨骼生长。贝类（贻贝、海螺、鸟蛤和其他贝类）的外壳富含钙质，几乎坚不可摧。贝壳只有一个开口。随着软体动物的生长，贝壳会变大，开口也会随之变大。

带刺的龙虾

常见的对虾

弓起背以自卫
对虾和龙虾用腿和后半身下方的桨状泳足缓慢游动。当它们弓起背时，相连的外骨骼骨板就会保护柔软的腹部和腿。

大海胆

小海胆

刺海蛇尾

它的"手臂"很容易折断

5条"装甲臂"
刺海蛇尾是棘皮类动物，小而多刺、相互重叠的骨板裹住了5条腕，使它划行时非常灵活。

棘球 *上图*
海胆棘刺的下方是球状外骨骼，由5片弯曲的石灰质骨板构成。每个棘刺的根部都有一个球窝关节，可以被硬壳上极小的肌肉牵动。

三角形状增加强度
箱鲀鱼的鳞片融为一体，再由骨骼加固，形成了一套盔甲。它的身体横截面呈三角形，这种结构增加了其硬度。

骨板

箱鲀鱼

常见的螃蟹

这里展示的标本是形状、大小各异的螃蟹。

翻过来看，海星显露
出位于中央的口部

海星

带足的腕
　　海星的腕下面
有小孔，细小的管足从
这些小孔中探出。这些管足
来回摆动，末端有吸盘。海
星用这些管足行走。

珍贵的宝塔螺

贝币

面具蟹

外壳上的脊状突起
看起来像面具

鹦鹉螺

海贝壳
鹦鹉螺和宝塔
螺等软体动物，都有
一个螺旋状的外壳包住外骨骼。
为了生长，它们身上会多出一
道道螺圈或螺纹。

贝壳入口

带刺的鸟蛤

鸟蛤的肌肉
以沙滩为家的鸟蛤有
一对多棱纹的厚厚外
壳，以保护其免受汹
涌海浪和岸边礁石的
伤害。它凭借强壮的
肌肉打开和关闭
两个壳片。

爪子

眼睛

外骨骼有
很多关节

多刺的蜘蛛蟹

海马

善于抓握
的尾巴

变化的骨骼
　　如果旧的外骨骼变得太小，螃
蟹就会爬出来。螃蟹柔软的身
体很快长大，然后裹在它外面
的新的外骨骼又会变硬。蜕甲
壳要花好几个小时，在此期间，这
种脆弱的生物要藏在裂缝里或大块
卵石下。

寄居蟹

废壳利用
　　寄居蟹在软体
动物脱落的壳内保护自己
柔软的身体。

多骨的外壳
长相奇怪的海马是真正的
鱼类。它的身体包裹在一
副由环状骨组成的甲壳
中，凭借鳍来运动。休息
时，它的尾巴会紧紧缠住
海藻。

人类的头骨和牙齿

头部充当着人体的枢纽。头骨保护着大脑，大脑是接收外界信息的中央协调器，同时控制着人体的各种反应。人类所特有的视觉、听觉、嗅觉和味觉器官都集中在头骨中，特别是位于骨隐窝内的眼睛和内耳（脆弱的听觉器官位于内耳中）可以受到很好的保护。空气中含有对生命至关重要的氧气，它通过头骨进入人体。食物也是如此，首先被颌骨和牙齿粉碎，以便更容易被吞咽和消化。

这不疼
在中世纪去看牙医是一件痛苦的事情，但是医生仍有望让你从长期恼人的牙痛中解脱出来。

染色的头骨
电脑彩色X光片可以显示出构成头骨和颈骨的骨头。

脑壳
质地如豆腐般细腻的脑组织被包裹在骨壳中。它的内部容量约为1500毫升。

眼洞
眼窝或眼眶，保护着眼球——一个直径约25毫米的球体。夹在眼球和眼窝之间的是脂肪垫、神经和血管，以及可以使眼睛转动的肌肉。

门齿
犬齿
前白齿
白齿
上颚
鼻腔和鼻窦
下颌位于此处
颈动脉孔
脊椎的最上端位于这里
外耳道
脊髓孔

头骨的底部
在这幅难得一见的头骨仰视图中，下颌被移除，显示出精妙的内部分区。

神经孔
许多神经通过颅孔与大脑相连。这个孔是上切齿、犬齿和前白齿的神经分支穿过的地方。

牙洞
颌骨质地松软多孔，可稳固牙根。

鼻孔
人类鼻子上突出的部分是由软骨组织构成的，所以它不包括在头骨的骨骼中。

牙齿

成年人有32颗牙齿。每副颌骨的（上颌和下颌）正前方长有4颗门齿，两侧各1颗犬齿、2颗前臼齿和3颗臼齿。牙釉质是人体中最坚硬的物质。

门齿用于切割和剪断食物

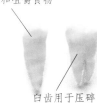

前白齿用于压碎和咀嚼食物

犬齿用于刺穿和撕裂食物

白齿用于压碎和咀嚼食物

牙齿的内部结构 *右图*
牙齿外层为牙釉质，是一种坚硬的保护物。牙釉质下面是坚硬的牙本质层，它包裹着牙髓，内含神经和血管。

坚硬的外层牙釉质

坚硬的牙本质层

齿冠

齿根

牙髓的神经和血管

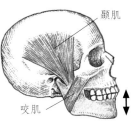

颞肌

咬肌

全方位咀嚼 *上图*
我们吃东西的时候，下颌可以上下、左右甚至前后移动，以便进行十分彻底的咀嚼。舌头（几乎全由肌肉构成）可以使食物在口腔内移动，脸颊肌肉可让牙齿嚼碎食物。

发育期的牙齿 *右图*
儿童有20颗乳牙。乳牙在儿童六岁的时候开始脱落，最先脱落的是门齿。

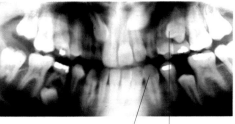

儿童牙齿的"环绕式"X光片

乳牙　　恒牙长在牙龈上

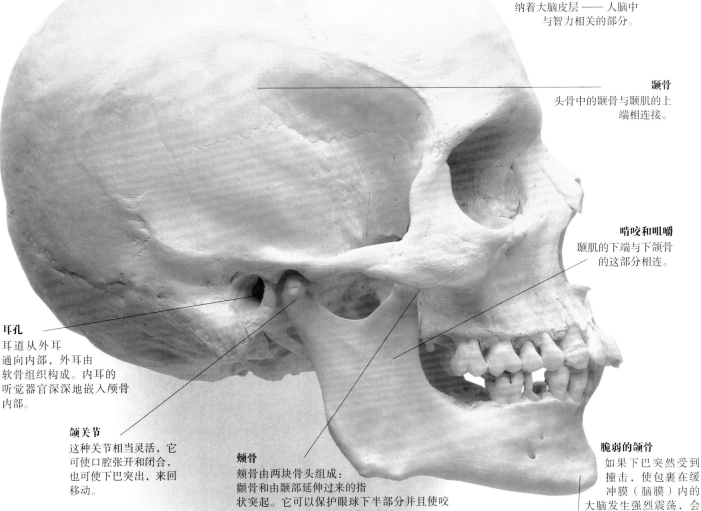

头顶
相比我们的近亲类人猿，人类的额头更加隆起和突出，它容纳着大脑皮层——人脑中与智力相关的部分。

颞骨
头骨中的颞骨与颞肌的上端相连接。

啃咬和咀嚼
颞肌的下端与下颌骨的这部分相连。

耳孔
耳道从外耳通向内部，外耳由软骨组织构成。内耳的听觉器官深深地嵌入颅骨内部。

颌关节
这种关节相当灵活，它可使口腔张开和闭合，也可使下巴突出，来回移动。

颊骨
颊骨由两块骨头组成：颧骨和由颞部延伸过来的指状突起。它可以保护眼球下半部分并且使咬肌这一主要咀嚼肌的上端得以固定。

脆弱的颌骨
如果下巴突然受到撞击，使包裹在缓冲膜（脑膜）内的大脑发生强烈震荡，会导致人被击昏过去，即失去意识。

头骨的构造

人类生命伊始时，头骨十分复杂，由近30块嵌在软骨和膜内的独立部分组成。随着发育，它们逐渐变成骨头，并且共同生长，最终形成了一层坚硬的外壳，保护着大脑、眼睛、内耳和其他脆弱的感觉感官。从头骨上蜿蜒的线条可以看出这些连接处或骨缝。人到了三四十岁时，骨缝会逐渐淡化和消失，这是分辨头骨主人年龄的一种方法。头骨由8块骨头组成，面部有14块骨头，上颌两侧各有两块，下颌两侧各有一块。头骨中还有人体内最小的骨头——内耳的6块听小骨，头骨的两侧各有3块。

一具对着头骨沉思的骷髅
人们一直认为解剖学之父维萨里的这件雕刻作品是莎士比亚剧作《哈姆雷特》的墓地场景中获得的灵感来源。

两块上颌骨支撑着上排牙齿并形成上颚

下鼻甲可以让温暖和湿润的空气进入鼻腔

颚骨组成上颚后部

鼻腔的下背部称为犁骨

鼻骨构成鼻梁

两块各占一半的骨头紧紧连在一起，构成了下颌

下鼻甲

颚骨

上颌骨

囟门

婴儿出生时穿过产道，头部会受到挤压。囟门是婴儿头骨的薄弱点，此处的膜状物尚未变成骨头。囟门让头骨的多块骨头变形、滑动甚至重叠，以求将头骨和大脑受到的伤害降到最低。婴儿一岁时囟门就会消失。

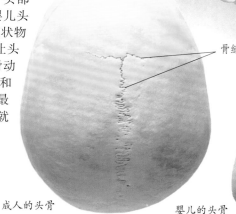

骨缝

成人的头骨

婴儿的头骨

我们经常可以看到在前囟门那层薄膜下面婴儿血液循环产生的脉搏跳动。

变平的脸

右图显示的是我们可能的一部分祖先。渐渐地，脸部趋于扁平，牙齿变小，下巴不再那么突出，额头愈加隆起，以容纳体积不断增长的大脑。

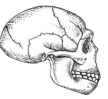

南方古猿	直立人	早期智人	晚期智人
300万—200万年前	75万年前	10万—4万年前	4万年前至今

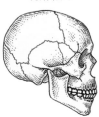

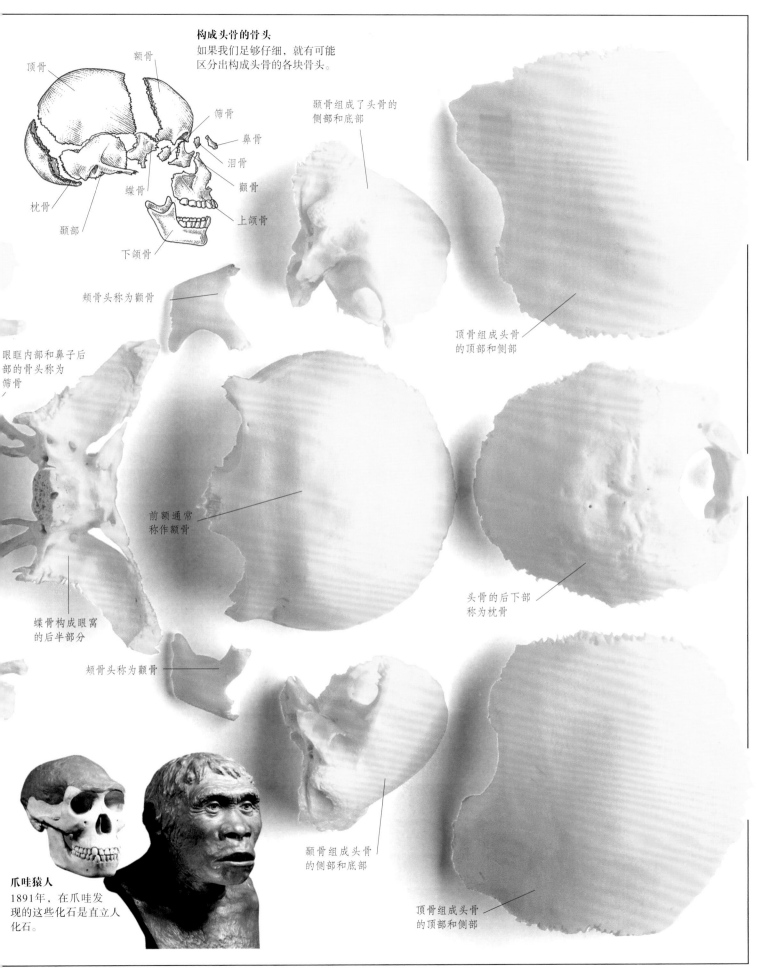

构成头骨的骨头
如果我们足够仔细，就有可能
区分出构成头骨的各块骨头。

顶骨
额骨
筛骨
鼻骨
泪骨
颧骨
上颌骨
蝶骨
枕骨
颞部
下颌骨

颞骨组成了头骨的
侧部和底部

颊骨头称为颧骨

顶骨组成头骨
的顶部和侧部

眼眶内部和鼻子后
部的骨头称为
筛骨

前额通常
称作额骨

头骨的后下部
称为枕骨

蝶骨构成眼窝
的后半部分

颊骨头称为颧骨

颞骨组成头骨
的侧部和底部

顶骨组成头骨
的顶部和侧部

爪哇猿人
1891年，在爪哇发
现的这些化石是直立人
化石。

33

动物的头骨

每种动物都有其独特的头骨形状，这是进化的结果，为的是适应其特有的生活方式。有些头骨很轻，可以减少重量，有些则厚重坚固。有些长而尖，可用于探测和钻洞，有些则短而宽。 颌骨的出现是一大进步，大约4亿5千万年前，它们首先在鱼类身上形成，颌骨使得它们的主人能够摄入大块食物，然后将其分成足以下咽的小块。在此之前，鱼类并没有颌骨，仅能从泥中吸吮或筛选食物。

鸟类和鸟喙
典型的鸟类头骨很轻，眼窝很大，后方有个小圆壳来容纳大脑。

塘鹅
塘鹅很有力量，长长的喙呈流线型，它从高处潜入水中捕鱼。

反嘴鹬
上翘的鸟喙用来筛滤海水中的食物。

灰林鸽
宽阔的头骨可容纳超大的眼睛。

亚马逊鹦鹉
巨大的钩状喙表明它有磕开种子的本事。

秋沙鸭
秋沙鸭锯齿形的喙可用来捕鱼。

乌鸫
多功能的喙可以啄食昆虫、蠕虫、浆果和种子。

家兔
兔子的眼睛位于头部两侧，可以眼观六路，提防捕食者。

杓鹬
长喙用来捕捉小动物。

仓鼠
仓鼠用大大的门齿啃食种子和坚果。

刺猬
刺猬的牙齿很多，但很匀称。这表明，它的食物是昆虫和其他小动物。

绿头鸭
宽而平的喙用来滤水，寻觅零星食物。

蛙
蛙向前突出的眼睛可以准确地判断距离，捕食猎物。

犰狳
长鼻子可以嗅出蚂蚁和其他小动物的味道。

长短不一
大多数同一种类的动物个体，其头骨的形状大致相同。工作犬的头骨大而长，而小型犬类的头骨往往更具装饰性。

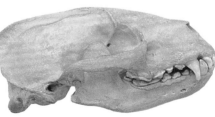

獾
粗短而沉重的头骨和细长的犬齿表明了其猎食的生活方式。

拳师犬
选择性育种使得拳师犬的口鼻扁平，下颌前倾。

突出的下颌

柯利牧羊犬
这个品种的犬类动物继承了更多狗的祖先狼那长长的吻部，但是显得更加自然。

长长的吻部

食蚁兽
食蚁兽的舌头位于超长的吻部里面，最长可以伸出60厘米。

长鼻子可以嗅出蚂蚁的位置

鼻孔

食蚁兽没有牙齿（蚂蚁几乎不用咀嚼）

骨头上的角质覆盖物（角蛋白）

麋鹿的头骨上有巨大的鹿角

羚羊
羚羊的头骨与鹿的头骨（右图）形状相似，但角很不同。羚羊角有着骨质内核，外围是更为柔软的角质覆盖物。

毛茸茸的外皮（鹿茸）为生长中的茸角提供营养，鹿茸在夏季脱落

去掉鹿茸的骨质鹿角

伶猴
南美洲的伶猴生活在阴暗的雨林地区，眼睛很大，视力极佳。

眼窝

颧骨

环状（有环纹的）角

绒毛猴
绒毛猴是另一种树栖动物，以成熟的水果和树叶为食。

犬齿

门齿

头骨骨头之间的关节（骨缝）

脑壳

鹿
鹿角是从头骨顶部长出来的骨质物。它们每年脱落一次，并逐渐向后长出更多枝杈。

狒狒
长长的颌部使得牙齿表面积变大，有利于咬碎根、球茎和水果。

鼻骨

面向前方
猴子用眼睛来判断距离。同样，食物也主要靠眼睛来定位。猴子脸部扁平，这意味着它的鼻子小且不太敏感。

门齿用来切草

动物的感官

动物的头骨如同骨骼的其他部位一样，也是进化的结果。头骨的形状和大小是与动物特定生活方式相适应的结果。有些肉食动物主要靠视觉捕猎，它们的眼睛通常很大，因此头骨上的眼窝也很大。有些动物靠味觉捕猎，通常吻部很长，可以容纳变大了的嗅觉器官。颌骨和牙齿也很明显。

海狸鼠的头骨

脑壳

眼窝

鼻孔

位于嘴前方的啮齿

前突的牙齿
海狸鼠那亮橙色的啮齿位于头骨前方，这种啮齿动物以不易咀嚼的水滨植物为食。

海狸鼠

脑壳

眼窝

狗的头骨

因嗅觉发达而变长的吻部

英国塞特犬

依靠嗅觉
狗对嗅觉的依赖远远超过我们人类，人类的鼻子大约有500万个嗅觉细胞，而狗鼻子至少有1亿个。

搏斗中的公羊

猛烈攻击的公羊
公羊的触角嵌在厚重结实的前额骨里，以便用头部撞击对手时用得上劲。

脑壳

羊的头骨

强化的额骨

弯曲骨质角

眼窝

鼻孔

猫的头骨

脑壳

眼窝很大，可以容纳大大的眼球

鼻孔

家猫

猫眼
大多数猫都可在暮色和黑暗中潜行。猫的眼睛很大，为的是尽可能摄入微弱的光线，这样便可以在黑暗中视物。

玫瑰色的火烈鸟

倒勺
火烈鸟细长且下弯的喙可以倒着捕食，它常在泥泞的浅水区域觅食浮游生物。

火烈鸟的头骨

脑壳

眼窝

弯曲的喙如同勺子和筛子

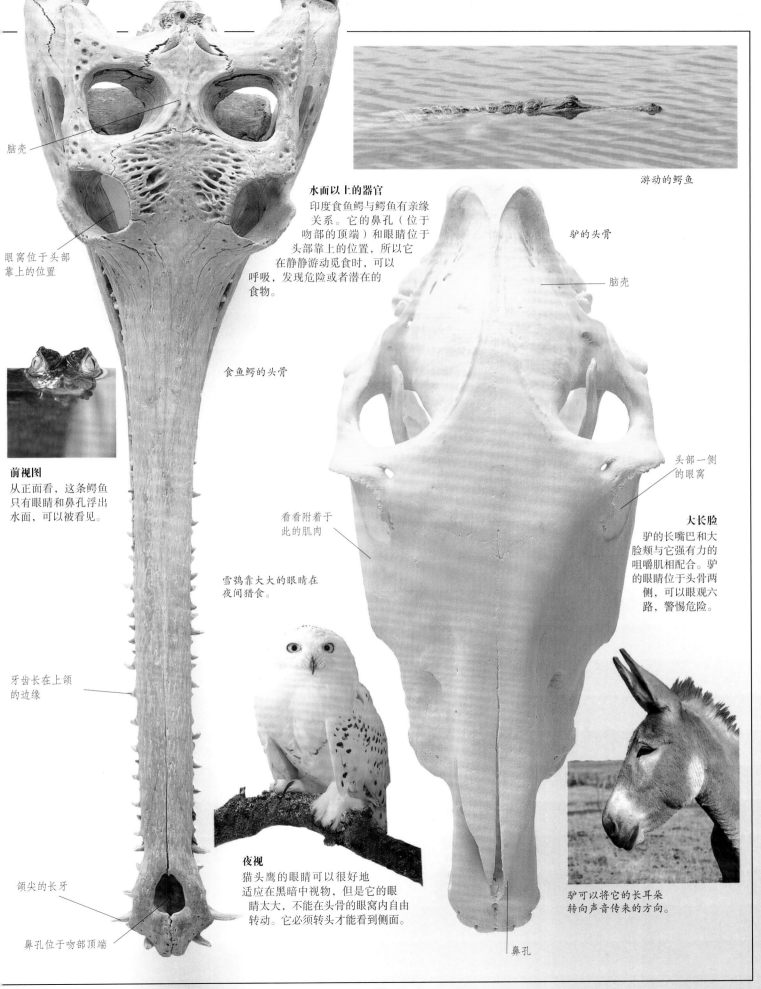

脑壳

眼窝位于头部靠上的位置

水面以上的器官
印度食鱼鳄与鳄鱼有亲缘关系。它的鼻孔（位于吻部的顶端）和眼睛位于头部靠上的位置，所以它在静静游动觅食时，可以呼吸，发现危险或者潜在的食物。

游动的鳄鱼

食鱼鳄的头骨

驴的头骨

脑壳

前视图
从正面看，这条鳄鱼只有眼睛和鼻孔浮出水面，可以被看见。

看看附着于此的肌肉

头部一侧的眼窝

大长脸
驴的长嘴巴和大脸颊与它强有力的咀嚼肌相配合。驴的眼睛位于头骨两侧，可以眼观六路，警惕危险。

雪鸮靠大大的眼睛在夜间猎食。

牙齿长在上颌的边缘

夜视
猫头鹰的眼睛可以很好地适应在黑暗中视物，但是它的眼睛太大，不能在头骨的眼窝内自由转动。它必须转头才能看到侧面。

颌尖的长牙

鼻孔位于吻部顶端

驴可以将它的长耳朵转向声音传来的方向。

鼻孔

颌骨和进食

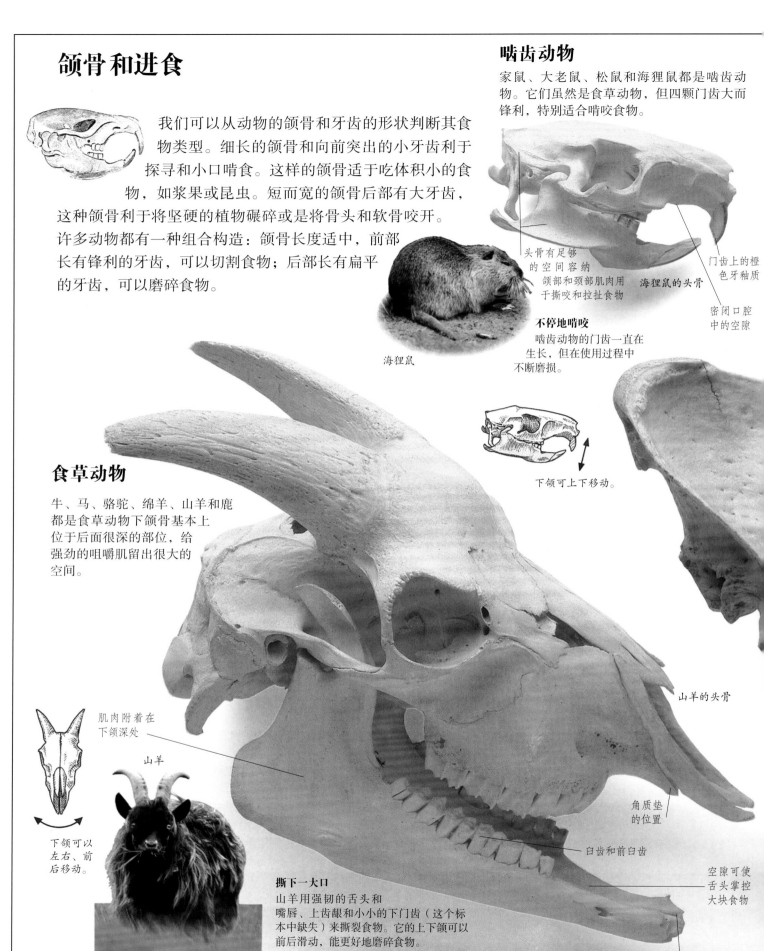

我们可以从动物的颌骨和牙齿的形状判断其食物类型。细长的颌骨和向前突出的小牙齿利于探寻和小口啃食。这样的颌骨适于吃体积小的食物，如浆果或昆虫。短而宽的颌骨后部有大牙齿，这种颌骨利于将坚硬的植物碾碎或是将骨头和软骨咬开。许多动物都有一种组合构造：颌骨长度适中，前部长有锋利的牙齿，可以切割食物；后部长有扁平的牙齿，可以磨碎食物。

啮齿动物

家鼠、大老鼠、松鼠和海狸鼠都是啮齿动物。它们虽然是食草动物，但四颗门齿大而锋利，特别适合啃咬食物。

头骨有足够的空间容纳颌部和颈部肌肉用于撕咬和拉扯食物

门齿上的橙色牙釉质

海狸鼠的头骨

密闭口腔中的空隙

不停地啃咬
啮齿动物的门齿一直在生长，但在使用过程中不断磨损。

海狸鼠

下颌可上下移动。

食草动物

牛、马、骆驼、绵羊、山羊和鹿都是食草动物下颌骨基本上位于后面很深的部位，给强劲的咀嚼肌留出很大的空间。

肌肉附着在下颌深处

山羊

山羊的头骨

下颌可以左右、前后移动。

撕下一大口
山羊用强韧的舌头和嘴唇、上齿龈和小小的下门齿（这个标本中缺失）来撕裂食物。它的上下颌可以前后滑动，能更好地磨碎食物。

角质垫的位置

白齿和前白齿

空隙可使舌头掌控大块食物

下门齿的位置

杂食性动物

杂食性动物既食草又食肉，为了配合多样化的饮食，它们的上下颌和牙齿通常没有食肉动物或食草动物的分工那么明确。

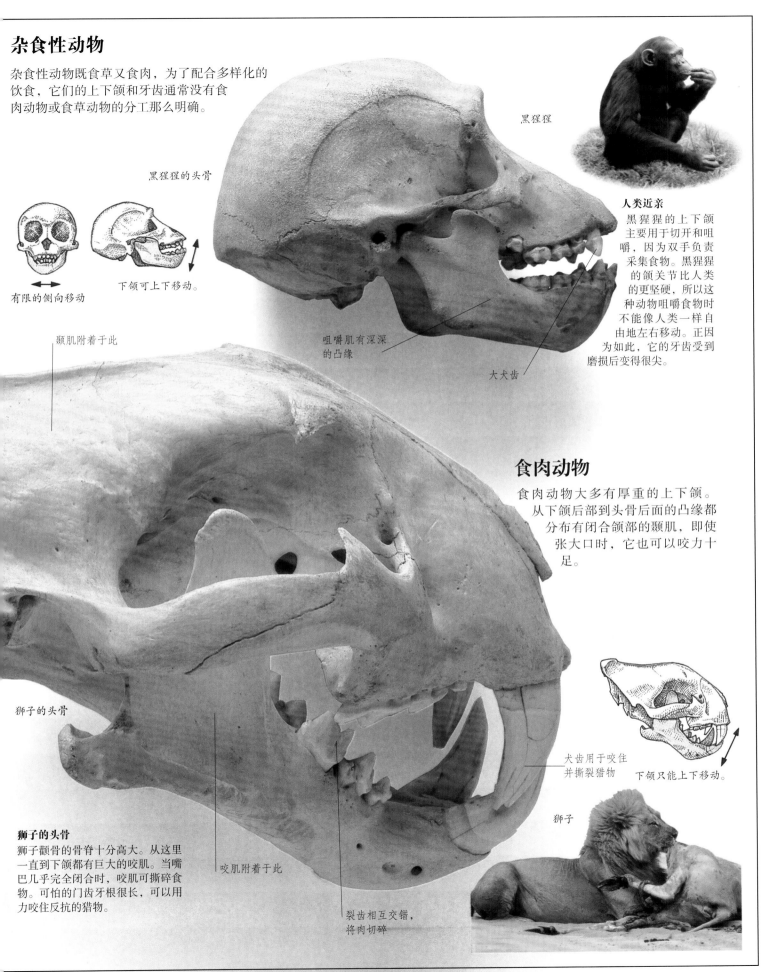

黑猩猩

人类近亲
黑猩猩的上下颌主要用于切开和咀嚼，因为双手负责采集食物。黑猩猩的颌关节比人类的更坚硬，所以这种动物咀嚼食物时不能像人类一样自由地左右移动。正因为如此，它的牙齿受到磨损后变得很尖。

黑猩猩的头骨

有限的侧向移动

下颌可上下移动。

颞肌附着于此

咀嚼肌有深深的凸缘

大犬齿

食肉动物

食肉动物大多有厚重的上下颌。从下颌后部到头骨后面的凸缘都分布有闭合颌部的颞肌，即使张大口时，它也可以咬力十足。

狮子的头骨

犬齿用于咬住并撕裂猎物

下颌只能上下移动。

狮子

狮子的头骨
狮子颧骨的骨脊十分高大。从这里一直到下颌都有巨大的咬肌。当嘴巴几乎完全闭合时，咬肌可撕碎食物。可怕的门齿牙根很长，可以用力咬住反抗的猎物。

咬肌附着于此

裂齿相互交错，将肉切碎

动物的牙齿

因为动物的牙齿任务繁多，要做很多不同的工作，既包括
简单地咬和切片，也包括咀嚼、粉碎、压裂、啃食、清
洁、挖掘、防御和沟通等。牙齿可以提供关于其主人的许
多线索，例如主人吃的食物种类或是主人的年龄。上了年纪的
动物牙龈萎缩，牙齿更多的部分显露出来，看起来更长。最
大的牙齿是大象的獠牙，最小的是蛞蝓舌头上的牙齿。

这两只工艺品豹子，
每只耗用了7头大象的
象牙。

象牙猎人 *上图*
虽然现在严禁捕杀大象，但偷猎
行为仍屡禁不止。

非洲象的
白齿

可移动的臼齿
大象在上下颌的两边各有6颗白齿。颌两侧的牙齿每次
只有1~2颗同时使用。在最后一颗牙齿也磨损后，大象
就无法再吃东西了。

釉脊

胶结构

后根

脊间的牙本质

前根

食草动物和食肉动物

食草动物，如马和斑马，它们的颊齿（白齿）宽而平。它们必须把
食物磨碎后才能吞下，否则植物在胃和小肠内难以消化。肉食动物的牙齿
更加锋利，可以咬住食物将其切成片状。

马的下颌骨

门齿用于把草啃断

切掉颌骨后，可
见其长长的根部

狗的牙齿

白齿

牙面很宽，适于咀嚼

长冠白齿 *上图*
马前面的门齿可抓住草并将其咬断。
巨大的白齿和前白齿可将食物研磨成
糊状。

牙齿用来将食物撕裂和切成片状
从狗的上颌骨选取的牙齿显示出其
食肉的特征。每种类型的牙齿都具
有某种特殊功能，有其特定形状。

可以咬断
骨头的
白齿

用于切割
食物的
裂齿

用于压碎
食物的前
白齿

用于刺
穿食物的
长犬齿

紧咬不放
的小门齿

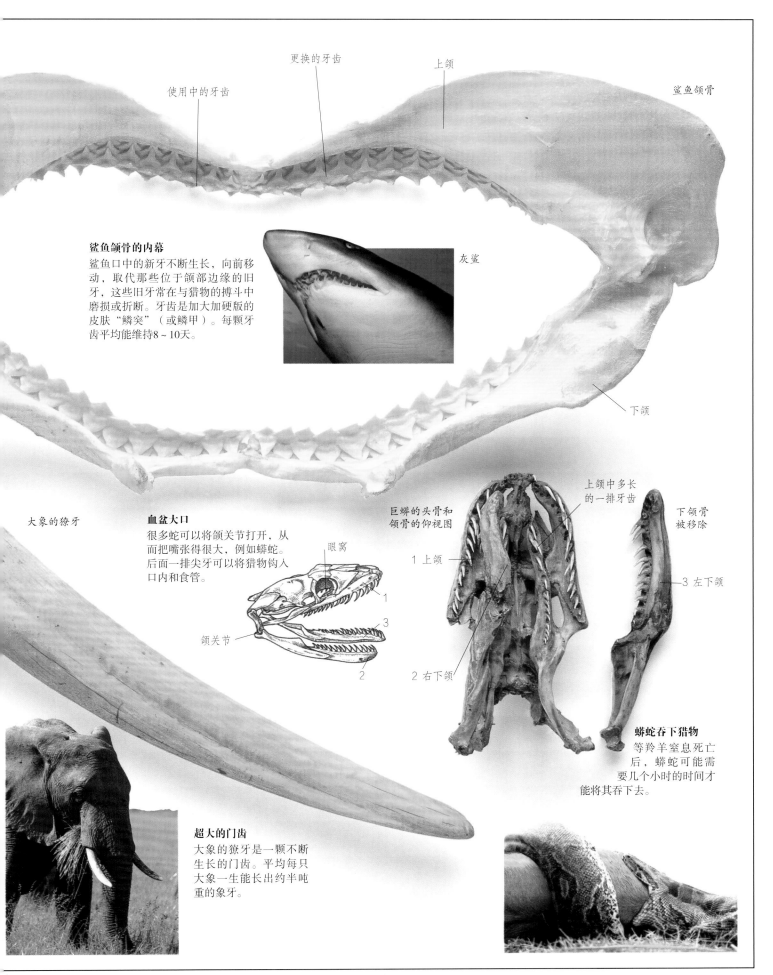

使用中的牙齿

更换的牙齿

上颌

鲨鱼颌骨

鲨鱼颌骨的内幕

鲨鱼口中的新牙不断生长，向前移动，取代那些位于颌部边缘的旧牙，这些旧牙常在与猎物的搏斗中磨损或折断。牙齿是加大加硬版的皮肤"鳞突"（或鳞甲）。每颗牙齿平均能维持8~10天。

灰鲨

下颌

大象的獠牙

血盆大口

很多蛇可以将颌关节打开，从而把嘴张得很大，例如蟒蛇。后面一排尖牙可以将猎物钩入口内和食管。

眼窝

颌关节

1

3

2

巨蟒的头骨和颌骨的仰视图

上颌中多长的一排牙齿

1 上颌

2 右下颌

下颌骨被移除

3 左下颌

蟒蛇吞下猎物

等羚羊窒息死亡后，蟒蛇可能需要几个小时的时间才能将其吞下去。

超大的门齿

大象的獠牙是一颗不断生长的门齿。平均每只大象一生能长出约半吨重的象牙。

人类的脊柱

脊柱的字面意思是人体的脊梁。有了它，我们就能够弯腰和下蹲，点头和摇头，扭动肩膀和臀部。然而，它最初是作为一个水平方向的大梁承担起胸部和腹部的重量。几乎可以肯定，最初的史前哺乳动物靠四肢移动。从侧面看，直立人的脊柱呈S形曲线，可以平衡脚和腿以上身体的各部分，所以可在站立时最大限度地减少肌肉拉伤。人类脊柱发挥作用靠的是链环原理：小幅度运动依次叠加。每块椎骨只能向相邻的骨头稍稍移动一点。下图所示的是人体侧卧状态下的脊柱。

这件来自1685年解剖书上的雕刻品展示了人体骨骼的后视图。

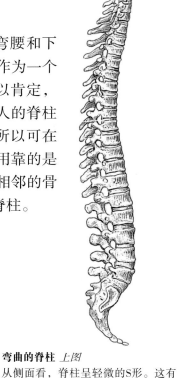

弯曲的脊柱 *上图*
从侧面看，脊柱呈轻微的S形。这有助于让腿部以上的头部、手臂、胸部和腹部的重心变得集中，以保持人体平衡。

头骨之下
人们称前两块椎骨为寰椎和枢椎，专门负责点头和摇头。

寰椎可使人上下点头。

枢椎可使人左右摇头。

颈部
颈部的7块椎骨称为颈椎。肌肉从每块椎骨两侧和后部的翼（横突和神经棘）延伸到头骨、肩胛骨和下段脊椎，以稳定颈部上方的头部。

胸部
越往脊柱下方，椎骨越大，因为它们必须承担越来越多的重量。胸椎共有12块，每一块都与一对肋骨相连。肋骨与椎体上的浅杯状结构连接。上面的10对肋骨也与横突的中空部分相连，以增加稳定性。每次呼吸时，这两副关节都会发生轻微的运动。

弯曲的颈椎的后视图

胸椎后视图

肋骨末端的浅窝

椎骨的主干（椎体）

横突

椎管——脊髓穿过中的孔

横突

颈椎俯视图

胸椎俯视图

神经弓

神经棘

点头和摇头
摇头是寰椎在枢椎上转动的结果。

脊柱

脊柱的保护作用

每块椎骨上大的孔隙排列成一条骨质隧道或通道。这里面是脆弱的脊髓，可以免遭碰撞和扭曲。神经通过相邻椎骨之间的神经孔进入或离开脊髓。两块椎骨之间的软骨盘偶尔会在神经上被压扁或受挤压，引起令人痛苦的椎间盘突出。

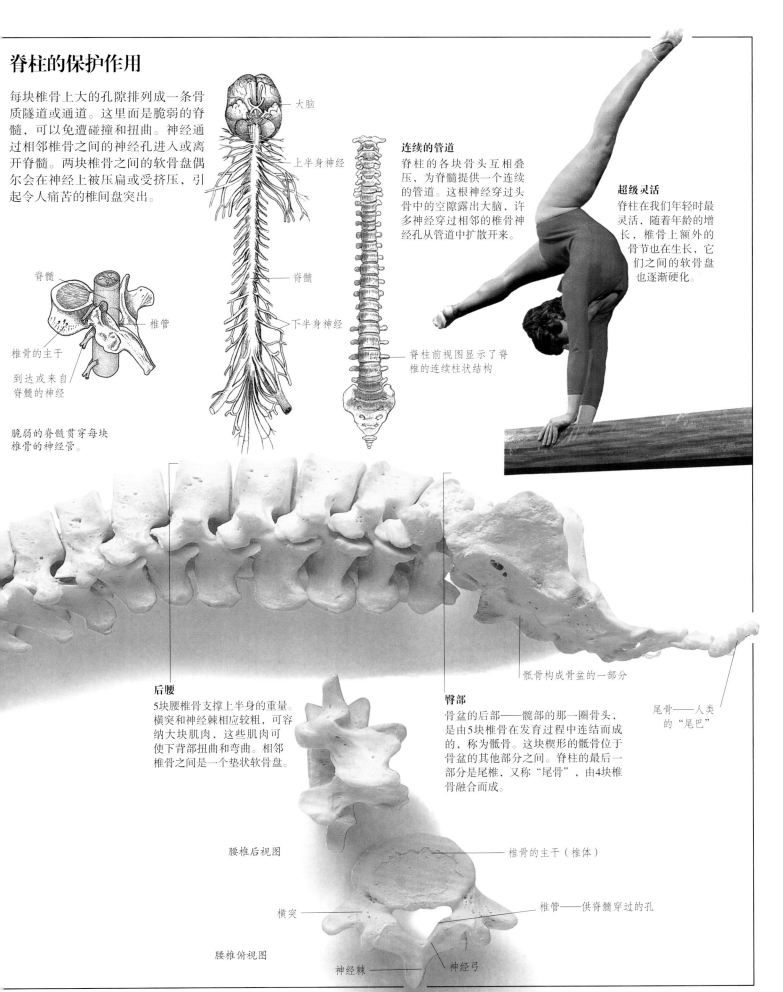

大脑

上半身神经

脊髓

下半身神经

脊髓

椎管

椎骨的主干

到达或来自脊髓的神经

脆弱的脊髓贯穿每块椎骨的神经管。

连续的管道

脊柱的各块骨头互相叠压，为脊髓提供一个连续的管道。这根神经穿过头骨中的空隙露出大脑，许多神经穿过相邻的椎骨神经孔从管道中扩散开来。

脊柱前视图显示了脊椎的连续柱状结构

超级灵活

脊柱在我们年轻时最灵活，随着年龄的增长，椎骨上额外的骨节也在生长，它们之间的软骨盘也逐渐硬化。

骶骨构成骨盆的一部分

尾骨——人类的"尾巴"

后腰

5块腰椎骨支撑上半身的重量。横突和神经棘相应较粗，可容纳大块肌肉，这些肌肉可使下背部扭曲和弯曲。相邻椎骨之间是一个垫状软骨盘。

臀部

骨盆的后部——髋部的那一圈骨头，是由5块椎骨在发育过程中连结而成的，称为骶骨。这块楔形的骶骨位于骨盆的其他部分之间。脊柱的最后一部分是尾椎，又称"尾骨"，由4块椎骨融合而成。

腰椎后视图

椎骨的主干（椎体）

椎管——供脊髓穿过的孔

横突

腰椎俯视图

神经棘

神经弓

动物的脊柱

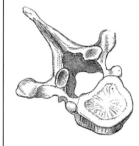

鱼类、爬行类、两栖类、鸟类和哺乳类动物背上都有一排骨头，被称为脊椎，这将它们与无脊椎动物区分开来，如昆虫和蠕虫。脊椎的基本构造是一排外骨骼连在一起形成一个灵活的支柱，一端与头骨相连，另一端通常与尾骨相连。然而，各种动物单块椎骨的数量却各不相同，如青蛙只有9块，而有些蛇则有400多块。

紧抓不放的尾巴　　环尾狐猴

狐猴脊柱的末端——尾巴，善于抓握，可以作为第五条腿，在爬树时抓紧枝条。它也可让狐猴在进食时双手保持自由。

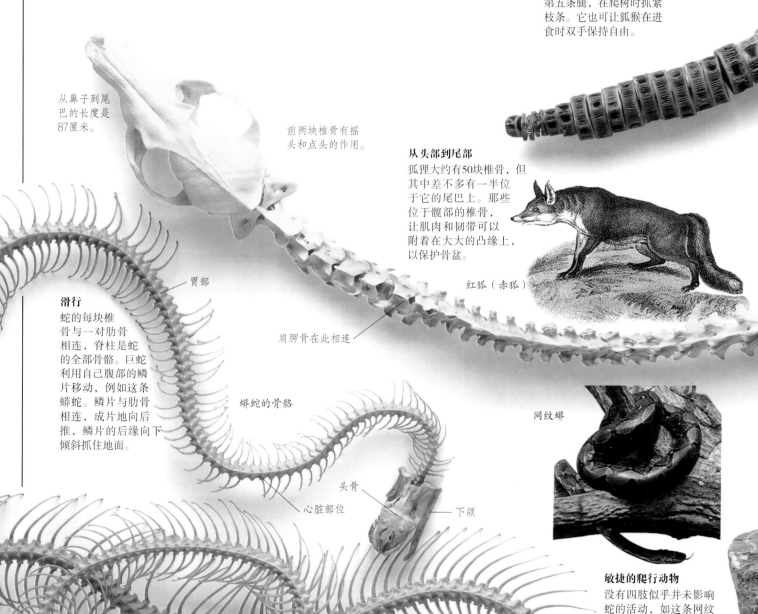

从鼻子到尾巴的长度是87厘米。

前两块椎骨有摇头和点头的作用。

胃部

肩胛骨在此相连

滑行

蛇的每块椎骨与一对肋骨相连，脊柱是蛇的全部骨骼。巨蛇利用自己腹部的鳞片移动，例如这条蟒蛇。鳞片与肋骨相连，成片地向后推，鳞片的后缘向下倾斜抓住地面。

蟒蛇的骨骼

头骨

心脏部位

下颌

从头部到尾部

狐狸大约有50块椎骨，但其中差不多有一半位于它的尾巴上。那些位于髋部的椎骨，让肌肉和韧带可以附着在大大的凸缘上，以保护骨盆。

红狐（赤狐）

网纹蟒

敏捷的爬行动物

没有四肢似乎并未影响蛇的活动，如这条网纹蟒。它们可以快速地移动、攀登、游动和挖洞。

肋骨

肠部

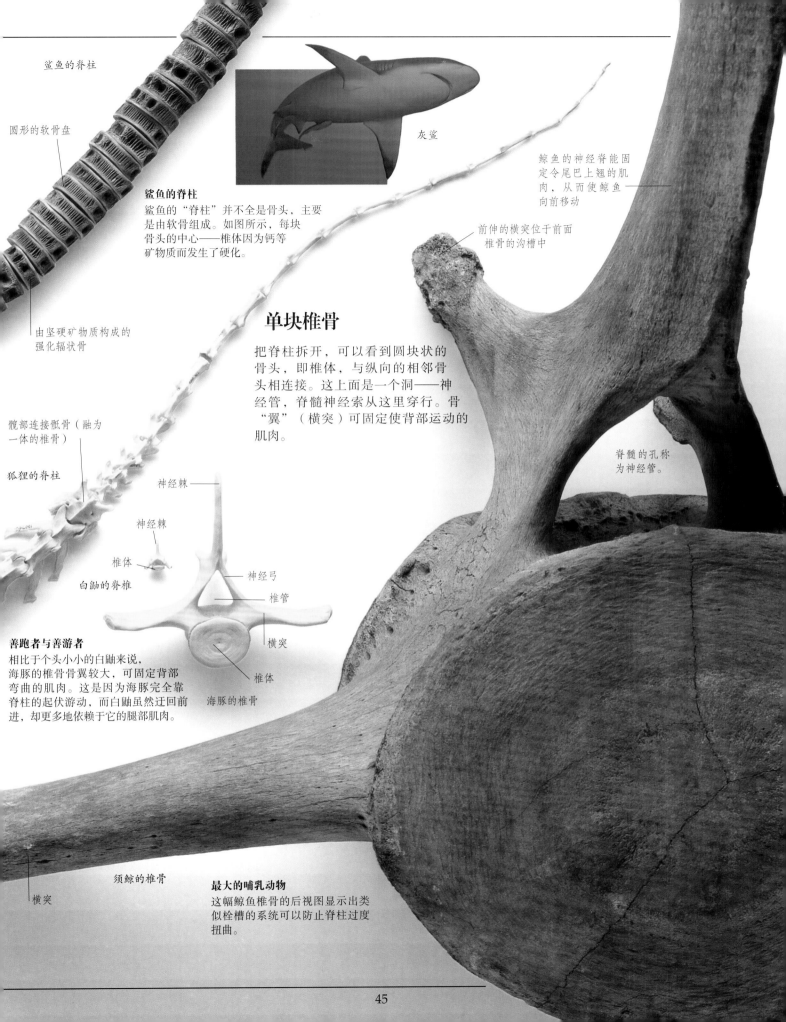

鲨鱼的脊柱

圆形的软骨盘

鲨鱼的脊柱
鲨鱼的"脊柱"并不全是骨头，主要
是由软骨组成。如图所示，每块
骨头的中心——椎体因为钙等
矿物质而发生了硬化。

由坚硬矿物质构成的
强化辐状骨

灰鲨

鲸鱼的神经脊能固
定令尾巴上翘的肌
肉，从而使鲸鱼
向前移动

前伸的横突位于前面
椎骨的沟槽中

单块椎骨

把脊柱拆开，可以看到圆块状的
骨头，即椎体，与纵向的相邻骨
头相连接。这上面是一个洞——神
经管，脊髓神经索从这里穿行。骨
"翼"（横突）可固定使背部运动的
肌肉。

脊髓的孔称
为神经管。

髋部连接骶骨（融为
一体的椎骨）

狐狸的脊柱

神经棘

神经棘

椎体

白鼬的脊椎

神经弓

椎管

横突

椎体

海豚的椎骨

善跑者与善游者
相比于个头小小的白鼬来说，
海豚的椎骨骨翼较大，可固定背部
弯曲的肌肉。这是因为海豚完全靠
脊柱的起伏游动，而白鼬虽然迂回前
进，却更多地依赖于它的腿部肌肉。

须鲸的椎骨

横突

最大的哺乳动物
这幅鲸鱼椎骨的后视图显示出类
似栓槽的系统可以防止脊柱过度
扭曲。

胸腔

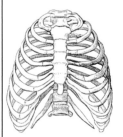

肺部会随着呼吸变大或变小，也需要得到保护，免受碰撞或挤压。由可移动的许多条状骨头（即肋骨）构成灵活的胸腔。肋骨排列紧密，中间有结实的韧带和肌肉，可以很好地保护脆弱的肺。此外，每根肋骨薄而灵活，可消减外部冲击，保护肺部周围重要的密闭结构，防止其破裂或被刺穿。肋骨的活动范围在与脊柱或胸骨连接处。吸气时，肌肉将肋骨托起，使其外扩，增大胸部容量以把空气吸入肺部。

胸腔内部

肋骨保护肺部和胸腔的其他器官，如心脏和主要血管。它们也保护胃、肝脏和上腹的其他部位。

达·芬奇绘制的侧面图展示出胸腔的深度，以及胸腔与脊柱的关系。

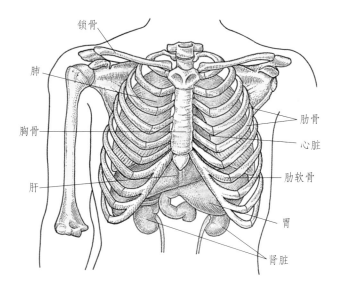

锁骨

肺

胸骨

肝

肋骨

心脏

肋软骨

胃

肾脏

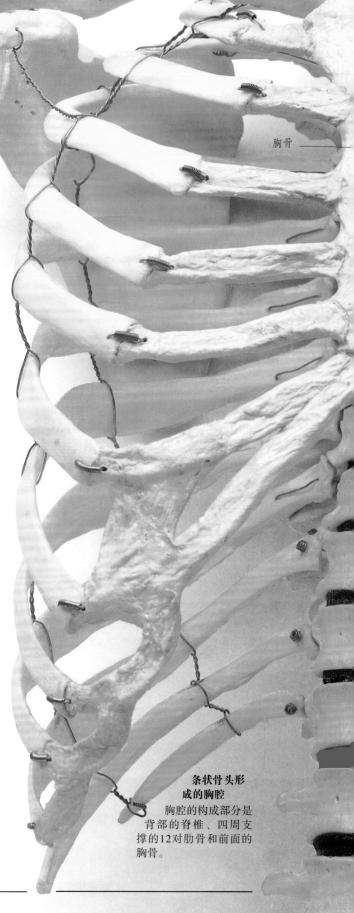

锁骨

胸骨

条状骨头形成的胸腔
胸腔的构成部分是背部的脊椎、四周支撑的12对肋骨和前面的胸骨。

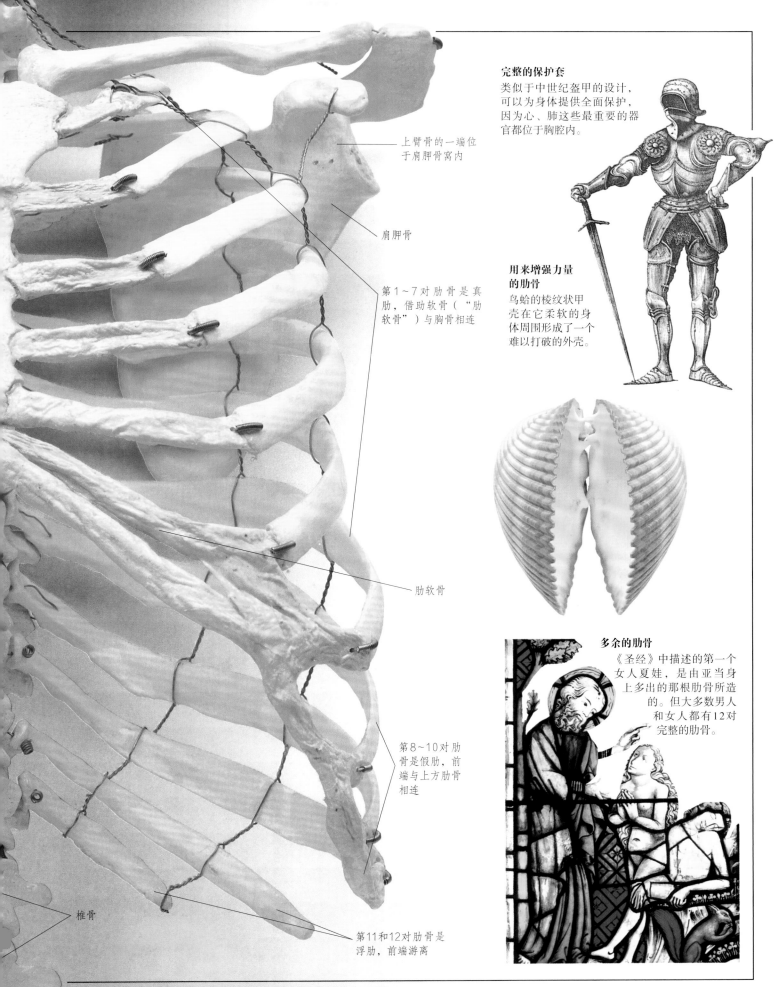

上臂骨的一端位
于肩胛骨窝内

肩胛骨

第1~7对肋骨是真
肋，借助软骨（"肋
软骨"）与胸骨相连

肋软骨

第8~10对肋
骨是假肋，前
端与上方肋骨
相连

椎骨

第11和12对肋骨是
浮肋，前端游离

完整的保护套
类似于中世纪盔甲的设计，
可以为身体提供全面保护，
因为心、肺这些最重要的器
官都位于胸腔内。

**用来增强力量
的肋骨**
鸟蛤的棱纹状甲
壳在它柔软的身
体周围形成了一个
难以打破的外壳。

多余的肋骨
《圣经》中描述的第一个
女人夏娃，是由亚当身
上多出的那根肋骨所造
的。但大多数男人
和女人都有12对
完整的肋骨。

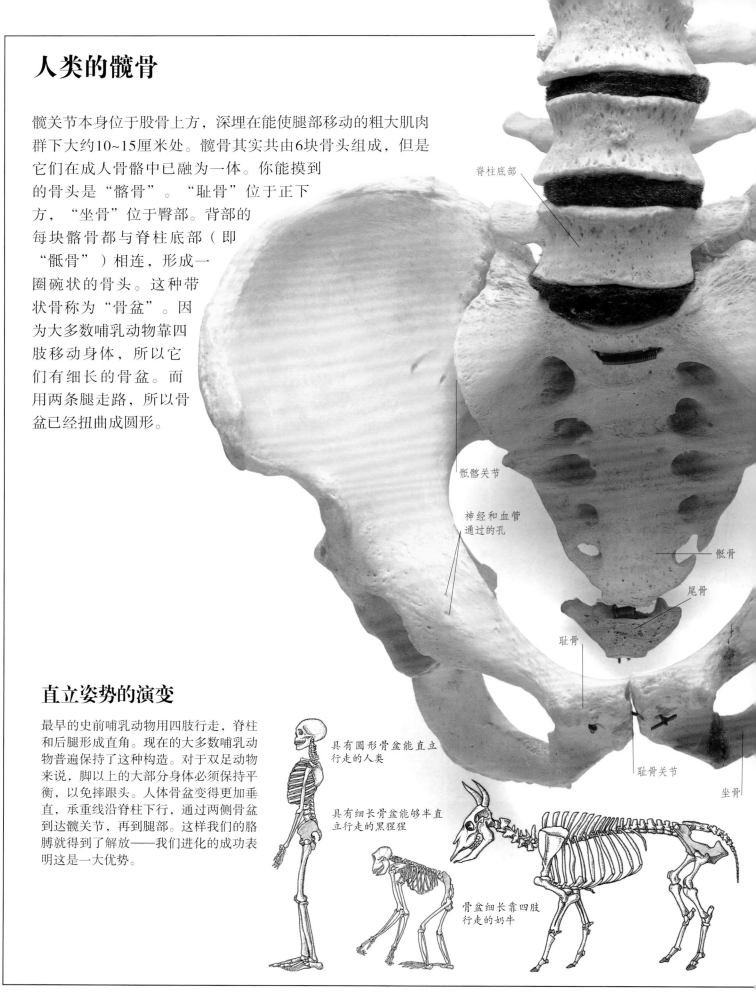

人类的髋骨

髋关节本身位于股骨上方，深埋在能使腿部移动的粗大肌肉群下大约10~15厘米处。髋骨其实共由6块骨头组成，但是它们在成人骨骼中已融为一体。你能摸到的骨头是"髂骨"。"耻骨"位于正下方，"坐骨"位于臀部。背部的每块髂骨都与脊柱底部（即"骶骨"）相连，形成一圈碗状的骨头。这种带状骨称为"骨盆"。因为大多数哺乳动物靠四肢移动身体，所以它们有细长的骨盆。而用两条腿走路，所以骨盆已经扭曲成圆形。

脊柱底部

骶髂关节

神经和血管通过的孔

骶骨

尾骨

耻骨

耻骨关节

坐骨

直立姿势的演变

最早的史前哺乳动物用四肢行走，脊柱和后腿形成直角。现在的大多数哺乳动物普遍保持了这种构造。对于双足动物来说，脚以上的大部分身体必须保持平衡，以免摔跟头。人体骨盆变得更加垂直，承重线沿脊柱下行，通过两侧骨盆到达髋关节，再到腿部。这样我们的胳膊就得到了解放——我们进化的成功表明这是一大优势。

具有圆形骨盆能直立行走的人类

具有细长骨盆能够半直立行走的黑猩猩

骨盆细长靠四肢行走的奶牛

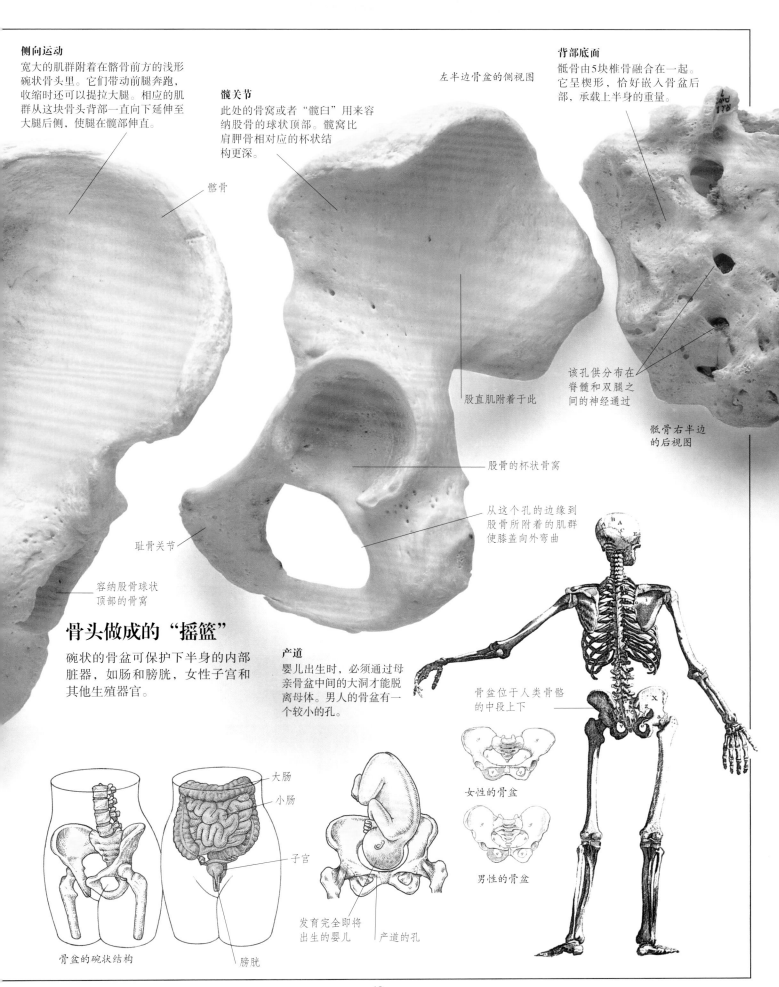

侧向运动
宽大的肌群附着在髂骨前方的浅形碗状骨头里。它们带动前腿奔跑，收缩时还可以提拉大腿。相应的肌群从这块骨头背部一直向下延伸至大腿后侧，使腿在髋部伸直。

髋关节
此处的骨窝或者"髋臼"用来容纳股骨的球状顶部。髋窝比肩胛骨相对应的杯状结构更深。

左半边骨盆的侧视图

背部底面
骶骨由5块椎骨融合在一起。它呈楔形，恰好嵌入骨盆后部，承载上半身的重量。

髂骨

股直肌附着于此

该孔供分布在脊髓和双腿之间的神经通过

骶骨右半边的后视图

股骨的杯状骨窝

从这个孔的边缘到股骨所附着的肌群使膝盖向外弯曲

耻骨关节

容纳股骨球状顶部的骨窝

骨头做成的"摇篮"

碗状的骨盆可保护下半身的内部脏器，如肠和膀胱，女性子宫和其他生殖器官。

产道
婴儿出生时，必须通过母亲骨盆中间的大洞才能脱离母体。男人的骨盆有一个较小的孔。

骨盆位于人类骨骼的中段上下

女性的骨盆

男性的骨盆

大肠

小肠

子宫

发育完全即将出生的婴儿

产道的孔

骨盆的碗状结构

膀胱

动物的髋骨

即使是四肢动物，也由后腿提供驱动力。股骨顶部的球窝关节可以让腿移动，而与脊柱相连的关节由于韧带的加强作用，可把这种推动力传向全身。大多数动物都有细长的骨盆，因为有时它们靠四肢行走。人类由于直立行走，所以盆骨形状稍圆。

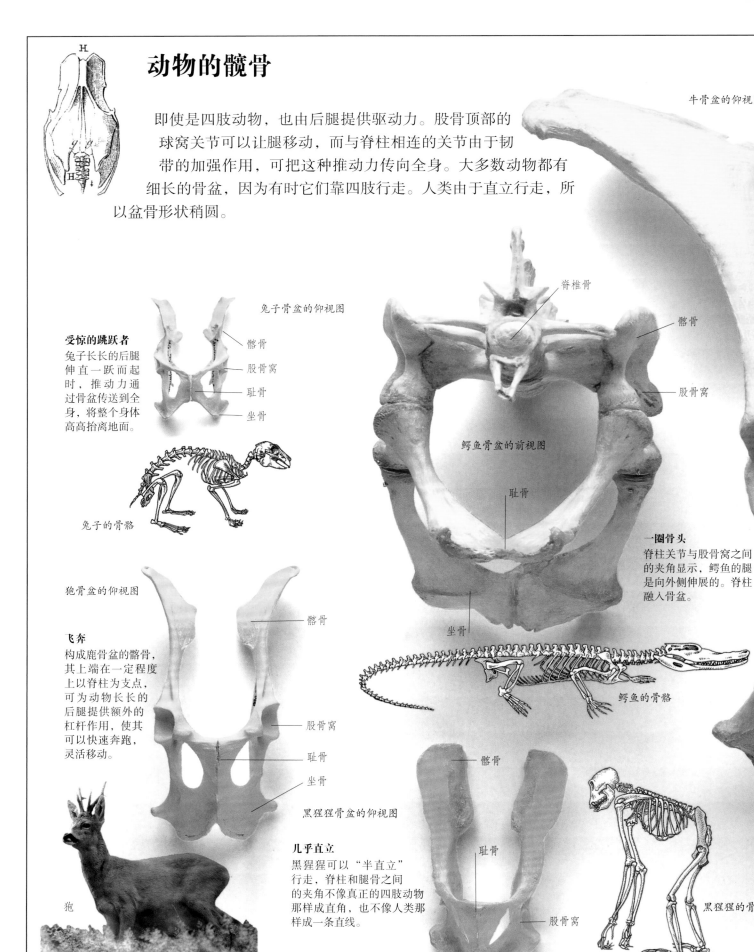

牛骨盆的仰视图

兔子骨盆的仰视图

髂骨
股骨窝
耻骨
坐骨

受惊的跳跃者
兔子长长的后腿伸直一跃而起时，推动力通过骨盆传送到全身，将整个身体高高抬离地面。

兔子的骨骼

脊椎骨
髂骨
股骨窝

鳄鱼骨盆的前视图

耻骨
坐骨

一圈骨头
脊柱关节与股骨窝之间的夹角显示，鳄鱼的腿是向外侧伸展的。脊柱融入骨盆。

狍骨盆的仰视图

髂骨
股骨窝
耻骨
坐骨

飞奔
构成鹿骨盆的髂骨，其上端在一定程度上以脊柱为支点，可为动物长长的后腿提供额外的杠杆作用，使其可以快速奔跑，灵活移动。

狍

鳄鱼的骨骼

黑猩猩骨盆的仰视图

髂骨
耻骨
股骨窝
坐骨

几乎直立
黑猩猩可以"半直立"行走，脊柱和腿骨之间的夹角不像真正的四肢动物那样成直角，也不像人类那样成一条直线。

黑猩猩的骨骼

50

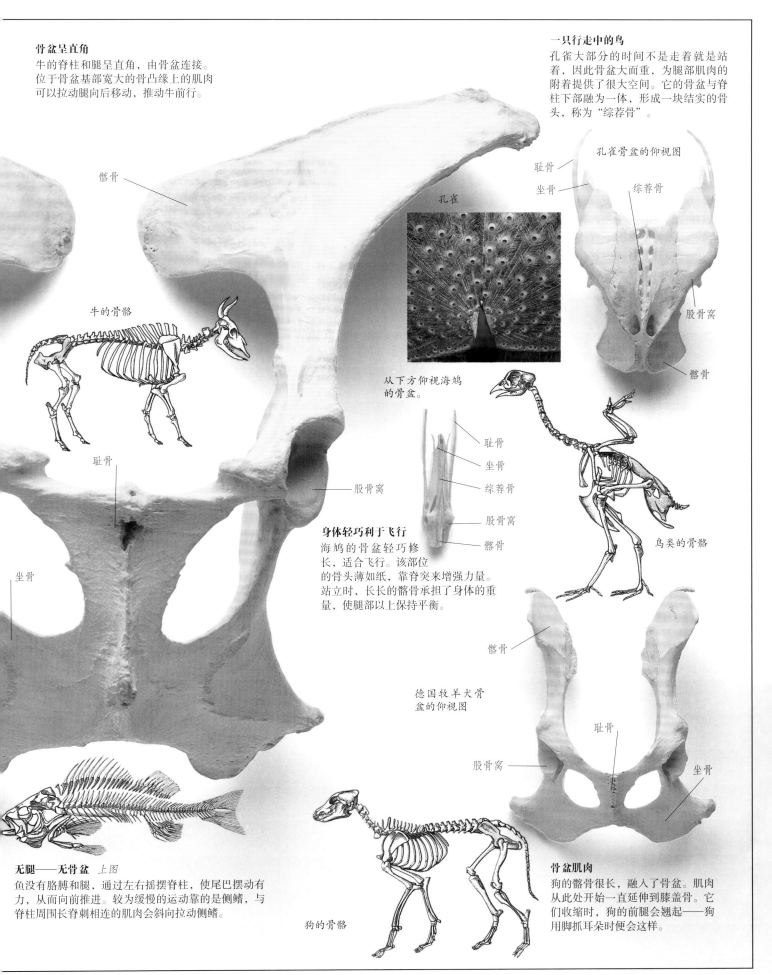

骨盆呈直角

牛的脊柱和腿呈直角，由骨盆连接。位于骨盆基部宽大的骨凸缘上的肌肉可以拉动腿向后移动，推动牛前行。

髂骨

牛的骨骼

耻骨

坐骨

股骨窝

一只行走中的鸟

孔雀大部分的时间不是走着就是站着，因此骨盆大而重，为腿部肌肉的附着提供了很大空间。它的骨盆与脊柱下部融为一体，形成一块结实的骨头，称为"综荐骨"。

孔雀骨盆的仰视图

耻骨

坐骨

综荐骨

股骨窝

髂骨

孔雀

从下方仰视海鸠的骨盆。

耻骨
坐骨
综荐骨
股骨窝
髂骨

身体轻巧利于飞行

海鸠的骨盆轻巧修长，适合飞行。该部位的骨头薄如纸，靠脊突来增强力量。站立时，长长的髂骨承担了身体的重量，使腿部以上保持平衡。

鸟类的骨骼

髂骨

德国牧羊犬骨盆的仰视图

耻骨

股骨窝

坐骨

无腿——无骨盆 上图

鱼没有胳膊和腿，通过左右摇摆脊柱，使尾巴摆动有力，从而向前推进。较为缓慢的运动靠的是侧鳍，与脊柱周围长脊刺相连的肌肉会斜向拉动侧鳍。

狗的骨骼

骨盆肌肉

狗的髂骨很长，融入了骨盆。肌肉从此处开始一直延伸到膝盖骨。它们收缩时，狗的前腿会翘起——狗用脚抓耳朵时便会这样。

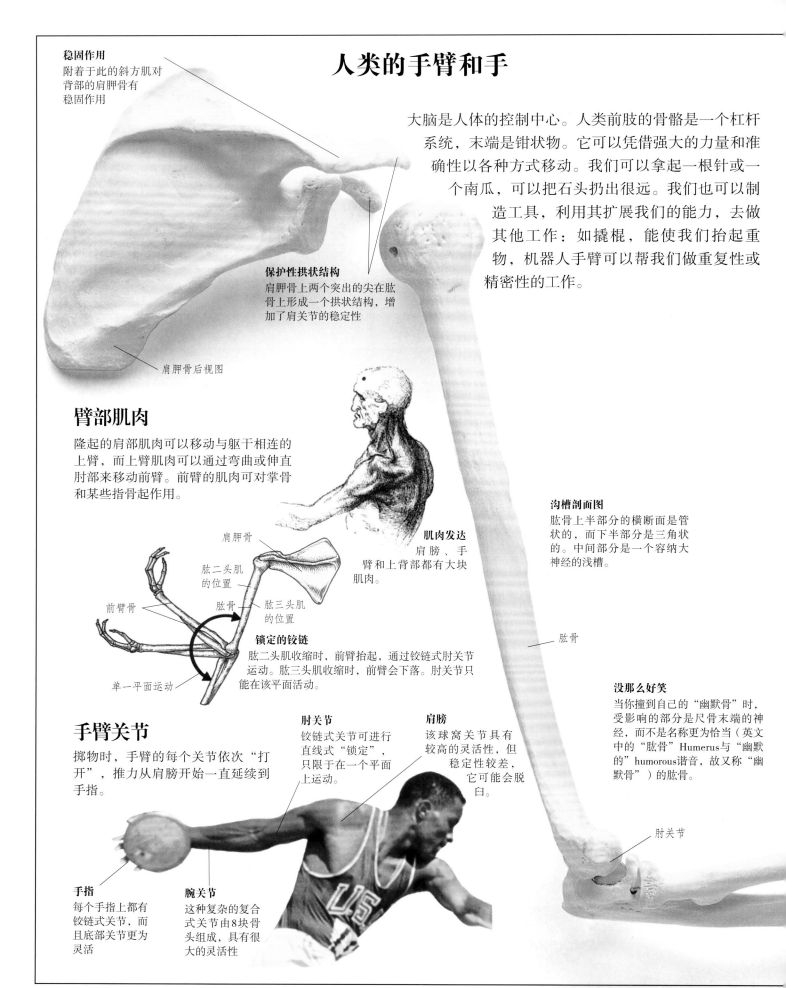

人类的手臂和手

大脑是人体的控制中心。人类前肢的骨骼是一个杠杆系统，末端是钳状物。它可以凭借强大的力量和准确性以各种方式移动。我们可以拿起一根针或一个南瓜，可以把石头扔出很远。我们也可以制造工具，利用其扩展我们的能力，去做其他工作：如撬棍，能使我们抬起重物，机器人手臂可以帮我们做重复性或精密性的工作。

稳固作用
附着于此的斜方肌对背部的肩胛骨有稳固作用

保护性拱状结构
肩胛骨上两个突出的尖在肱骨上形成一个拱状结构，增加了肩关节的稳定性

肩胛骨后视图

臂部肌肉

隆起的肩部肌肉可以移动与躯干相连的上臂，而上臂肌肉可以通过弯曲或伸直肘部来移动前臂。前臂的肌肉可对掌骨和某些指骨起作用。

肩胛骨

肱二头肌的位置

前臂骨

肱骨

肱三头肌的位置

单一平面运动

肌肉发达
肩膀、手臂和上背部都有大块肌肉。

锁定的铰链
肱二头肌收缩时，前臂抬起，通过铰链式肘关节运动。肱三头肌收缩时，前臂会下落。肘关节只能在该平面活动。

沟槽剖面图
肱骨上半部分的横断面是管状的，而下半部分是三角状的。中间部分是一个容纳大神经的浅槽。

肱骨

手臂关节

掷物时，手臂的每个关节依次"打开"，推力从肩膀开始一直延续到手指。

肘关节
铰链式关节可进行直线式"锁定"，只限于在一个平面上运动。

肩膀
该球窝关节具有较高的灵活性，但稳定性较差，它可能会脱臼。

没那么好笑
当你撞到自己的"幽默骨"时，受影响的部分是尺骨末端的神经，而不是名称更为恰当（英文中的"肱骨"Humerus与"幽默的"humorous谐音，故又称"幽默骨"）的肱骨。

肘关节

手指
每个手指上都有铰链式关节，而且底部关节更为灵活

腕关节
这种复杂的复合式关节由8块骨头组成，具有很大的灵活性

手部的骨头

我们的手是标准的哺乳动物五指构造。腕骨附着有小块肌肉，帮助移动拇指和其他手指。其他可使手指移动的肌肉位于前臂，通过长长的肌腱与手指相连，肌腱贯穿腕部韧带的"领"部。

中指（第三指）

食指
（第二指）

无名指（第四指）

小指（第五指）

拇指
（第一指）

每个手指基部的指关节由骨的球状顶端形成

手腕骨（腕骨）

桡骨和尺骨在这儿相连

腕部的活动

除了相对于肱骨发生位移，要想曲肘，两块前臂骨、桡骨和尺骨，也在上端和末端相互移动。它们转动时互相交错，转动手腕。

桡骨

尺骨

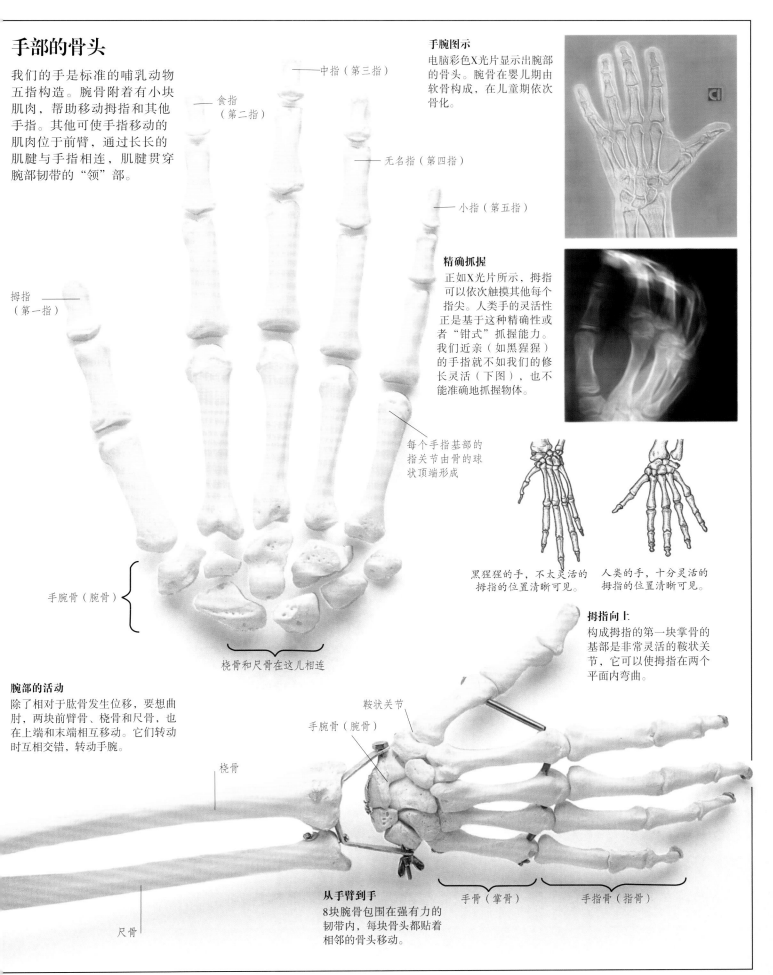

手腕图示

电脑彩色X光片显示出腕部的骨头。腕骨在婴儿期由软骨构成，在儿童期依次骨化。

精确抓握

正如X光片所示，拇指可以依次触摸其他每个指尖。人类手的灵活性正是基于这种精确性或者"钳式"抓握能力。我们近亲（如黑猩猩）的手指就不如我们的修长灵活（下图），也不能准确地抓握物体。

黑猩猩的手，不太灵活的拇指的位置清晰可见。

人类的手，十分灵活的拇指的位置清晰可见。

拇指向上

构成拇指的第一块掌骨的基部是非常灵活的鞍状关节，它可以使拇指在两个平面内弯曲。

鞍状关节

手腕骨（腕骨）

从手臂到手

8块腕骨包围在强有力的韧带内，每块骨头都贴着相邻的骨头移动。

手骨（掌骨）

手指骨（指骨）

手臂、翅膀和鳍状肢

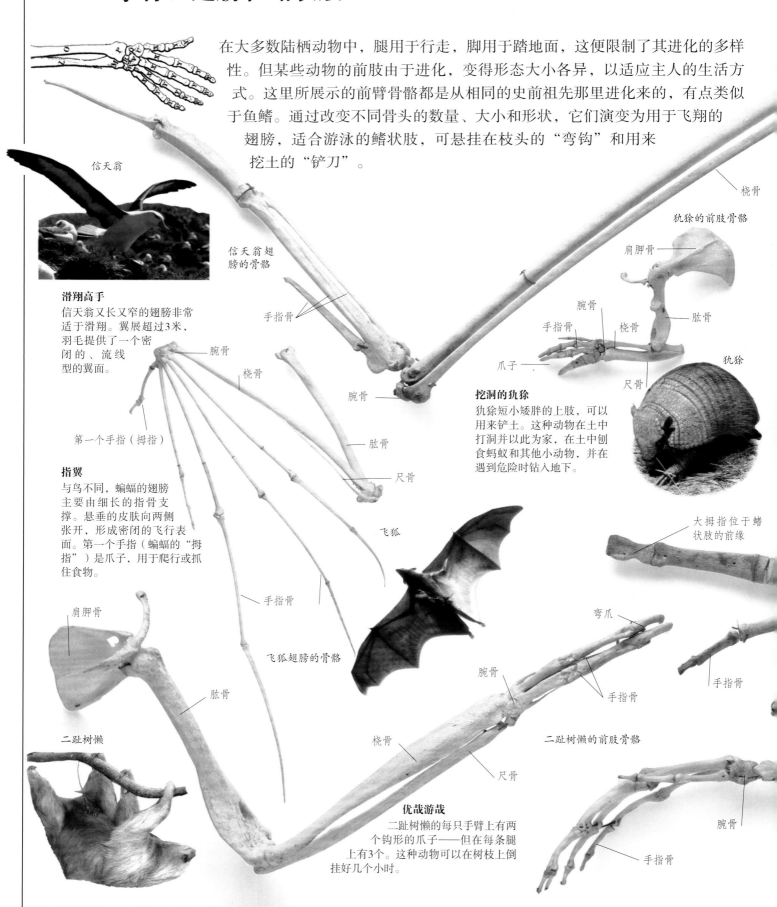

在大多数陆栖动物中，腿用于行走，脚用于踏地面，这便限制了其进化的多样性。但某些动物的前肢由于进化，变得形态大小各异，以适应主人的生活方式。这里所展示的前臂骨骼都是从相同的史前祖先那里进化来的，有点类似于鱼鳍。通过改变不同骨头的数量、大小和形状，它们演变为用于飞翔的翅膀，适合游泳的鳍状肢，可悬挂在枝头的"弯钩"和用来挖土的"铲刀"。

信天翁

滑翔高手
信天翁又长又窄的翅膀非常适于滑翔。翼展超过3米，羽毛提供了一个密闭的、流线型的翼面。

信天翁翅膀的骨骼

手指骨

腕骨

桡骨

腕骨

第一个手指（拇指）

肱骨

尺骨

指翼
与鸟不同，蝙蝠的翅膀主要由细长的指骨支撑。悬垂的皮肤向两侧张开，形成密闭的飞行表面。第一个手指（蝙蝠的"拇指"）是爪子，用于爬行或抓住食物。

手指骨

飞狐

飞狐翅膀的骨骼

肩胛骨

肱骨

二趾树懒

桡骨

尺骨

优哉游哉
二趾树懒的每只手臂上有两个钩形的爪子——但在每条腿上有3个。这种动物可以在树枝上倒挂好几个小时。

桡骨

犰狳的前肢骨骼

肩胛骨

腕骨

手指骨

桡骨

肱骨

爪子

尺骨

犰狳

挖洞的犰狳
犰狳短小矮胖的上肢，可以用来铲土。这种动物在土中打洞并以此为家，在土中刨食蚂蚁和其他小动物，并在遇到危险时钻入地下。

大拇指位于鳍状肢的前缘

弯爪

手指骨

腕骨

手指骨

二趾树懒的前肢骨骼

腕骨

手指骨

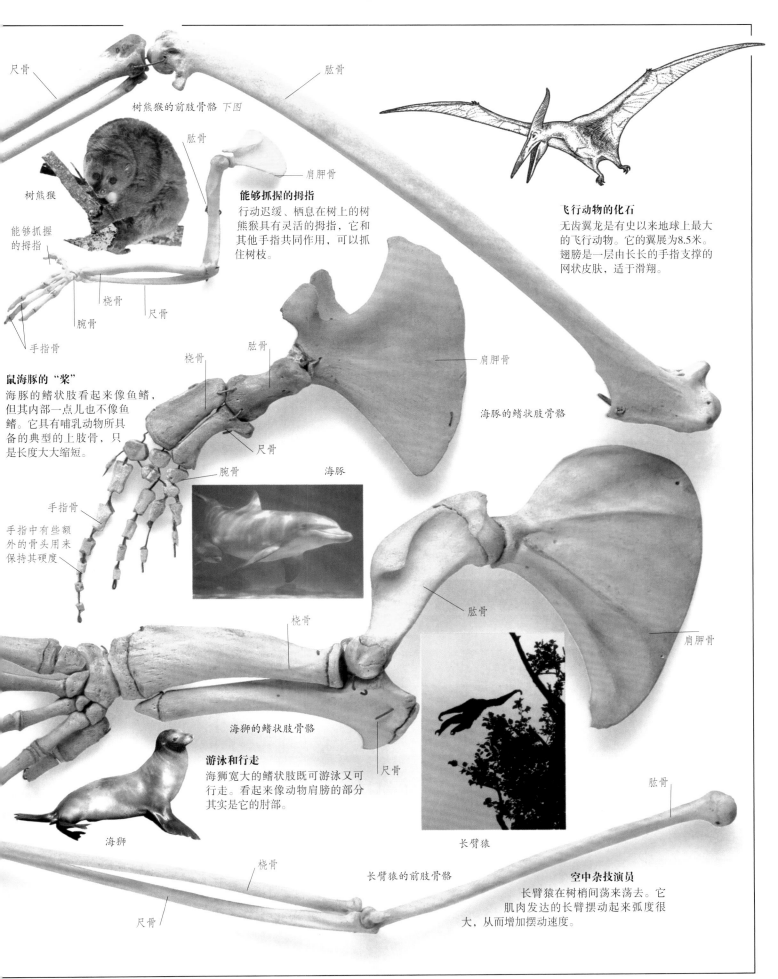

尺骨

肱骨

树熊猴的前肢骨骼 下图

肱骨

树熊猴

肩胛骨

能够抓握的拇指

腕骨

桡骨

尺骨

手指骨

能够抓握的拇指
行动迟缓、栖息在树上的树熊猴具有灵活的拇指，它和其他手指共同作用，可以抓住树枝。

飞行动物的化石
无齿翼龙是有史以来地球上最大的飞行动物。它的翼展为8.5米。翅膀是一层由长长的手指支撑的网状皮肤，适于滑翔。

桡骨

肱骨

肩胛骨

海豚的鳍状肢骨骼

鼠海豚的"桨"
海豚的鳍状肢看起来像鱼鳍，但其内部一点儿也不像鱼鳍。它具有哺乳动物所具备的典型的上肢骨，只是长度大大缩短。

尺骨

腕骨

海豚

手指骨
手指中有些额外的骨头用来保持其硬度

桡骨

肱骨

肩胛骨

海狮的鳍状肢骨骼

游泳和行走
海狮宽大的鳍状肢既可游泳又可行走。看起来像动物肩膀的部分其实是它的肘部。

尺骨

海狮

长臂猿

肱骨

桡骨

尺骨

长臂猿的前肢骨骼

空中杂技演员
长臂猿在树梢间荡来荡去。它肌肉发达的长臂摆动起来弧度很大，从而增加摆动速度。

动物的肩胛骨

红狐（赤狐）

四肢动物的4条腿看起来大致相同，但其内部骨骼显示出许多差异。后腿的主要功能是在行走、奔跑或跳跃时推动整个身体向前。前腿可以在起跳后再着陆时使身体得到缓冲，也可以摆弄食物或物体，还可以攻击猎物或敌人。因此，它们需要更加灵活。它们之所以有更大的活动范围，关键在于肩部的扁平状骨头，或称"肩胛骨"。这块三角形的骨头主要通过脊柱和肋骨上的肌肉与身体连接，还可以多角度活动。它通过一个球窝关节与前肢相连，从而变得更加灵活。

红狐的肩胛骨

东奔西跑
狐狸宽阔的肩胛骨表面有一大块地方用来固定肌肉，这表明它大多数时间是靠四肢来移动的。狐狸可能也用前腿来刨食。

领西猯的肩胛骨

腿部僵硬的猪
领西猯是一种典型的猪，肩胛骨又长又窄，并通过肌肉与躯干相连。腿相对短小而纤细，因此步态僵硬。

猪的骨骼

沙袋鼠的肩胛骨

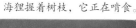

海狸握着树枝，它正在啃食。

"堤坝建筑师"
海狸那小小的肩胛骨表明，其短小的前肢承重力不强。它们会将树枝和泥巴放入水坝并储存食物。

蹲下喝水
西伯利亚虎趴在池塘边喝水，肩胛骨在身体两侧清晰地显示出来。

海狸的肩胛骨

双腿跳跃
袋鼠或沙袋鼠的前肢在其快速跳跃过程中不起作用。它们用于战斗、嬉戏、拿起食物，并在吃草时起支撑作用。

袋鼠的骨骼

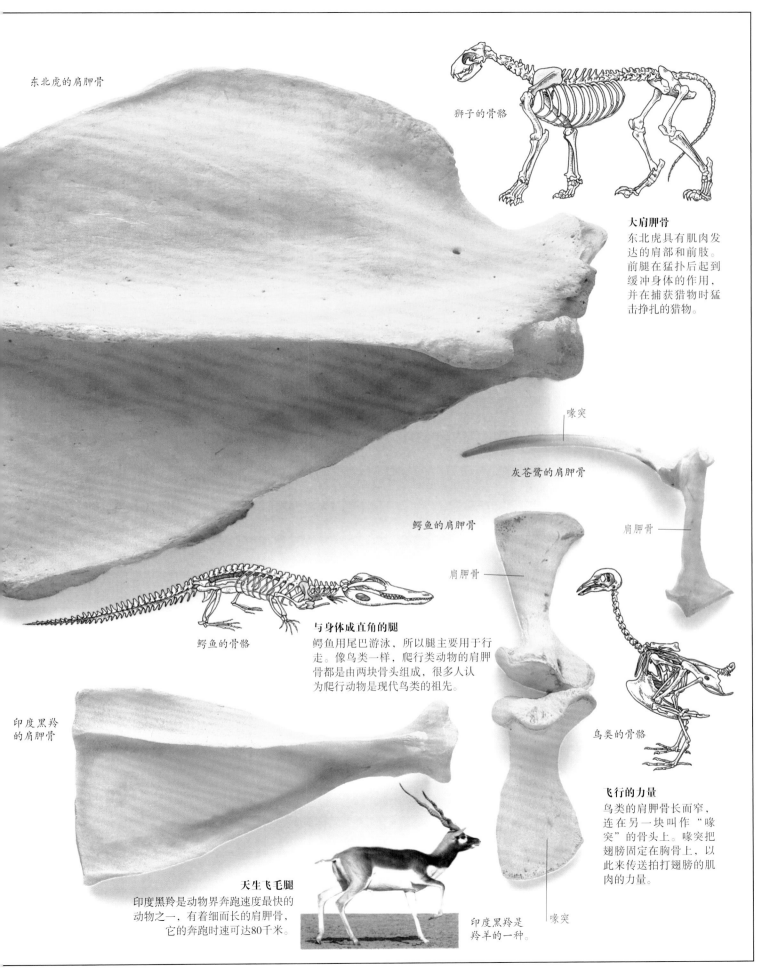

东北虎的肩胛骨

狮子的骨骼

大肩胛骨
东北虎具有肌肉发达的肩部和前肢。前腿在猛扑后起到缓冲身体的作用，并在捕获猎物时猛击挣扎的猎物。

喙突

灰苍鹭的肩胛骨

鳄鱼的肩胛骨

肩胛骨

肩胛骨

与身体成直角的腿
鳄鱼用尾巴游泳，所以腿主要用于行走。像鸟类一样，爬行类动物的肩胛骨都是由两块骨头组成，很多人认为爬行动物是现代鸟类的祖先。

鳄鱼的骨骼

鸟类的骨骼

印度黑羚的肩胛骨

飞行的力量
鸟类的肩胛骨长而窄，连在另一块叫作"喙突"的骨头上。喙突把翅膀固定在胸骨上，以此来传送拍打翅膀的肌肉的力量。

天生飞毛腿
印度黑羚是动物界奔跑速度最快的动物之一，有着细而长的肩胛骨，它的奔跑时速可达80千米。

印度黑羚是羚羊的一种。

喙突

人类的腿和脚

我们人类可以两腿保持完全直立长达几个小时，腾出胳膊和双手去做其他工作。和手臂相比，人类的腿骨又粗又壮，承载着身体的重量。和许多生物一样，我们不用脚趾走路。但我们的脚又宽又长，前后都具有良好的稳定性。颈部、手臂、背部和腿部不断进行着肌肉的细微调整，从而使身体重量始终保持在双脚上。步行需要几十块肌肉的协调和收缩。它被称为"有控制的下落"。身体向前倾斜，使得身体将要跌倒，但是通过向前移动一只脚就可以避免摔倒。

大腿骨（股骨）

股骨头

腿骨的头部
股骨是体内最大的单块骨。在其顶端，又称"股骨头"，股骨通过脊状隆起得以强化，脊状隆起上附有用于移动腿部的强劲肌肉。

长却强壮
股骨骨干符合良好的工程学结构原理，呈长长的管状。骨干比两端承受的压力更小。

摆臂
走路时，一侧手臂向前摆动，而同侧的腿向后摆动。这两个动作部分相互抵消，以保持身体的重心比较居中。

腿部肌肉和关节

臀部、大腿和小腿的肌肉通过关节移动四肢。臀部肌肉会通过髋关节前后摆动腿部，如行走时的情形。大腿后侧的肌肉通过铰链式关节弯曲膝盖。小腿肌肉通过踝关节伸直脚。

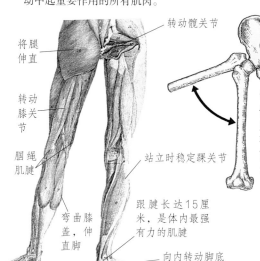

用来移动腿部的肌肉
这张腿部的后视图显示了在运动中起重要作用的所有肌肉。

将腿伸直

转动髋关节

转动膝关节

腘绳肌腱

弯曲膝盖，伸直脚

站立时稳定踝关节

跟腱长达15厘米，是体内最强有力的肌腱

向内转动脚底

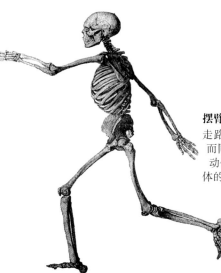

髋关节受到的限制
髋关节前后方向活动灵活，但只能进行有限的侧向运动。前者用于奔跑和行走；后者用于突然改变方向。

髋部
该球窝关节既强大又灵活。股骨的球部与骨干呈一定角度，从而能更直接地到达身体正下方

膝关节
这个关节工作起来如同铰链，主要进行前后活动。如果扭动过于频繁，它就有可能受损

踝关节
脚踝由7块骨头组成，是一个复合性关节。骨与骨之间的可移动距离很小，从而用有限的灵活性给予其全部的力量

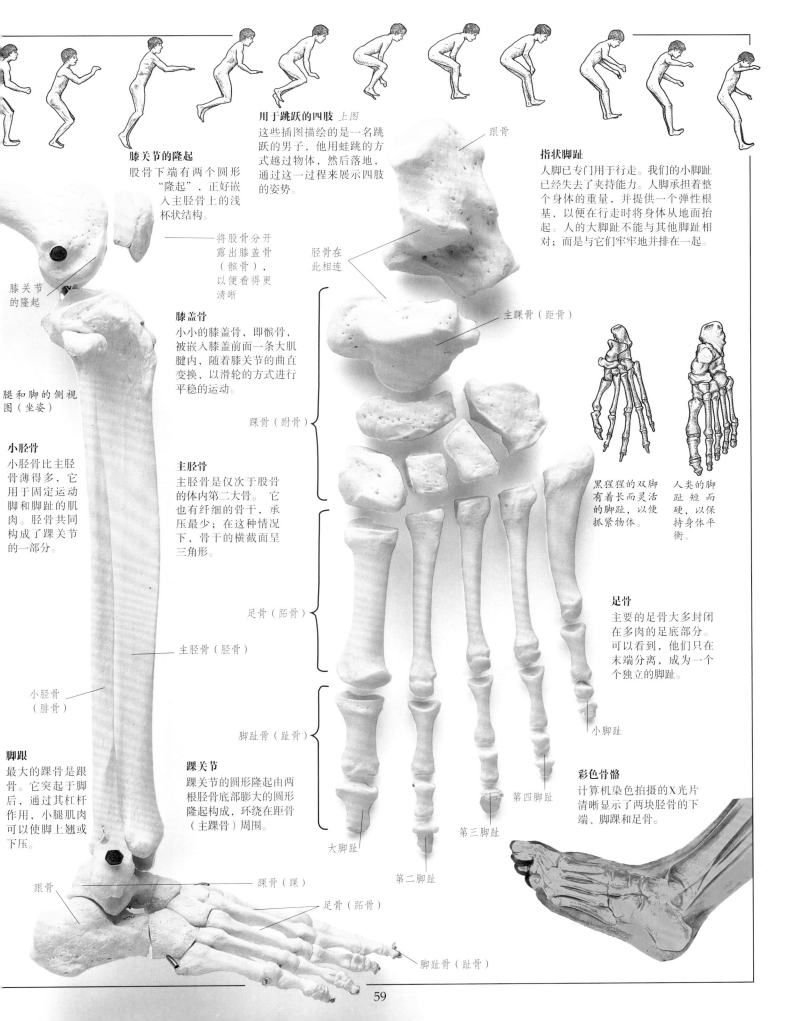

用于跳跃的四肢 *上图*
这些插图描绘的是一名跳跃的男子，他用蛙跳的方式越过物体，然后落地，通过这一过程来展示四肢的姿势。

膝关节的隆起
股骨下端有两个圆形"隆起"，正好嵌入主胫骨上的浅杯状结构。

将股骨分开露出膝盖骨（髌骨），以便看得更清晰

膝关节的隆起

膝盖骨
小小的膝盖骨，即髌骨，被嵌入膝盖前面一条大肌腱内，随着膝关节的曲直变换，以滑轮的方式进行平稳的运动。

腿和脚的侧视图（坐姿）

小胫骨
小胫骨比主胫骨薄得多，它用于固定运动脚和脚趾的肌肉。胫骨共同构成了踝关节的一部分。

主胫骨
主胫骨是仅次于股骨的体内第二大骨。它也有纤细的骨干，承压最少；在这种情况下，骨干的横截面呈三角形。

小胫骨（腓骨）

跟骨

脚跟
最大的踝骨是跟骨。它突起于脚后，通过其杠杆作用，小腿肌肉可以使脚上翘或下压。

跟骨（跟）

主胫骨（胫骨）

足骨（跖骨）

脚趾骨（趾骨）

踝关节
踝关节的圆形隆起由两根胫骨底部膨大的圆形隆起构成，环绕在距骨（主踝骨）周围。

大脚趾

第二脚趾

第三脚趾

第四脚趾

胫骨在此相连

主踝骨（距骨）

踝骨（跗骨）

足骨（跖骨）

指状脚趾
人脚已专门用于行走。我们的小脚趾已经失去了夹持能力。人脚承担着整个身体的重量，并提供一个弹性根基，以便在行走时将身体从地面抬起。人的大脚趾不能与其他脚趾相对；而是与它们牢牢地并排在一起。

黑猩猩的双脚有着长而灵活的脚趾，以便抓紧物体。

人类的脚趾短而硬，以保持身体平衡。

足骨
主要的足骨大多封闭在多肉的足底部分。可以看到，他们只在末端分离，成为一个个独立的脚趾。

小脚趾

彩色骨骼
计算机染色拍摄的X光片清晰显示了两块胫骨的下端、脚踝和足骨。

脚趾骨（趾骨）

59

动物的腿

腿具有奔跑、跳跃、攀爬、挖掘、踢打、抓挠、梳理和许多其他功能。动物的腿脚表明了它们的生活方式。腿高度灵活，肌肉发达并长有爪子，这是食肉动物（如猫或狗）的标志。由短而粗壮的骨头组成的粗短敦实的腿部用来承载较大的重量，他们通常属于笨重的食草动物，与对手交锋时，其体型占有优势。速度较快的奔跑者依靠速度来脱险，它们有着修长纤细的双腿和轻巧的蹄子。

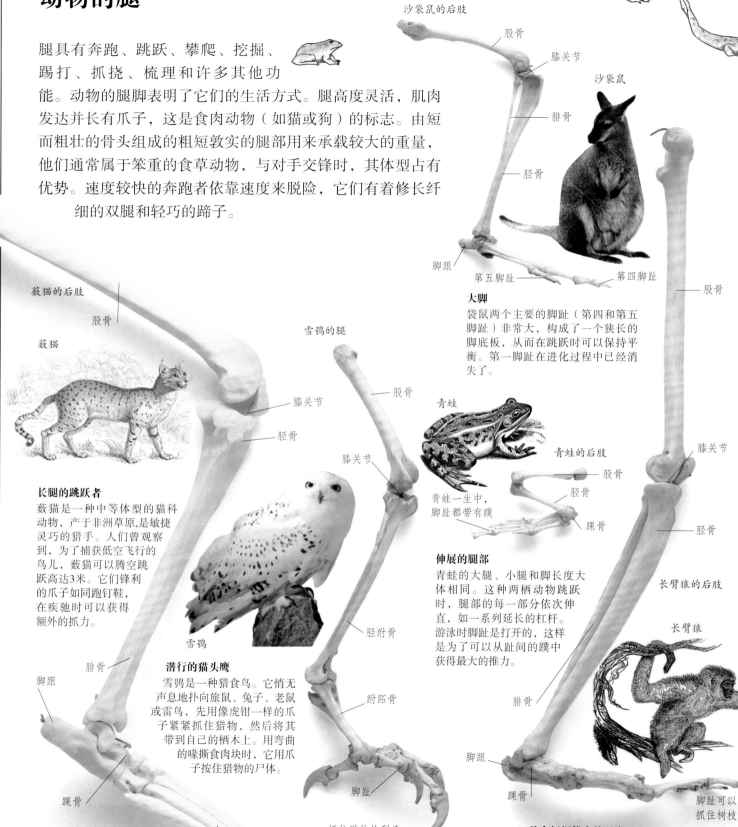

沙袋鼠的后肢

股骨

膝关节

沙袋鼠

腓骨

胫骨

脚跟

第五脚趾

第四脚趾

股骨

大脚
袋鼠两个主要的脚趾（第四和第五脚趾）非常大，构成了一个狭长的脚底板，从而在跳跃时可以保持平衡。第一脚趾在进化过程中已经消失了。

薮猫的后肢

股骨

薮猫

膝关节

胫骨

雪鸮的腿

股骨

膝关节

青蛙

青蛙的后肢

股骨

胫骨

青蛙一生中，脚趾都带有蹼

踝骨

膝关节

胫骨

长腿的跳跃者
薮猫是一种中等体型的猫科动物，产于非洲草原，是敏捷灵巧的猎手。人们曾观察到，为了捕获低空飞行的鸟儿，薮猫可以腾空跳跃高达3米。它们锋利的爪子如同跑钉鞋，在疾驰时可以获得额外的抓力。

雪鸮

潜行的猫头鹰
雪鸮是一种猎食鸟。它悄无声息地扑向旅鼠、兔子、老鼠或雷鸟，先用像虎钳一样的爪子紧紧抓住猎物，然后将其带到自己的栖木上。用弯曲的喙撕食肉块时，它用爪子按住猎物的尸体。

胫跗骨

伸展的腿部
青蛙的大腿、小腿和脚长度大体相同。这种两栖动物跳跃时，腿部的每一部分依次伸直，如一系列延长的杠杆。游泳时脚趾是打开的，这样是为了可以从趾间的蹼中获得最大的推力。

长臂猿的后肢

长臂猿

腓骨

脚跟

踝骨

腓骨

跗跖骨

脚趾

脚跟

踝骨

脚跟

踝骨

足骨

抓住猎物的利爪

脚趾可以抓住树枝

具有抓握能力的双脚
长臂猿的脚趾很长，具有抓握能力。大脚趾和其他脚趾是相对的。因此这种东南亚猿在树间荡来荡去时，可以用双脚抓紧树枝。

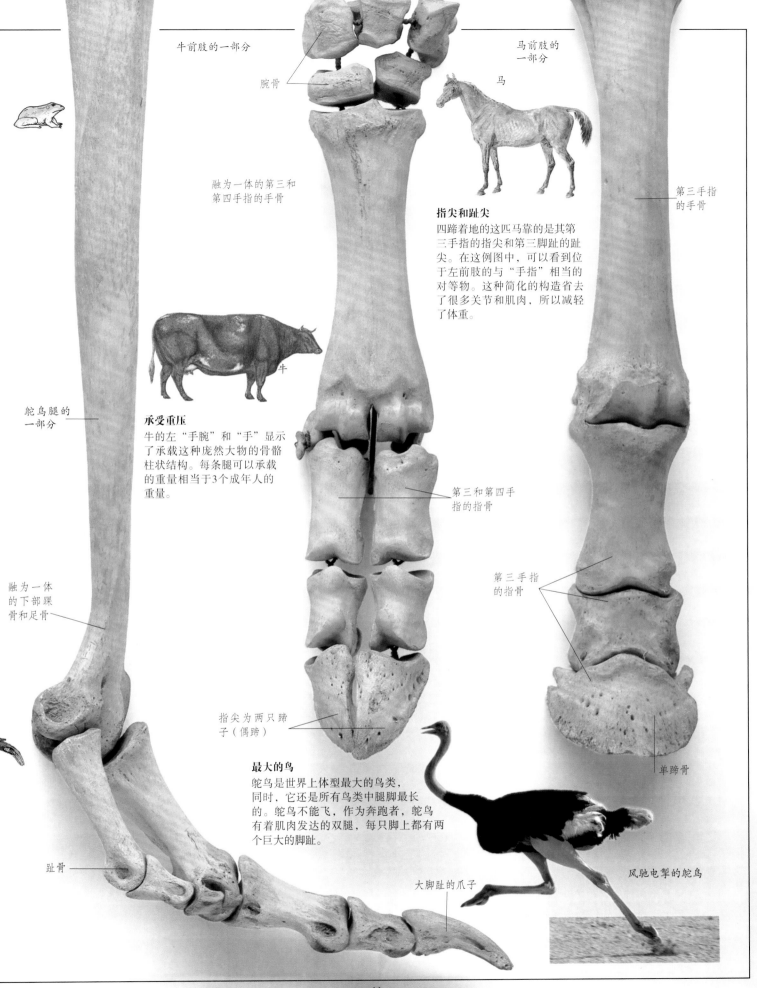

牛前肢的一部分

腕骨

融为一体的第三和
第四手指的手骨

马前肢的
一部分

马

指尖和趾尖

四蹄着地的这匹马靠的是其第
三手指的指尖和第三脚趾的趾
尖。在这例图中，可以看到位
于左前肢的与"手指"相当的
对等物。这种简化的构造省去
了很多关节和肌肉，所以减轻
了体重。

第三手指
的手骨

承受重压

牛的左"手腕"和"手"显示
了承载这种庞然大物的骨骼
柱状结构。每条腿可以承载
的重量相当于3个成年人的
重量。

牛

鸵鸟腿的
一部分

融为一体
的下部踝
骨和足骨

第三和第四手
指的指骨

第三手指
的指骨

趾骨

指尖为两只蹄
子（偶蹄）

单蹄骨

最大的鸟

鸵鸟是世界上体型最大的鸟类，
同时，它还是所有鸟类中腿脚最长
的。鸵鸟不能飞，作为奔跑者，鸵鸟
有着肌肉发达的双腿，每只脚上都有两
个巨大的脚趾。

大脚趾的爪子

风驰电掣的鸵鸟

最大和最小的骨头

同身体的其他部分一样，骨头的大小和形状也因人而异，高个子比矮个子的人的骨骼要长。大多数骨头长度差异不大，但是，男性的平均身高要高于女性。当胚胎在子宫内发育时，其患有的疾病或遗传性疾病会影响骨骼的发育。儿童期骨骼的发育也有可能会受疾病或营养不良的影响，这一时期的骨骼发育主要由激素控制。其结果会导致巨人症或是侏儒症。

巨人雨果

重建的禽龙骨骼化石

动物中的庞然大物
恐龙是有史以来最大的陆栖动物。这只禽龙的股骨长1.3米。某些恐龙的手臂骨近3米长！

大个头
巨人症是由一种可加速骨骼生长的激素紊乱引起的。据可靠史料记载，有史以来最高的人是美国的罗伯特·瓦德洛，他身高2.7米。上图是另一位著名的美国巨人雨果。

小不点儿
最矮的人类约60~75厘米高。这里展示的是最知名的侏儒之一——查尔斯·斯特拉顿（"大拇指汤姆"）和他的侏儒妻子，他身高只有1.02米。

"大拇指汤姆"在他的婚礼上。

大腿的尺寸

这10块大腿骨表明哺乳动物的股骨大小差异很大。总的来说，运动速度快的动物腿骨细长。海豹的股骨是一个特例：它们位于体内，这种动物使用背部的鳍状肢游动，鳍状肢包括胫骨和足骨。

家兔
身体长度：30厘米
股骨长度：8厘米

刺猬
身体长度：20厘米
股骨长度：4厘米

海豹
身体长度：1.6米
股骨长度：11厘米

狗（巴吉度猎犬）
身体长度：70厘米
股骨长度：11厘米

猫 左图
身体长度：50厘米
股骨长度：12厘米

绵羊 左图
身体长度：1.4米
股骨长度：18厘米

狍 右图
身体长度：1米
股骨长度：18厘米

体内最小的骨头

人体最小的骨头是每只耳朵里的3块小骨，即听小骨。它们将声波的振动从耳膜传入内耳。根据各自的形状，它们分别叫作锤骨、砧骨和镫骨。锤骨长8毫米，镫骨长3毫米。

镫骨　砧骨　锤骨

耳骨之间有微型关节相连

股骨头（或其球状隆起）恰好嵌入骨盆中的骨窝，形成髋关节

颈部

供血管进入骨头的孔洞（骨孔）

长颈鹿
身体长度：4.5米
股骨长度：45厘米

骨干

马
身体长度：2米
股骨长度：45厘米

狗（丹麦猛犬）
身体长度：1.1米
股骨长度：28厘米

下肢骨位于此处

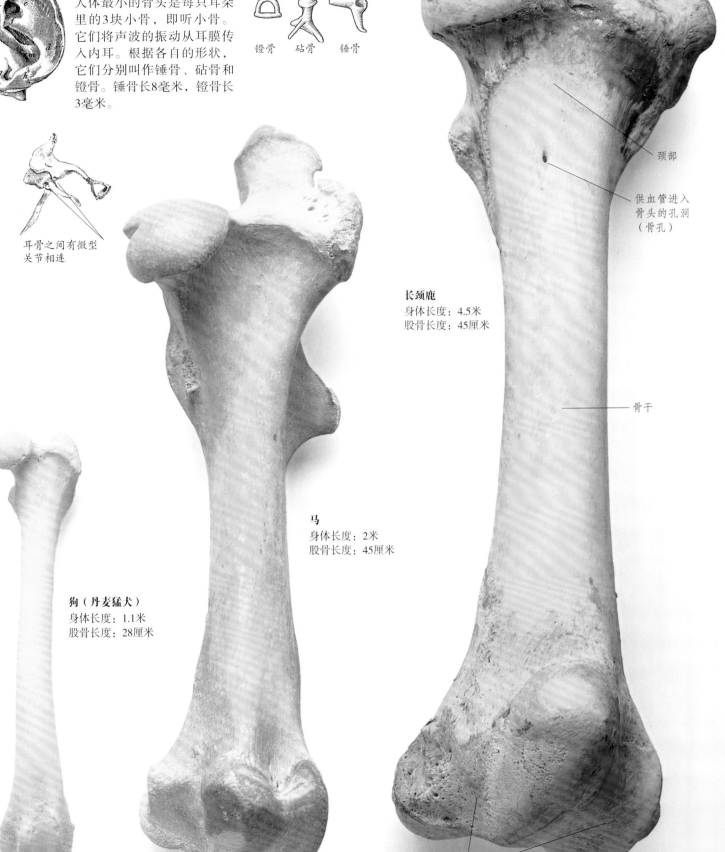

骨骼的构造与修复

人体内的骨是一个充满活力的有生命的组织：1/3是水；血管进进出出，提供氧气和营养并带走体内垃圾；某些骨含有产生血细胞的骨髓；骨含有能感受压力和疼痛的神经。骨还是个"矿物质仓库"，含有的钙和其他化学物质可增加其硬度和刚性。骨组织由几种类型的细胞组成和维持。"成骨细胞"通过用矿物质硬化胶原蛋白来产生新骨。"骨细胞"通过在血液和骨组织之间来回传送营养物和废物来维持骨的生长。"破骨细胞"通过将矿物质释放到血液中来破坏骨质。在一生中，由于承受压力、发生弯曲和骨折，骨被不断地重构和重塑。

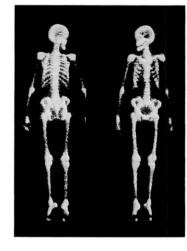

活骨
这种"闪烁扫描图"是通过一种闪烁晶体来检测放射性同位素的浓度，这种同位素被注射到体内，并被骨组织吸收。

同位素扫描
放射性的同位素集中于骨内，扫描显示出它们在骨骼中的分布。

骨的内部

大部分骨都有一个外"壳"，它由象牙色的硬实的"骨密质"组成。肌腱、韧带和其他部分通过活骨的"皮肤"——骨膜和这种坚硬的外壳相连。骨密质内部的"骨松质"是一个松散轻巧的网状结构，内含骨髓。

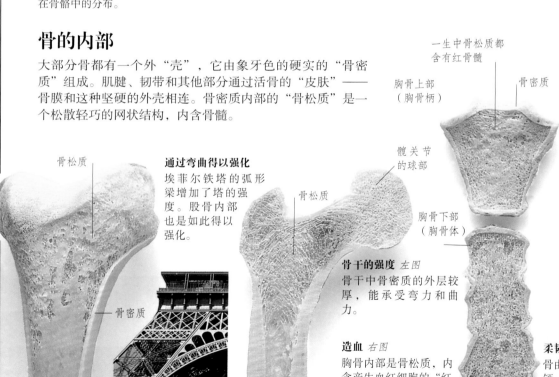

骨松质

通过弯曲得以强化
埃菲尔铁塔的弧形梁增加了塔的强度。股骨内部也是如此得以强化。

骨松质

骨密质

管状结构 *上图*
骨密质在骨松质周围形成了一个坚实的管状结构。这根股骨的部分骨密质被切除。

骨松质

一生中骨松质都含有红骨髓

胸骨上部（胸骨柄）

骨密质

髋关节的球部

骨干的强度 *左图*
骨干中骨密质的外层较厚，能承受弯力和曲力。

胸骨下部（胸骨体）

造血 *右图*
胸骨内部是骨松质，内含产生血红细胞的"红骨髓"。

骨密质较厚，以增加强度

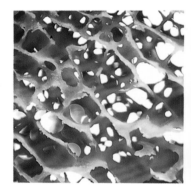

显微镜下
骨松质是一种三维网状结构，由称为"小梁"的极小的杆状结构组成。杆间隙中充满了胶状骨髓。

柔韧的骨
骨由两种主要材质构成：胶原蛋白和含有钙、磷的矿物质。溶解掉起硬化作用的矿物质（用酸浸泡一周）后，胶原蛋白柔韧到可以打结的程度！

断裂和修复

由于骨是一种活跃的活组织，它通常可以在断裂（骨折）后自行修复。首先由纤维状材料填补缺口，形成骨疤或骨痂。造骨细胞（成骨细胞）逐渐进入骨痂并将其硬化成真正的骨。骨的边缘通常有点凹凸不平，破坏骨的细胞（破骨细胞）会雕琢这些凸起部分，使其变得平滑。

从断裂到修复

断骨的修复主要是为了承载压力。一只狗摔断了它的两根前臂骨（下图）。主要的负重骨修复得很好；另一块几乎不承载任何重量的断骨，从未真正愈合。

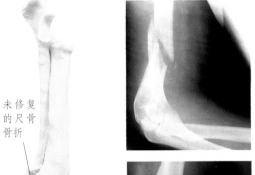

未修复的尺骨骨折

已修复的桡骨骨折

骨折当天（上图）

几个月后（下图）

修复中 *右图*

X光片显示的是一根断裂的肱骨。

帮助愈合

有些断骨的各个部分在愈合时，需要把它们固定在恰当的位置。如今，外科医生可以使用一种用螺钉固定到位的不锈钢板（下图）。

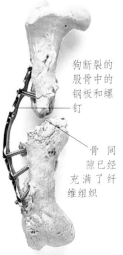

狗断裂的股骨中的钢板和螺钉

骨间隙已经充满了纤维组织

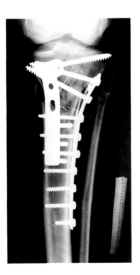

右侧骨盆大部分完好无损

椎骨融合成骨盆

新骨的形成使变形的骨盆下部更加有力

给股骨穿凿新骨窝

牛受损的骨盆

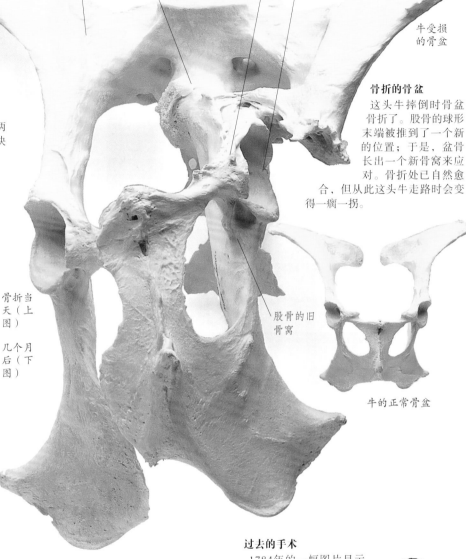

骨折的骨盆

这头牛摔倒时骨盆骨折了。股骨的球形末端被推到了一个新的位置；于是，盆骨长出一个新骨窝来应对。骨折处已自然愈合，但从此这头牛走路时会变得一瘸一拐。

股骨的旧骨窝

牛的正常骨盆

骨愈合时所用的刚性夹板

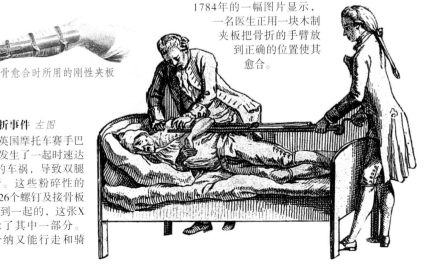

过去的手术

1784年的一幅图片显示，一名医生正用一块木制夹板把骨折的手臂放到正确的位置使其愈合。

著名的骨折事件 *左图*

1982年，英国摩托车赛手巴里·希纳发生了一起时速达250千米的车祸，导致双腿多处骨折。这些粉碎性的骨头是由26个螺钉及接骨板重新拼接到一起的，这张X光片显示了其中一部分。不久，希纳又能行走和骑车了。

骨的名称汇总

人体所有的骨头都有名称。医生等专家所用的是非常准确的术语，它们主要源于拉丁文或希腊文。这可以使得他们确切地指称某一块骨头。成年人身体骨骼的数量大约是200~210块，这完全取决于你如何计算。通常这个数字是206块。一个发育中的胎儿有300多块骨头，其中一部分骨头在婴儿期和儿童期融合在一起。

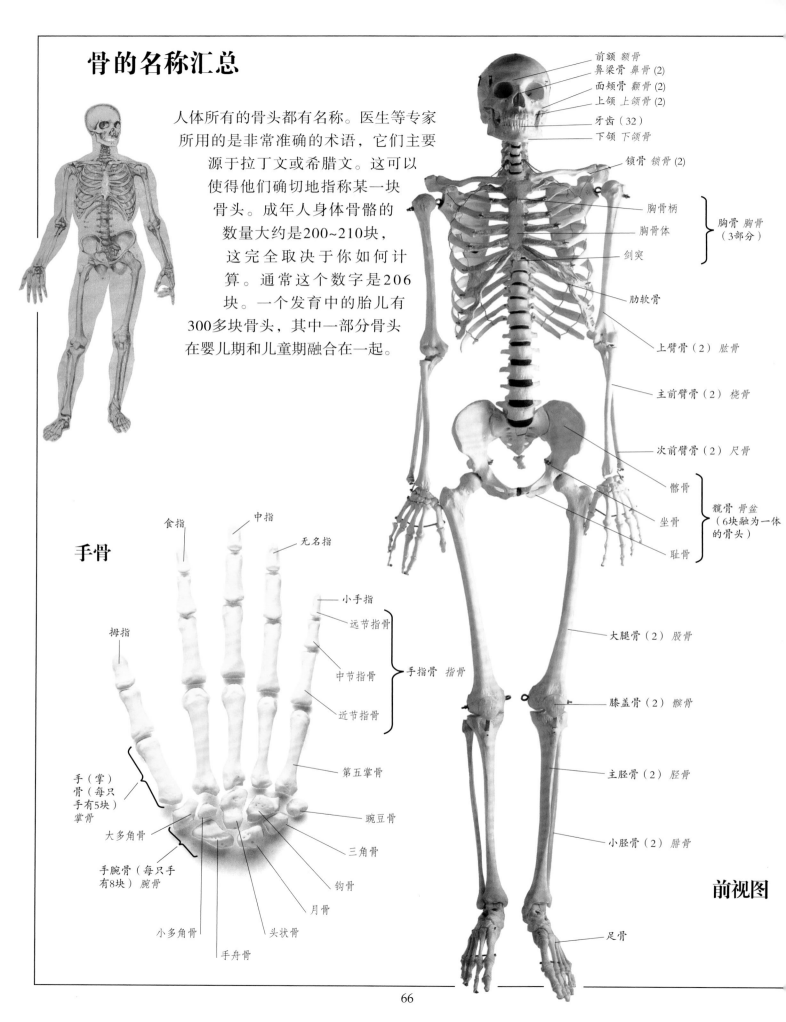

前额 额骨
鼻梁骨 鼻骨 (2)
面颊骨 颧骨 (2)
上颌 上颌骨 (2)
牙齿（32）
下颌 下颌骨
锁骨 锁骨 (2)
胸骨柄
胸骨体 ｝胸骨 胸骨（3部分）
剑突
肋软骨
上臂骨（2）肱骨
主前臂骨（2）桡骨
次前臂骨（2）尺骨
髂骨
坐骨 ｝髋骨 骨盆（6块融为一体的骨头）
耻骨
大腿骨（2）股骨
膝盖骨（2）髌骨
主胫骨（2）胫骨
小胫骨（2）腓骨
足骨

前视图

手骨

食指
中指
无名指
拇指
小手指
远节指骨
中节指骨 ｝手指骨 指骨
近节指骨
第五掌骨
手（掌）骨（每只手有5块）掌骨
大多角骨
手腕骨（每只手有8块）腕骨
豌豆骨
三角骨
钩骨
月骨
小多角骨
头状骨
手舟骨

66

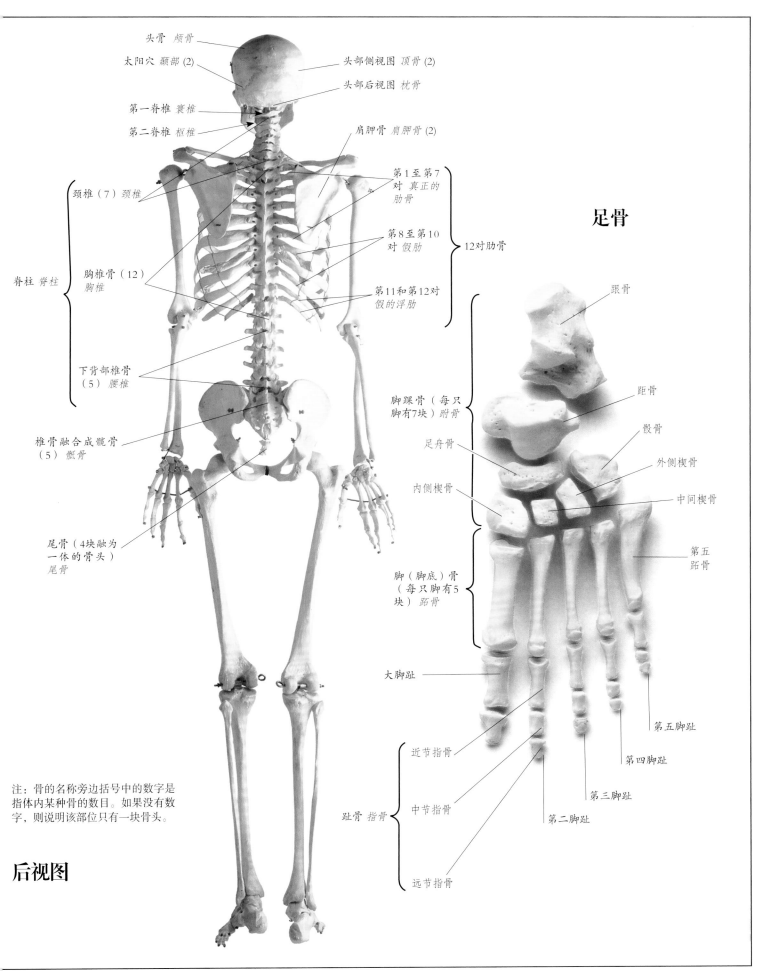

头骨 颅骨

太阳穴 颞部 (2)

头部侧视图 顶骨 (2)

头部后视图 枕骨

第一脊椎 寰椎

第二脊椎 枢椎

肩胛骨 肩胛骨 (2)

第1至第7对 真正的肋骨

第8至第10对 假肋

12对肋骨

第11和第12对 假的浮肋

颈椎（7）颈椎

脊柱 脊柱

胸椎骨（12）胸椎

下背部椎骨（5）腰椎

椎骨融合成髋骨（5）骶骨

尾骨（4块融为一体的骨头）尾骨

足骨

跟骨

距骨

骰骨

外侧楔骨

中间楔骨

脚踝骨（每只脚有7块）跗骨

足舟骨

内侧楔骨

脚（脚底）骨（每只脚有5块）跖骨

第五跖骨

大脚趾

近节指骨

中节指骨

趾骨 指骨

远节指骨

第五脚趾

第四脚趾

第三脚趾

第二脚趾

注：骨的名称旁边括号中的数字是指体内某种骨的数目。如果没有数字，则说明该部位只有一块骨头。

后视图

67

河蚌壳

田螺壳

普通芦苇

芦苇子实头

水獭的头骨

翠鸟的头骨

蜉蝣

香蒲的果实

凤头潜鸭的蛋

芦莺的巢和蛋

大龙虱

翠鸟的翅膀

苍鹭蛋　　　沙锥鸟蛋

带状蓑羽豆娘

大鹦鹉螺贝壳

池塘与河流

Pond & River

池塘与河流中的生物大搜查，让你大开眼界。

游荡的蜗牛

大田螺壳

金鱼藻

蓝晏蜓

鳟鱼

凤头潜鸭头骨

针尾鸭羽毛

起绒草子实

春季的植物

春天，白昼时间渐渐变长，气温也缓缓回升。通常，微小的藻类、浮萍以及其他一些小植株会最先展示出成长的姿态，因为它们的身体都比较娇小且只需要相对较少的养分。在池塘周围或别处的一些沼泽区，鸢尾花、芦苇以及其他一些植物也开始长出了萌芽和新叶。以下展示的所有植物都是春天里我们在池塘周围收集的，尽管每个池塘边的物种不尽相同，但这些样本能帮助你对所能见到的植物种类有个大致的了解。

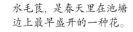

水毛茛，是春天里在池塘边上最早盛开的一种花。

成熟的雄性花骨朵

美丽的池塘莎草

芦苇的再生
在临近池塘或河流的沼泽地里，芦苇新梢从其茎部、根部迅速长出。去年的一枝茎干有一人多高。

去年的茎干顽强地撑过了冬天

未成熟的雌性花骨朵

注意：
在这本书中展示的所有动植物，都是得到相关机构许可后才采集的。在收集标本时，应始终认真遵守野生动植物保护法以及国家的相关规定。

常见的莎草

顶部的花粉
池塘边的莎草，在其顶端已经开着一株雄性的花骨朵，雄蕊绽开，传授黄色的花粉。而雌性花骨朵位于茎干的较下端，仍未成熟。

芦苇丛

河畔的莎草
池塘边上也长了一些常见的莎草，但花骨朵尚未完全绽放。

春天里的淡紫色
点缀在池塘边上最早的彩色花斑，是蓣菜属类或草甸碎米荠盛开的淡紫色花朵。

蓣菜属植物

春天里新生的绿叶

柳絮飘飞的季节
杨柳，是湖畔、河边的常见树种。柳絮就是树木的花朵。蜜蜂以及其他一些昆虫，纷纷采集着花蜜和花粉，扮演着传授花粉的小小使者。春风也会把金色雄性柳絮上的花粉吹到绿色雌性柳絮上面，而这些雌性柳絮往往生长在别的树上。

雌性柳絮

黄花柳

垂柳

雌性柳絮

爆竹柳

含苞待放
黄菖蒲含苞待放。它们那剑形的叶子，又给了这种植物另外一个名字，那就是"剑状菖蒲"。

黄菖蒲

剑状的叶子

黑带二尾舟蛾
这种蛾的幼虫主要吃黄花柳和杨树的叶子。这些树木多生长在潮湿的土壤环境中，所以在池塘或河边看到黑带二尾舟蛾及其幼虫是很寻常的。

雄性柳絮上布满黄色的花粉

去年长成的茎干

花中之王
积雪一融化，明黄色的金盏花、金凤花就开放了。蜗牛或其他的食草动物已经开始享用新长出的绿叶了。

泽泻属植物
浅色的木质茎上布满了去年长出的1米高的花朵小枝。新叶从球状茎部长出。

春天里新生的绿叶

金盏花

被蜗牛啃食过的叶子

唐松草

纤弱的有凹口的叶子

泽泻属植物

春季萌芽
一株幼小的唐松草长出了它第一片具有明显凹口的叶子。它更喜欢潮湿的草甸、河畔和溪岸。

春季的动物

春日温暖的阳光洒在水面上，池塘底部的杂草和淤泥中的动物们开始活跃起来。青蛙、蟾蜍、鱼和蝾螈，都在求偶、交配、产卵，它们的后代在变暖的水中很快孵化了出来。随着水温上升，"冷血"水生动物变得更加活跃，温暖春日里的小池塘比大池塘的水温变暖得更快，因而那里新生的蜗牛、昆虫、两栖类动物和许多其他生物很快就变得熙熙攘攘。

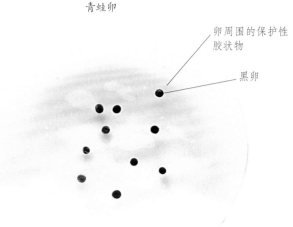

青蛙卵

卵周围的保护性胶状物

黑卵

产卵
最早在一月份，成蛙就在池塘聚集，准备交配和产卵。三月份左右，雄性青蛙攀附到雌性青蛙的后背上，使其受精。雌性青蛙能产下多达3000枚卵。

大哥哥和大姐姐
产卵后大约2~3周，蝌蚪从卵中孵化出来，水温越暖，它们长得越快。这是两种蝌蚪，一种是来自凉爽的大池塘里仅2周的蝌蚪，另一种是升温更迅速的小池塘中的4周的蝌蚪。

来自凉爽的池塘里的小蝌蚪

来自温暖的池塘里的蝌蚪

水蚤的镂版画显示出其解剖的复杂性。

生在食物上
每个成年田螺能产下多达400个卵，并嵌入绳索似的胶状物中，依附在淹没于水下的叶子上，这叶子将是幼小田螺的食物。

一岁大的普通蟾蜍

干燥又有疣的表皮

新叶
春天，花螺在这些睡莲的叶片下产卵。

睡莲叶片

保护性胶状物

螺卵

田螺

水蚤

春季花开
春天，水蚤和其他微小动植物使许多池塘看起来呈浅绿色，这是微生物早期的爆发，以便为更大的生物提供食物。

两性合一
许多长大的田螺是雌雄同体，既具有雄性的生殖器官也具有雌性的生殖器官。

自然分裂造成的叶片边缘损坏

第二年春天
这个在小池塘和沟渠中常见的幼小龙虱，两年前还只是一个卵，同年秋天长成幼虫，去年春天是蛹，而去年夏天就是新生的成虫。

第一个春天
龙虱的幼虫有大而突出的口，利于捕食春天池塘里的各种小动物。有些物种在蜕化成成体前两年或更长时间内都是幼虫的形态。

甲虫之王
许多小池塘里，大龙虱会吃掉蝌蚪、小鱼以及几乎所有可以捕捉到的东西。事实上，这个暗色有沟痕的"后背"表明它是女王。雄性翅膀后背平滑而有光泽。

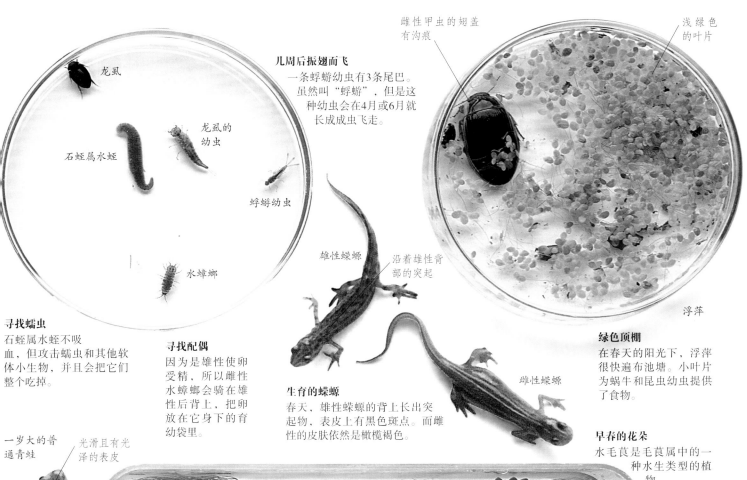

雌性甲虫的翅盖有沟痕

浅绿色的叶片

龙虱

石蛭属水蛭

龙虱的幼虫

蜉蝣幼虫

几周后振翅而飞
一条蜉蝣幼虫有3条尾巴。虽然叫"蜉蝣"，但是这种幼虫会在4月或6月就长成成虫飞走。

水蝎蝽

雄性蝾螈

沿着雄性背部的突起

浮萍

寻找蠕虫
石蛭属水蛭不吸血，但攻击蠕虫和其他软体小生物，并且会把它们整个吃掉。

寻找配偶
因为是雄性使卵受精，所以雌性水蝎蝽会骑在雄性后背上，把卵放在它身下的育幼袋里。

生育的蝾螈
春天，雄性蝾螈的背上长出突起物，表皮上有黑色斑点。而雌性的皮肤依然是橄榄褐色。

雌性蝾螈

绿色顶棚
在春天的阳光下，浮萍很快遍布池塘。小叶片为蜗牛和昆虫幼虫提供了食物。

早春的花朵
水毛茛是毛茛属中的一种水生类型的植物。

一岁大的普通青蛙

光滑且有光泽的表皮

一岁
春天，你还可以在池塘周围发现上一年出生的幼小动物。

又宽又扁的叶子浮在水面上为鱼类提供了藏身之处

准备交配
春天，雄性刺鱼的喉咙和身体下侧会变成鲜艳的红色。这种进入繁育期的色彩变化诱使雌性刺鱼在其池塘底部的巢中产卵。

已经退化了尾巴的小青蛙

水下分开的叶子

雄性刺鱼

雌性刺鱼

初夏的植物

池塘动物丰富多彩的生活以植物为基础。其为水生动物提供食物、庇护和巢穴。植物生活的方式和丰富性很大程度上取决于这个池塘接收到的阳光的多少，夏季正是其供应充足之时。绿色植物用身体组织吸收太阳能，并将其转换成化学能，这一过程叫作"光合作用"。当食草动物进食植物时，会吸收一些化学能；食肉动物吸收食草动物从植物中获得的化学能。每一种植物和动物都会用掉一部分能量，并将其转换成运动能、新的身体组织、种子或卵。被过多树木掩映的池塘很快就会失去充满活力的植物，因此，动物的多样性也会很快消失。

长高
芦苇远远高于其他大多数植物。而大多数好看的头状花序直到夏末才开放。

带状叶子
香蒲结实的带状叶子直立起来，像人一样高。几周后就能看见最常见的"棕色扑克"花朵了。

仙翁花花瓣
仙翁花粉红色的花瓣旁有4片又长又散乱的裂片。这种植物生长在很多潮湿的地方，比如池塘、河岸、沼泽等。

初夏时开放，花期大概是两个月

仙翁花

水芋

簇绒状的种子

毛茸茸的丛生植物
生长在沼泽和池塘边的湿地上的羊胡子草，是莎草科的一种。果实成熟后，一簇絮状毛生长出来，用来捕风并撒播里面的种子。

难闻的气味
常见的玄参多生长在池塘、河岸，还有潮湿的灌木丛以及树林里。花苞散发出的难闻气味会吸引黄蜂来授粉。

初夏，中间花苞是最先绽放的

普通芦苇的茎干

羊胡子草

普通玄参

牢牢扎根
水芋繁茂的根上长着粗大又伸展的茎干。

根可以将植物固定在池塘边被不断冲击变化的土壤中

成熟的果实
灰毛柳的叶子比垂柳的矛形叶更加圆润。这棵树又名"黄花柳"。像很多柳树一样，它适宜扎根在潮湿的池塘与河流边的土壤里。

香蒲

初开的花朵
黄菖蒲的黄色花朵刚刚从它们的保护鞘（苞片）中绽放。

雌性柳絮

苞片

毛茸茸的果实

莎草种子
夏季，假福克斯莎草那毛茸茸的黄色头状花序变暗，成了成熟的种子，准备好散播在池塘沿岸。

花柱

花瓣

花萼

灰毛柳

种子穗变暗

花瓣和花萼
其实，黄菖蒲的"花瓣"是由萼片、花瓣和花柱组成的（花的雌性部分可以帮助接收花粉）。

球果

假福克斯莎草

黄菖蒲

针叶树
沼泽木贼属植物在非常潮湿的地面和浅水中长得最好。木贼属植物不开花，但是它们茎尖有圆锥状结构。

沼泽木贼
属植物

初夏的动物

银色水甲虫，鞘翅翘起露出翅膀。

初夏是池塘动物变少和长肥的时候。成群的幼小蝌蚪、昆虫幼虫和花螺贪婪地吃着本季生长的丰富的植物。但它们因如甲虫幼虫和蜻蜓稚虫、蝾螈和小鱼等较大的食肉动物的捕食而日益减少。而这些也可能被更大的肉食动物捕食。这样一来，池塘的食物链就建立起来了。但是，没有什么能逃避死亡，当死亡来临时，像水蟑螂等生物就会钻到植物和动物遗骸中，将其分解消化。所有动物的粪便都会使水充满养分，提供新鲜植物生长所需的矿物质和其他养料。因此，营养元素在池塘这个微型生态系统中被循环利用。

普通蟾蜍

来年再见
大多数繁殖的蟾蜍现在已经散布到自己喜爱的潮湿角落。来年春天之前，它们不会再返回池塘。

长出后肢的蝌蚪

无花瓣的花朵
杉叶藻是一种生长在池塘和河流中的浅水植物。它长着没有花瓣的小花朵，叶子直接与茎相连。

先长后腿
到这时，蝌蚪的很多同胞都已被鱼、蝾螈、龙虱和蜻蜓稚虫等吃掉。它们约7周后会长出后腿。这种身体形状的改变，称为"变态"。

大田螺

长大了
这个大田螺已接近成螺大小，约5厘米长。它在池塘底部滑动，以腐烂的植物残余为食。

杉叶藻

向上发展
这只完全长成的帝王伟蜓若虫，是这个池塘里主要的食肉动物之一。它很快就会爬上植物的茎，为最终蜕皮做准备。

在水草中穿行
两只划蝽划水穿过品萍。这种植物不同于浮萍，它的叶子实际上是在水面之下。

划蝽的版画，展示了羽毛状肢体。

长颈幼虫
这只拥有红鹳状颈的幼虫将长成龙虱，它与一种大龙虱是同类。

帝王伟蜓若虫

蜻蜓若虫攻击蜉蝣若虫

龙虱的幼虫

长长的脖子

扁虫

银色水生甲虫

水螨

水螨大多数栖息在池塘和溪流中，只有几毫米长

经常潜伏在水中石头下的水蛭

水蛭

水毛茛

花地毯
现在水毛茛白色的花瓣和一簇簇浮出水面的叶子覆盖了很多池塘的水面。柔软如羽毛般蔓延的绿叶是它在水下的叶子。

树影
马尿花叶子从其越冬花蕾中发芽，它可以为水生生物提供阴凉。直到仲夏或夏末之时，它才会开花。

马尿花

鲤鱼苗

鲤鱼苗

鲤鱼苗
鲤鱼母亲产了约50万只卵。只有水温达到18℃或以上，鲤鱼才会产卵。明年的这个时候，它们的体重可能会达到1千克。

仲夏的植物

各种颜色的花朵装饰着仲夏的池塘，有深粉色的龙牙草，有黄色的金丝桃和毛茛，还有高大的紫色珍珠菜以及玫瑰色的柳树草。水面上，各种颜色的睡莲和水拳参的亮粉色花朵使池塘的景色更美了。开花较早的植物种类现在都凋谢了，它们的花瓣凋零，果实长在突起的头状花序下部。

慈姑

开花的薤草

花梗上的粉红色花朵

生长中的果实

开花的薤草
深粉红色的薤草花朵长在高达1.5米的茎上。它的叶子是灯芯草样子，茎底部长着莲座形叶丛。

泡沫状的花
绣线菊淡黄色的花朵簇拥着如同一团泡沫。坚硬的茎干往往超过1米高。这种玫瑰的亲缘植物，喜欢生长在池塘边、沼泽区和湿草甸。

普通的玄参

长大
玄参的花朵长在高达1米的茎上，较高处茎上的花朵之间的间隔比较有规律。

一团小小的花朵

果实长成
随着水芋周围特有的杯形叶子，即所谓的"佛焰苞"，开始变黄、枯萎，其果实正在成熟。

佛焰苞

生长中的果实

绣线菊

深绿色的叶子边缘有锯齿

水芋

玄参的茎干有着与众不同的方形横截面

灰绿色光泽
杞柳，一种典型的喜水柳树，有非常长且锋利的叶子。每片叶子上的细茸毛都使它发出灰绿色光泽。

杞柳

山楂树

山楂果

高高的水花
泽泻草那小小的粉白相间的花朵，都会盛开在其高大、直立的茎上。

有深绿色表皮的叶子

从绿变红
山楂能适应很多不同土壤类型和水分含量的地区。几个星期内，山楂就会变成深红色，吸引鸟类到来。

叶子的底面是灰色的

枯萎的花瓣
黄菖蒲的花朵已经枯萎，长出了蒴果。每个蒴果都像一个矮胖的豌豆荚，里面有一些有节的种子。

种荚

金丝桃
这种植物生长在潮湿的地方，如阴暗的树林和池塘河岸。盛夏时，花朵开始枯萎。

球形和尖叶
较大的焰毛茛开出黄色花朵。两个球形、有尖刺的成熟果实出现在顶部，矛形叶子。

枯萎的花朵

金丝桃

成熟的果实

黄菖蒲

粉色的勿忘我
在潮湿阴暗的地方，水生勿忘我草的茎蔓生长在池塘边，花朵可能是蓝色、白色或粉色的。

矛形的叶子

水生勿忘我

大焰毛茛

仲夏的动物

夏季夜晚，小蠓虫（雄性和雌性）在池塘的水面上飞舞。

仲夏时节，新生命经历了紧张的春季和繁忙的初夏后都开始平静下来。到这个时节幸存的卵已经很少了。青蛙和蟾蜍的幼体已经发育成能够呼吸空气的小型成年体，它们准备开始陆地上的第一次跳跃。几只小蝾螈，保持蝌蚪状的外观，继续度过即将到来的秋冬季节。其他已是成体的蝾螈都开始离开这里。从池塘里大批离去的还有多种水生昆虫的幼虫，它们不断发育为成虫，包括微小的蚋、蠓、蚊子，甚至捕食它们的蜻蜓。

划蝽
划蝽张开它强壮有力的翅膀。

蝾螈
这些幼小蝾螈长着鳃，以从夏天温暖的池塘水中吸收氧气。它们隐藏在杂草中，以水跳蚤和其他小动物为食。

幼蟾
现在，蟾蜍的幼体已经长出了前腿，没了尾巴。盛夏，它们离开池塘开始在陆地上生活。

蟾蜍

蝾螈

鳃

蟾蜍

田螺

生长轮

年轮和条纹
缓慢生长的周期，在田螺的外壳能够显现出来。这些朝向开口的年轮与螺旋条纹交叉。

快乐的漫游者
与大田螺及很多其他物种相比，蜗牛能适应的水域更宽，所以在池塘和缓慢流淌的河流中它们分布得更多。

双壳类幼体
在10年左右的时间里，这些幼小的淡水软体动物会变得很大。早年，它们忙于觅食，吸收水里的钙使壳更坚固。

幼小的淡水软体动物

到处爬行的蜗牛

蜗牛从壳中露出头来

方形的茎
金丝桃有很多种类。这种方形茎的金丝桃长在水滨、沼泽与潮湿的灌木丛旁边。

方形茎的全丝桃

巡行的食肉动物
这5只昆虫幼虫在池塘中捕食它们可以击败的任何微小生物。龙虱若虫和单斑龙虱甲虫若虫将成为成年龙虱；其他3只会变成蜻蜓。

龙虱若虫
蓝晏蜓稚虫

单斑龙虱甲虫幼虫

蓝晏蜓稚虫

赤蜻稚虫

金环蜻蜓

捕杀成虫
去年的蜻蜓稚虫现在已经成年，它们在池塘上空盘旋，捕食像蠓虫这样的小飞虫。

赤蜻稚虫
赤蜻稚虫比那些蓝晏蜓稚虫身材短小，它们的身体比例更接近蜘蛛。

黾蝽
黾蝽属于半翅目，它们有尖锐的口器吮吸猎物的体液。这些灵活的昆虫可以滑行、跳跃和飞行。

黾蝽

损害的叶子
到仲夏，昆虫和其他水生草食动物就会蚕食这些水蕹叶。现在，白花正在绽放（右下）。

长腿捕食者
水螳螂是另一种小型水生生物的捕食者。

年末
几个蜉蝣在夏季中旬到夏末时节还飞来飞去。

刺鱼幼体

刺鱼幼体

水蕹

成年雄性刺鱼

父母和后代
到了夏天，成年雄性刺鱼已经失去了它红喉的生育颜色。较小的鱼是幼鱼，在春天出生。

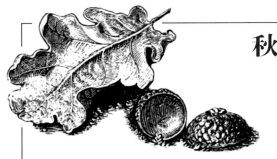

秋天的池塘

日照时间渐渐变短了。秋天到了，池塘里的野生动物的生活节奏变慢，它们准备过冬了。夏季飞来的鸟类已经离开了，但它们的巢穴很快会被如黑雁、小天鹅和针尾鸭等水禽所占据。它们从遥远的北方繁殖地飞来。哺乳动物和留鸟贪婪地吃着成熟的果实，为冬季储存脂肪。然而，茎干上的叶子变得枯黄，使池塘的河岸看起来光秃秃、乱糟糟的，动物的巢穴和藏身之地正逐渐缩小。

大批的降落伞
每个龙牙草深色矛头形的种子都长着一簇厚厚的白色茸毛，它们帮助种子散播在风中。这是一种长在沼泽、池塘边和水田中的植物。

蓬松的种子马上要被秋风吹散到各地

粗壮的多年生植物
普通玄参的红褐色小花朵已经由胡蜂授粉，小的绿褐色的梨形果实正在生长。这种植物是多年生的。

坚硬的灯芯草

茎干上的种球

紧实的灯芯草

茎干上的种球

假福克斯莎草

茎干上的种球

种荚

开花的灯芯草

普通玄参

果实

荚

龙牙草

灯芯草和莎草
灯芯草和莎草坚硬的茎干上长着秋褐色的种球。它的茎干通常能度过冬天。

生长中的种荚

正在结果的灯芯草
正在开花的灯芯草花朵已经结出一个六瓣的果实。每瓣中有许多微小的种子。这种植物也是多年生的。

冬季拨火棒
冬季，香蒲常见的拨火棒状的棕色种球遍布沼泽和池塘。在春天，拨火棒会突然崩裂，散出带有蓬松茸毛的种子。

棕色的满含种子的"拨火棒"

桤木

蜗牛生长变慢
水温的下降意味着就连田螺也开始行动缓慢，并想要待在更深的水域。

田螺

石蛾

香蒲

小蝾螈

蜻蜓稚虫

以管子为家
由卷曲的叶子碎片构成的管子是一种石蛾幼虫的保护容器。第二年，幼虫会变成成虫。

桤木球果

桤木球果
秋季，桤木的绿色果实会成熟，变成黑褐色。桤木喜欢生长在池塘岸边和溪边，种子会掉落到水中，漂浮到新的地方。

下一年的成体
每年这个时候在池塘中发现的蜻蜓稚虫会度过冬季，到明年再出现。

种荚

秋季幼仔
常见的幼小有鳃蝾螈，整个冬季都是幼仔，到下一年才会长成成体。

真菌——自然界的回收者
动物和植物的尸体被真菌消化，它们的养料可供回收利用。这里，一棵池塘边的老树被檐状菌蚕食。

檐状菌生长在树干的外侧

池塘底部
树叶、树枝等散落的碎片被吹落到池塘里或被秋季大雨冲刷进来，覆盖在池塘的泥床上，为小型水生生物在冬季提供遮蔽。

结籽在即
黄菖蒲的种荚因成熟的棕色种子而变厚。最终，肉质荚壁完全变干，分裂成3个船形瓣；这些船形瓣又把种子释放出来。

树上的檐状菌

橡树叶

柳叶

白桦叶

黄菖蒲

柳树枝

冬天的池塘

冬季，对幸存的动物而言，有很多策略可以让它们度过这个冰天雪地的季节。冷血动物只要不是被困在冰里，一般情况下在最冷的水中也能存活。鱼、部分水生昆虫、软体动物和蠕虫，会躲到池塘的最深处。随着水温下降，它们身体需要的能量越来越少，几乎可以不吃东西就生存下来。冷水比温水中有更多的溶解氧，而且水草种类繁多，可以利用透过冰层的微弱的阳光进行光合作用。再加上不活动的动物对氧气的需求减少，这意味着即使池塘冰冻超过数天，水中也有充足的氧气。许多非常小的水生生物采取的另一种生存方式是在秋季产卵。到来年春天时，成体死亡，但卵已孵化出来。两栖类动物，如青蛙和蟾蜍，在陆地上能避风的地方冬眠以度过冬季。

睡莲叶

最后的残留物
冬天，睡莲叶和慈姑叶仍然长着长长的茎干，但叶子因波浪、大风和霜冻已变成褐色了。

芦苇

滑冰的人
当动物和植物在池塘的冰面下过冬的时候，人类可能在冰面上活动。

饱经风霜的芦苇
普通芦苇的头状花序，在霜冻和寒风的侵袭下，变成皱巴巴的棕色细条，叶子也紧贴着茎干。

慈菇叶

枯叶表明有树木在池塘周围生长

叶子地毯
在冰冷的水中，腐烂就会很慢。落叶像地毯一样保护和隔离着小动物，把越冬植物的嫩芽夹在它们之间。

今年，明年
桤木的绿叶已经消失了，木质球果在光秃秃的树枝上随风颤动。较小的、浅色的柳絮已经预示着明年的生机盎然。

桤木

第二年的柳絮正在发育

当年的球果

冬末
黄菖蒲由以前的黄绿相间变成破败的褐色残余物，只有叶子还留在上面；但新的生命指日可待。

冬季垂柳
细长的、光秃秃的柳枝在微风中颤动，很容易把上面的积雪抖落掉，以防止因承重过大而折断。

美洲南蛇藤

垂柳枝条

红色浆果是有毒的

一抹猩红
美洲南蛇藤遍布岸边，其鲜艳的红色浆果为冬季景观增添了一抹亮丽的色彩。但它的浆果是有毒的。

黄菖蒲

在浅水池塘中取出的冰

漂亮的冰层
冰是良好的隔热体。即使环境温度可能会大幅度下跌，甚至远低于冰点以下，但在池塘深处，水也会比冰点高上几度。

85

淡水鱼

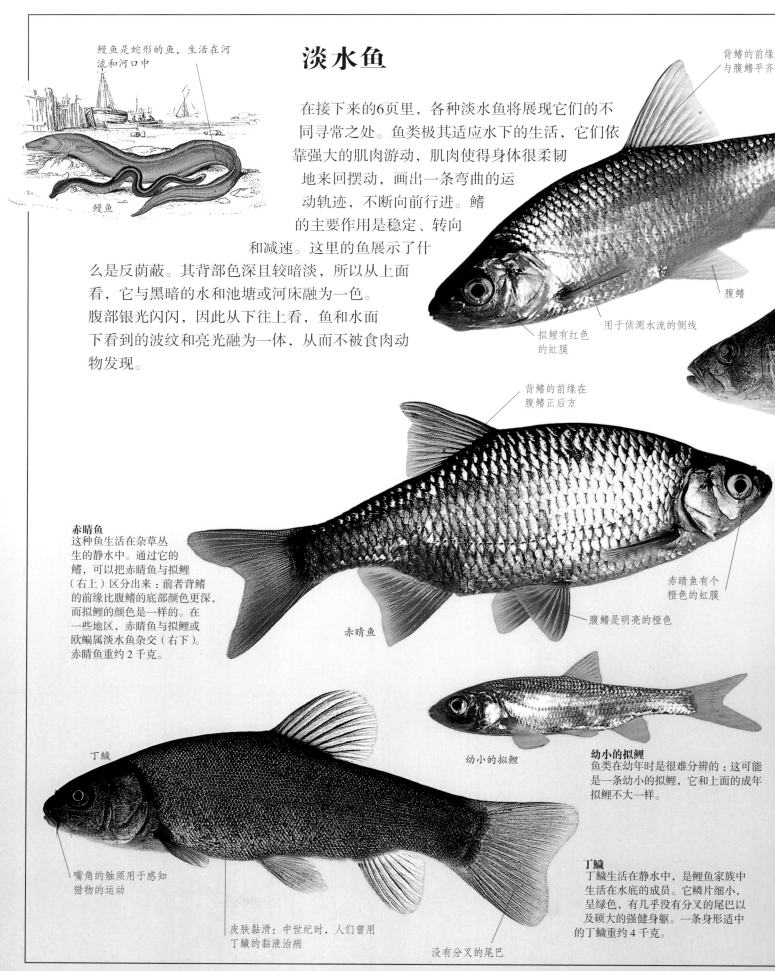

鳗鱼是蛇形的鱼，生活在河流和河口中

鳗鱼

在接下来的6页里，各种淡水鱼将展现它们的不同寻常之处。鱼类极其适应水下的生活，它们依靠强大的肌肉游动，肌肉使得身体很柔韧地来回摆动，画出一条弯曲的运动轨迹，不断向前行进。鳍的主要作用是稳定、转向和减速。这里的鱼展示了什么是反荫蔽。其背部色深且较暗淡，所以从上面看，它与黑暗的水和池塘或河床融为一色。腹部银光闪闪，因此从下往上看，鱼和水面下看到的波纹和亮光融为一体，从而不被食肉动物发现。

背鳍的前缘与腹鳍平齐

腹鳍

用于侦测水流的侧线

拟鲤有红色的虹膜

背鳍的前缘在腹鳍正后方

赤睛鱼
这种鱼生活在杂草丛生的静水中。通过它的鳍，可以把赤睛鱼与拟鲤（右上）区分出来：前者背鳍的前缘比腹鳍的底部颜色更深，而拟鲤的颜色是一样的。在一些地区，赤睛鱼与拟鲤或欧鳊属淡水鱼杂交（右下）。赤睛鱼重约2千克。

赤睛鱼

赤睛鱼有个橙色的虹膜

腹鳍是明亮的橙色

丁鱥

幼小的拟鲤

幼小的拟鲤
鱼类在幼年时是很难分辨的：这可能是一条幼小的拟鲤，它和上面的成年拟鲤不大一样。

嘴角的触须用于感知猎物的运动

丁鱥
丁鱥生活在静水中，是鲤鱼家族中生活在水底的成员。它鳞片细小，呈绿色，有几乎没有分叉的尾巴以及硕大的强健身躯。一条身形适中的丁鱥重约4千克。

皮肤黏滑：中世纪时，人们曾用丁鱥的黏液治病

没有分叉的尾巴

拟鲤
拟鲤是一种分布很广的常见鱼类。从清澈的河流到泥泞、轻微污染的运河水域，它都能适应。它植物和动物都吃。拟鲤的寿命大约为10年，最大的能长到约2千克重。

拟鲤

鲑鱼旁道
一条大的鲑鱼在其游到上游产卵的路上，可以跳出水面3米，以越过瀑布和其他障碍。但是，水闸和大坝增加了很多危险，使用人工鲑鱼阶梯，可以使鱼更容易向上跳跃。

鲑鱼阶梯

侧面花纹使鲈鱼伪装在水草中

多刺的背鳍上的暗斑

跳跃的鲑鱼的版画

尾巴来来回回地左右移动，为跃出水面提供力量

鲈鱼

臀鳍

腹鳍略带橙色

鲑鱼
鲑鱼有"鱼类之王"之称，在沙砾多、水流快的水中产卵，幼鱼在河里生活3年左右。然后它迁移到大海。在海中以小鱼和甲壳类动物为食1~4年后，成体回到它们出生的河流产卵，然后，大多数成鱼会死去。最大的鲑鱼身长超过1米，重达25千克或25千克以上。

鲈鱼
鲈鱼肋肉上有大约5条深色的垂直条，两个背鳍，前一个背鳍有突出的刺，还有红腹和臀鳍。其完全长大可重达2千克。鲈鱼以蠕虫、甲壳类动物、软体动物、昆虫和小鱼为食。

背鳍

欧鳊
扁平的大型欧鳊属淡水鱼，常生活在静止和流动缓慢的水域中，它们以昆虫的幼虫等水生动物和一些水草为食。鳊鱼长到最大时的长度约80厘米，重约4.5千克。侧线是一种特殊的组织，可以探测水中的振动，使鱼"感觉"水的运动。

侧线

分叉很深的尾巴

一群欧鳊

接下页

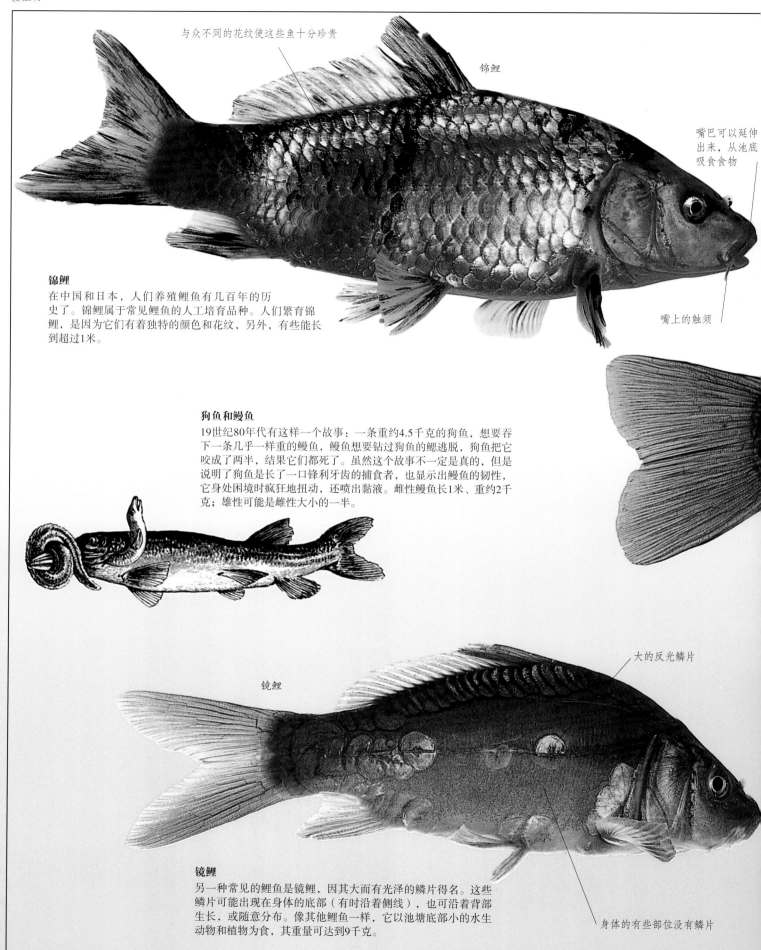

与众不同的花纹使这些鱼十分珍贵

锦鲤

嘴巴可以延伸出来，从池底吸食食物

嘴上的触须

锦鲤

在中国和日本，人们养殖鲤鱼有几百年的历史了。锦鲤属于常见鲤鱼的人工培育品种。人们繁育锦鲤，是因为它们有着独特的颜色和花纹，另外，有些能长到超过1米。

狗鱼和鳗鱼

19世纪80年代有这样一个故事：一条重约4.5千克的狗鱼，想要吞下一条几乎一样重的鳗鱼，鳗鱼想要钻过狗鱼的鳃逃脱，狗鱼把它咬成了两半，结果它们都死了。虽然这个故事不一定是真的，但是说明了狗鱼是长了一口锋利牙齿的捕食者，也显示出鳗鱼的韧性，它身处困境时疯狂地扭动，还喷出黏液。雌性鳗鱼长1米、重约2千克；雄性可能是雌性大小的一半。

镜鲤

大的反光鳞片

镜鲤

另一种常见的鲤鱼是镜鲤，因其大而有光泽的鳞片得名。这些鳞片可能出现在身体的底部（有时沿着侧线），也可沿着背部生长，或随意分布。像其他鲤鱼一样，它以池塘底部小的水生动物和植物为食，其重量可达到9千克。

身体的有些部位没有鳞片

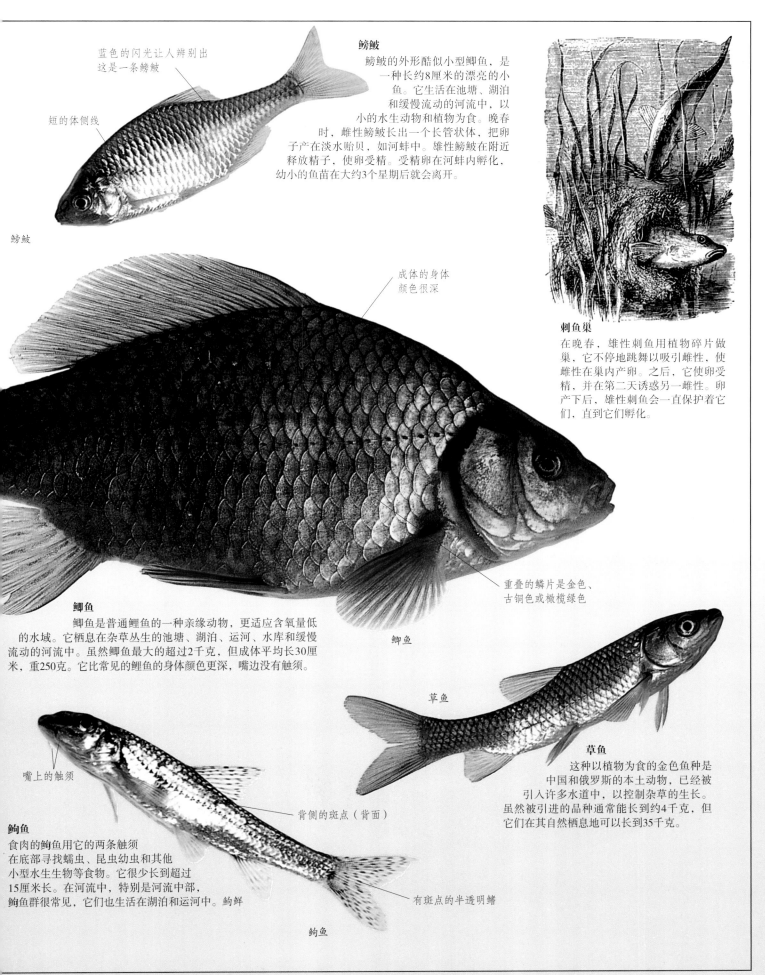

鳑鲏

蓝色的闪光让人辨别出这是一条鳑鲏

短的体侧线

鳑鲏的外形酷似小型鲫鱼，是一种长约8厘米的漂亮的小鱼。它生活在池塘、湖泊和缓慢流动的河流中，以小的水生动物和植物为食。晚春时，雌性鳑鲏长出一个长管状体，把卵子产在淡水贻贝，如河蚌中。雄性鳑鲏在附近释放精子，使卵受精。受精卵在河蚌内孵化，幼小的鱼苗在大约3个星期后就会离开。

鳑鲏

刺鱼巢

在晚春，雄性刺鱼用植物碎片做巢，它不停地跳舞以吸引雌性，使雌性在巢内产卵。之后，它使卵受精，并在第二天诱惑另一雌性。卵产下后，雄性刺鱼会一直保护着它们，直到它们孵化。

成体的身体颜色很深

鲫鱼

鲫鱼是普通鲤鱼的一种亲缘动物，更适应含氧量低的水域。它栖息在杂草丛生的池塘、湖泊、运河、水库和缓慢流动的河流中。虽然鲫鱼最大的超过2千克，但成体平均长30厘米，重250克。它比常见的鲤鱼的身体颜色更深，嘴边没有触须。

重叠的鳞片是金色、古铜色或橄榄绿色

鲫鱼

草鱼

草鱼

这种以植物为食的金色鱼种是中国和俄罗斯的本土动物，已经被引入许多水道中，以控制杂草的生长。虽然被引进的品种通常能长到约4千克，但它们在其自然栖息地可以长到35千克。

嘴上的触须

鮈鱼

食肉的鮈鱼用它的两条触须在底部寻找蠕虫、昆虫幼虫和其他小型水生生物等食物。它很少长到超过15厘米长。在河流中，特别是河流中部，鮈鱼群很常见，它们也生活在湖泊和运河中。 鮈鲜

背侧的斑点（背面）

有斑点的半透明鳍

鮈鱼

鳟鱼

鳟鱼属于鲑鱼类。河鳟和海鳟，其实是同一物种的不同形态。前者终生生活在淡水中；后者生活在海水中，夏季回到原来的溪流中，秋季繁殖。成体河鳟的长度接近1米，而海鳟是其长度的一半。这两种形式之间有许多中间体，并且很难区分它们，因为海鳟如果已经在淡水中待了几个星期，那么它的颜色就会变暗，很像河鳟。不同种类的鳟鱼在外观上相差很大，其差异主要取决于它们住的地方、水的性质、溪流或湖床的类型以及它们吃的食物。虹鳟是鳟鱼的另一个品种。

典型的鳟鱼故乡

适合鳟鱼生活的理想溪流，必须有着清凉干净的流水、溶氧高、有砾石河床可供产卵。在清澈的湖泊中也会有鳟鱼，通常分布在附近的浅滩上，靠近食物的栖息地。

体侧线

胸鳍不停地运动使鱼
向上或向下游动

虹鳟的颜色

虹鳟最初发现于北美洲西部。虹鳟有着海洋、湖泊和河流不同环境中的不同形态。它们的卵在1910年左右被运到了欧洲。比起河鳟，虹鳟更适应较温暖、含氧量较少的水域；褐鳟鱼则可能无法生存在小湖或大池塘。

流线型的食肉动物

河鳟，像其他鳟鱼一样，是肉食性的。它们的食物有很多种类，如微小的水跳蚤、苍蝇、水生昆虫的幼虫和淡水虾、贝类等软体动物。来自大的深湖中的大湖鳟，捕食其他鱼类，包括红点鲑和白鲑。

河鳟

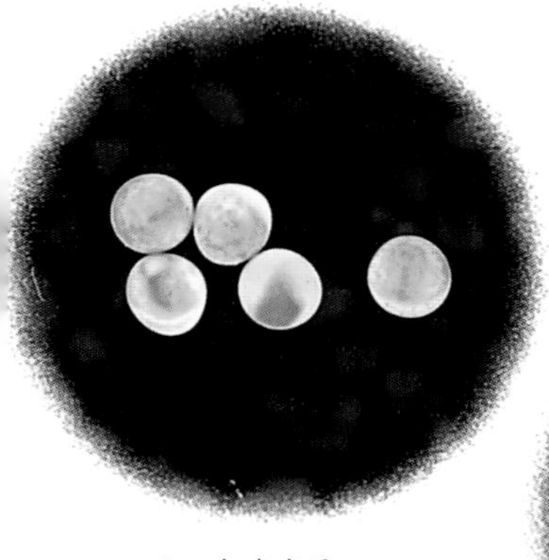

8天：卵多半是
由卵黄组成。

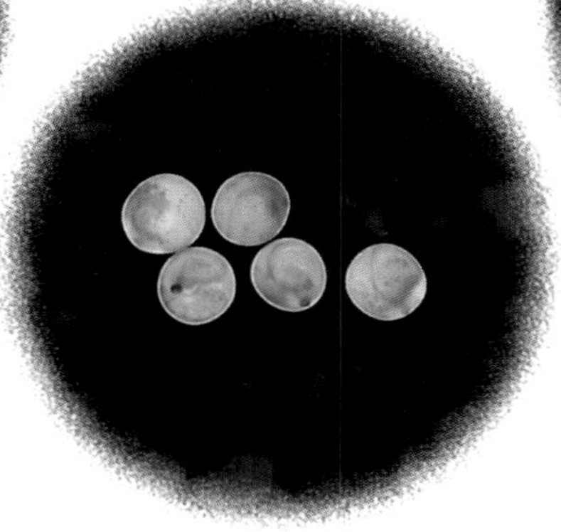

21天：可以看见
眼斑和脊柱。

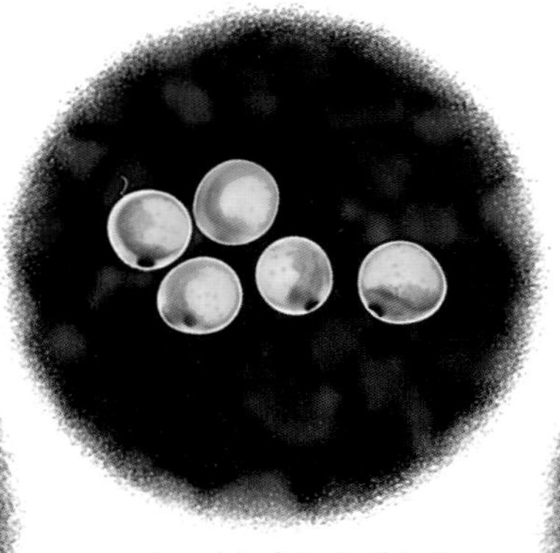

28天：头和身体的形状是可
区分的，都蜷缩在卵中。

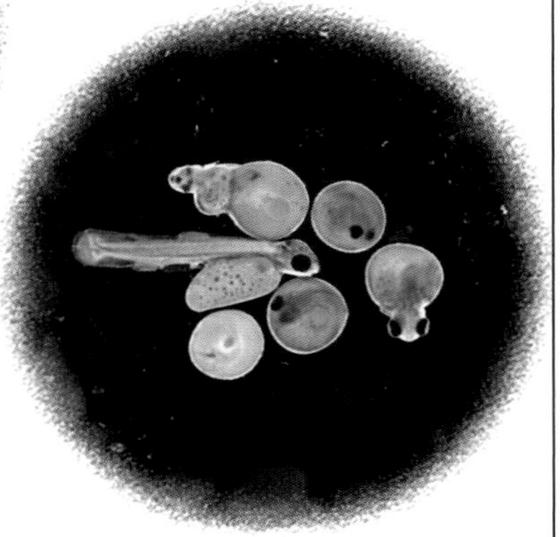

35天：初孵鱼苗的开
口仍连接到卵黄囊。

鳟鱼的生长
雌性鳟鱼在碎石中产卵，雄性用乳
白色含鱼精的精液使其受精。鳟鱼
卵直径为3~5毫米，起初它们里面
满是黄色的卵黄。3周内，保持适宜
孵化的温度，可以看见暗眼斑。幼
鱼，在第5周出现。

独特的体侧花纹有类似
人的指纹的辨别作用

虹鳟幼苗
初孵幼苗经过鱼苗阶段
（不到一岁）成为幼体，
这时被称为幼鲑。如果
有丰富的食物，它们生长得很
快，在鳟鱼养殖场，它们可以达到近
4千克重。鱼类在2年或3年后准备繁殖后代。

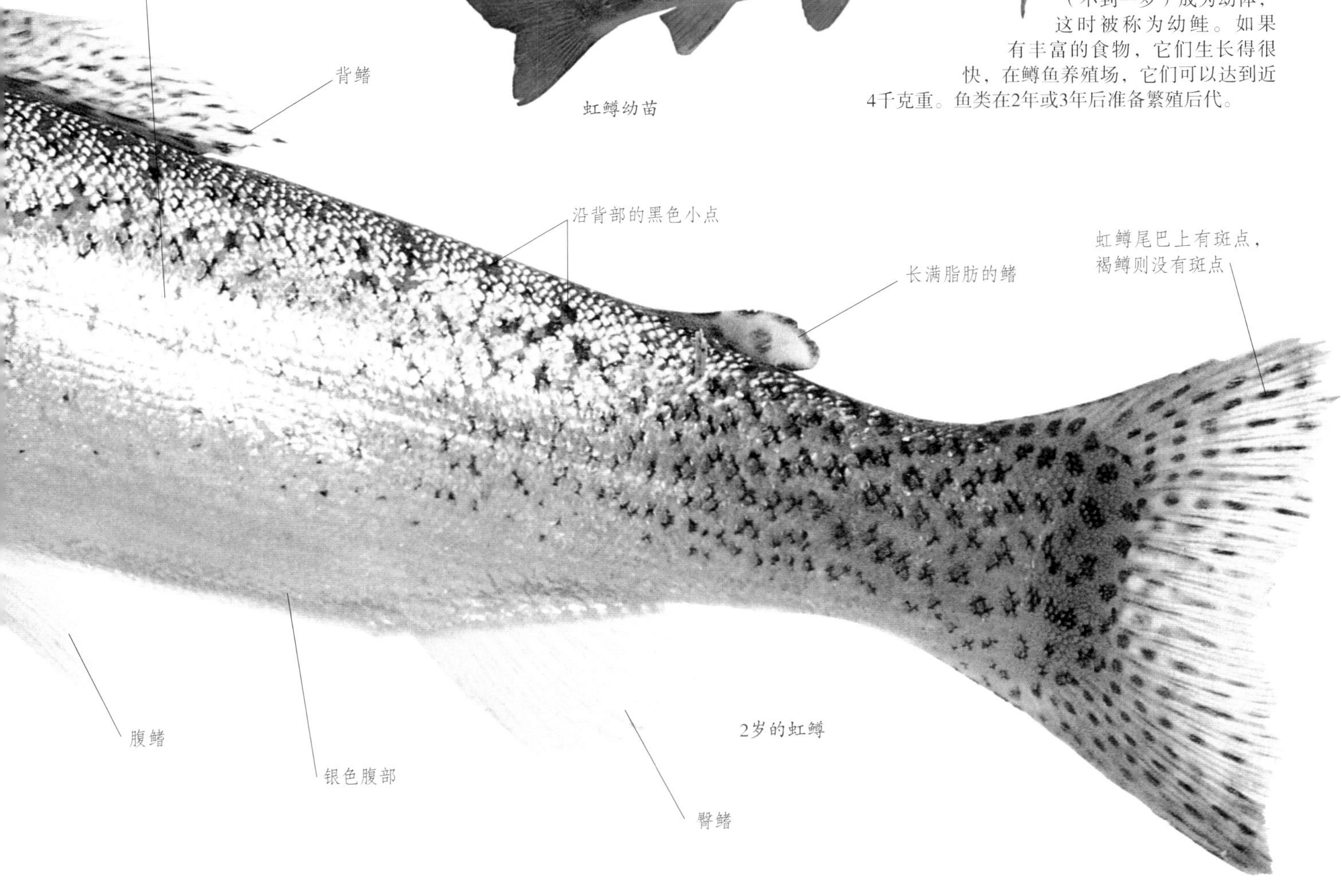

虹鳟幼苗

沿着侧腹的五彩条纹

背鳍

沿背部的黑色小点

长满脂肪的鳍

虹鳟尾巴上有斑点，
褐鳟则没有斑点

腹鳍

银色腹部

臀鳍

2岁的虹鳟

水禽

水域和居住在这里的野生动物吸引了各种各样的鸟类。世界各地的池塘、湖泊和河流（以及海岸）中居住了共约150种野禽，包括天鹅、大雁、野鸭等。这些大型的鸟类都长有适于游泳的蹼脚，还有运动自如的长脖子可以方便它们在水里啄食，在泥泞的河床里搜寻食物。春天的时候，河岸边茂密的植被为很多生物提供了安全又隐蔽的筑巢地点。一年中大部分时间里，水生植物和动物都是野禽现成的食物来源。冬天，池塘结冰的时候，很多野禽都会退回到公园和花园里，在那儿它们可以尽情享用好心人给的残羹剩饭，其他野禽则会飞往南方。

兔巢和兔蛋

绒鸭巢和绒鸭蛋

极其柔软的绒鸭毛紧紧裹住蛋，可御寒保暖

绒鸭毛
雌性绒鸭的胸前长满了极其柔软的绒鸭毛。在海边、湖边或者河边筑巢时，雌性绒鸭会拽下胸前的羽毛紧紧裹住它产下的蛋。

兔巢
兔把巢筑在茂密的灌木丛中。雌性兔在察看小鸭时非常小心，以免招来猎食者。

凤头潜鸭蛋
一只雌性凤头潜鸭在靠近水边的巢穴里产下了6~14颗蛋，25天后，小鸭就会从蛋里孵化出来，而且一天之内它们就会游泳了。

兔，体型最小
的鸭子之一

兔孵蛋时，巢
中会有一
层绒毛

飞行
所有的野禽都是强健的
飞行者，许多野禽在每
年迁徙时都要飞行很远
的距离。

羽片

翎

飞羽

换羽
水生鸟类靠其羽毛使
自身保持干爽，因而它们会
花很多时间来整理羽毛，以
使其处于良好状态。

蚀羽
繁殖季节过后，雄性针尾
鸭就会脱去繁殖羽（下图），
换上素色的蚀羽，颜色和雌鸭
的差不多。

针尾鸭
的翅膀

雄性和雌性
繁殖季节期间，大多数
公鸭，例如雄性针尾鸭
（右图），长有鲜艳的
羽毛以吸引异性。雌性
针尾鸭（右图）的羽毛
颜色则较暗淡，用于在
巢里伪装。

凤头潜鸭

偏爱吃蚌
凤头潜鸭以河蚌、小鱼、青蛙
和昆虫为食。

凤头潜鸭头骨

番鸭
这个生活在中美洲和南美洲地
区池塘与沼泽的本土"居民"，
长有一个宽阔的喙，水生植物
和动物都是它的美餐。

番鸭

番鸭头骨

当心橙色的喙
疣鼻天鹅的喙通常包裹着橙色的保护套。疣鼻
天鹅有时会极其凶猛，特别是在繁殖季节需要
捍卫自己领土的时候。

疣鼻
天鹅

宽大的嘴型很
适宜猎取水中
的植被

疣鼻天鹅头骨

水鸟

一片水域吸引着各种各样的鸟类。许多鸟类，从麻雀到山鸡，都来这儿饮水。其他鸟类则来这儿觅食，比如等待猎物到来一动不动的苍鹭，或是正要潜入水中寻找晚餐的翠鸟。河岸植物，漂浮于水面和水下浮动的水草，以及鱼、青蛙、幼虫、贝类及其他水生生物为许多鸟类提供了食物。一些鸟类，如芦鸦和鸣鸟在无法穿越的芦苇地和茂盛的水边植被里筑巢，养育雏鸟，免受如狐狸和老鹰等猎食者的侵袭。

翠鸟

翠鸟的翅膀

钓鱼能手
翠鸟从其栖息地向下钻入水中，找寻鱼类、蝌蚪和贝类。大刀形状的喙很适合叉中鱼，固定住湿滑的猎物，直到它在树枝上停栖时，再从鱼头开始吞食。

这些白色的蛋表面光滑

翠鸟蛋

白色的蛋
翠鸟的巢筑在河岸上一个长达1米的洞穴里。蛋是白色的，因为放在巢里不需要保护色来伪装。

翠鸟的翅膀和尾羽
鲜艳，具有金属光泽的颜色对其他食肉性鸟类来说是一个警告，以此来宣传它们的肉不好吃。

不同种类尾羽和翅膀上的斑纹都各不相同

翠鸟尾羽

飞行时短翅快速拍打

翠鸟头骨

尖锐的喙用于刺穿鱼

长而尖锐的喙用于叉鱼

苍鹭头骨

苍鹭

颀长和瘦长
苍鹭栖息在池塘、沼泽和河流中，在浅滩里捕食鱼和青蛙。

苍鹭的"鱼叉"
苍鹭的喙犹如一把刺鱼长矛。这种鸟会耐心地等待猎物送上门来，然后快速伸出它的长脖子，刺穿猎物，把猎物摇来晃去，再整个吞下。

麻鸦头骨

麻鸦
这只鸟把喙朝向天空，并随着芦苇丛左右摇摆，以此躲避其他猎物的侦查。麻鸦用芦苇叶和芦苇茎在隐蔽的芦苇丛深处建立了一个浅层平台。孵化5个或者6个蛋需要4周的时间。

秘密捕食者
麻鸦是一个独居的日间捕食者，它用尖利的喙来捕食青蛙、小鱼和昆虫。

苇莺巢

苇莺

苇莺巢是由芦苇头状花序和其他植物做成

苇莺巢由环绕着的几根芦苇根茎编织而成

沙锥鸟蛋
这种小型涉禽的蛋具有保护色，以此把蛋藏在巢中。

小鹏鹬蛋
蛋产下来时是白色的，随后植物和泥土会使其褪色。

普通秧鸡蛋
普通秧鸡是一种胆小的、栖息在水边灌木丛的鸟类，一次产卵可多达15个。

苍鹭蛋
这些蓝色的蛋产在由枯枝和嫩枝筑成的防卫严密的巢中。

芦鹀

精美的灯芯草编织物
尽管芦鹀父母都会给雏鸟喂食昆虫和幼虫，巢穴却是由雌性芦鹀独自筑造。

鸟巢由草和苔藓筑成

深杯状巢
苇莺的巢由几个根茎支撑着。这个杯状巢格外深，因此疾风把芦苇吹至倾斜时，苇莺蛋和雏鸟仍然不会从巢里掉出。

芦鹀巢

灯芯草和芦苇

灯芯草是似禾草植物，长有圆筒形且通常是实心的根茎，以及狭窄、坚硬的叶子；芦苇是一种禾本科植物，其植株通常高大，长有禾本科属植物典型的羽毛状花序和带状叶子；莎草是似禾草植物，但不是真正的禾本科植物：它的根茎常常是实心的并且为三棱形，与禾本科植物圆筒形、空心的根茎不同。这些植物有一个共同点，即都喜欢生长在潮湿的沼泽地、池塘边和河岸。

小果实
小型池塘莎草的黑色花序长出的小果实称作"胞果"。

生长中的果实

灯芯草

松散的小花簇

灯芯草
灯芯草与百合花有亲缘关系，然而它们那娇小的风媒花朵与百合截然不同。

这不是灯芯草
尽管学名和外观与灯芯草相似，花蔺属并不是真正的灯芯草。实际上，它和真正的灯芯草生长的栖息地是一样的。

花蔺属

小型池塘莎草

未长叶子的根茎上长有浅玫瑰红色的花朵

普通芦苇的根茎和叶子

冬天，茎干犹如坚硬的藤条一般保持直立

灯芯草似的叶子

芦苇
无论是在邻近海岸的咸水水域还是在沼泽地、池塘岸边、湖岸边以及缓缓流动的河里，芦苇几乎在任何潮湿的地方都能生长得非常茂盛。它的根茎直立高达3米。

雄性花序释放
出大量花粉

雄性花序的花粉
经风传播使雌性
花序受精,并且
头状花序开裂
时,释放出了毛
茸茸的种子

大型香蒲

假福克斯莎草

假福克斯莎草
在假福克斯莎草根茎顶
部长有复穗状的黄绿色
花序。

合二为一
大型香蒲的拨火棒状头状花
序分两部分,上部是数以百
计的含金色花粉的雄性花序,
下部呈棕色雪茄状,是由数
以千计的雌性小花序相挤压形
成,人们通常将这种植物误称
为"香蒲"。

10~20朵
雄性头状
花序

黑三棱分枝

2~4朵雌性
头状花序

在同一个头
状花序中有
雄性花序和
雌性花序

分枝
黑三棱科每条茎干的分枝
上都长有雄性花序和雌
性花序。朝向顶端的较
小球状花序是雄性花
序;雌性花序则较
大且有尖刺。

如果向下揉擦,
会发现三棱状的
茎干边缘十分锋
利

黑三棱分枝

花茎

苞片长在每条
花茎的根部

芦苇地

生长茂盛的高大湿生植物，如香蒲和芦苇，其粗壮的地下根状茎遍布池塘边缘。它们的生长范围朝浅滩蔓延，占领了睡莲和杉叶藻的地盘。这些粗壮的新生芦苇根状茎使水流变慢并且阻挡住了水流带来的悬浮物。在每一季的季末，枯叶、根茎和果实都会落到根茎丛生的芦苇地里，不出几年，原先开阔的水面可能会变为遍布茂盛植被的沼泽地。若干年后，芦苇地继续吞噬浅滩，把生长在较干地带的植物，如杞柳和黄花柳都挤到了芦苇地的后面。这种通过特有的几个阶段使水域转换为陆地的过程，是生物学家所说的"生态更替"的一个例子。

旱地的水
生长在池塘和湖边的典型植物：黄花柳和莎草，生长在岸边较高地带，芦苇地处中间地带，杉叶藻和长茎百合则生长在更深的水域。由于芦苇蔓延且吞噬水面，从而导致水面堵塞。在需要维持生态平衡时，人们就会清理或者收割芦苇。

水芹

芦苇屋顶
从埃及和苏丹的棚屋到印度尼西亚的吊脚楼和北美洲南部的木屋，很多地区都把这些结实耐用的芦苇用作屋顶材料。这种英国式的茅草屋顶（上图）具有极好的防雨和隔热性。一个熟练的盖屋匠再加上高质量的芦苇，这样建造出来的屋顶可防御风雨达40年或者更久。

攀缘的水芹
在很多芦苇地后部都可以发现大量的水芹，它那水平蔓延的根茎是构成整体缠绕状植被的一部分。

黄花柳

芦苇地

睡莲

旱地

沼泽地

浅滩

开阔的水面

富含养分的淤泥
这片芦苇地里满是稠厚的黑色淤泥，里面有大量的腐烂植物和动物遗骸。

芦苇地里的淤泥

地下茎

水平根茎

长而直立的茎干

花序离根部可能有2.5米

深绿色叶子的另一面是灰白色的

提早收割
收割芦苇的季节常常是在冬季末和春季初。在今年的新茎长出之前，会在去年根部附近切割根茎，从而确保今后的收割。

粗壮和肉质
菖蒲叶本身也都长有许多小根，可以在凝固黏稠的沼泽淤泥的过程中发挥作用。

杞柳新芽

普通芦苇茎干的顶部

这些薄叶一旦被摘会很快枯萎

摩西的传说
据《圣经》记载，摩西还是一个婴儿的时候，有人把他藏在尼罗河河岸芦苇地的一个篮子里。这里展示的插图把摩西画在了灯芯草丛中。这一混淆，导致人们经常错误地把"灯芯草"误认为是香蒲。

用于编织的杨柳
芦苇地的后面较为干燥的沼泽地里长有杞柳，这些柳树的新条长而直立，呈灌木状。人们常常定期贴着地面截掉这些柳枝，用来编织椅子和篮子。

挺直的细茎
芦苇挺直的细茎还用来制造纸和其他以纸浆为原料的材料。由于有充足的水分和养分，而且阳光能够照射到低处，所以芦苇地里的植物生长速度相对更快。

普通芦苇茎干的根部

水边的哺乳动物

河流、溪流、湖泊以及池塘边的沼泽区，为很多哺乳动物提供了家园和食物。这里展示的所有水生哺乳类动物都身披适应其淡水栖息地的毛皮大衣。例如，水貂的毛皮分为两个主要类型：又长又密且平整的针毛，既可以作身体防御用也可以作保护色；每根针毛下都有20根或更多更柔软的下层绒毛，这些下层绒毛只有针毛一半长，能贮存空气，使水分蒸发，保持体温。它们会花很多时间来梳理和清洗毛皮，从而使毛皮保持在最佳状态。另一种帮助水貂适应淡水生活的是其趾间的蹼，这是为了更高效地游泳。

毛茸茸的觅食者
水鼩身体仅约9厘米长，长有黑色毛皮。这种食虫动物住在河岸边狭窄的通道里。在水中，鼩鼱捕捉小鱼、昆虫，甚至青蛙；在陆地上觅食蠕虫和其他小动物。

水貂

适应性强的食肉动物
水貂的食物更加多样化。除了鱼，它还会捕食鸟类、水生昆虫和兔子等陆生动物。水貂宽阔的后肢蹼足是其游泳时的主要驱动力。

犬齿　　白齿　　美国水貂头骨

撕裂、切割食物
水貂口腔前方长有4根长犬齿，用来抓住猎物和撕裂皮肉；口腔后方呈脊状的白齿是用来切割皮肉的。

鸭嘴兽

细长的喙形嘴用来磨碎食物

鸭嘴兽头骨

敏感的猎人
澳大利亚的鸭嘴兽是一种卵生哺乳动物，或称为单孔目动物，它长有类似野鸭的嘴，并由坚韧、敏感的皮肤覆盖。鸭嘴兽潜水时眼睛和耳朵均紧闭，在泥泞的河床觅食时通过鸭嘴的触觉来发现食物。

"无齿之徒"
鸭嘴兽宝宝孵化时长了牙齿，但是很快这些牙齿就会脱落。成年鸭嘴兽用其下颌边沿的角质板磨碎贝类、水生昆虫和蠕虫等食物。

定居在河里
在半淹的由泥浆和树枝建成的房子里住着一个河狸家庭。河狸用树枝、嫩枝、石头和泥浆在溪流间建了一个水坝，水坝提高了水位，并且使窝与外界隔离。在冬季，它们游到冰层下的"冰柜"处，这是由木质茎和细枝建成的食物贮藏室。

河狸小屋

泥浆和树枝建成的墙　　　　起居室（水上）

入口（水下）　　　食物贮藏室　　上升的水位　　水坝

长的犬齿用来
把鱼紧紧钩住

水獭头骨

在上面的眼睛
水獭的鼻孔、眼睛和
耳朵都长在头部上
方，因此它在水下游
泳时还是能呼吸、观
察四周和听声音。

玩耍时间
水獭花很多时间玩
耍。这样可以帮助其
提高狩猎技能。

猎杀水獭
现在尽管这种动物在很多国家都受法律保护，但是水獭狩
猎曾经被认为是一种户外运动，并且在一些地区仍时有发
生。如今，为了垂钓和休闲活动而进行的航道开发，以及
污染问题，导致这些生物处境危险。

河狸头骨

大门牙用于
啃咬食物

白齿用于
咬碎食物

自然界的伐木工人
河狸砍树是为了觅食，或是为了
在湖里建造它们居住的房屋
（左下）。它们吃水草、
树叶和其他植物。

啮齿
河狸那大凿子般
的门牙是啮齿，
可以很轻松地咬
穿树干。

河狸

拍打水面
河狸的尾巴是平的，还覆有鳞片。尾巴除了作舵和桨
用，还可以拍打水面，以提醒同伴有危险。

河狸尾巴

青蛙、蟾蜍和蝾螈

两栖动物是指那些从来不会完全离开水的动物。它们年幼时生活在水下，成年后则生活在陆地。许多在陆地上的成年两栖动物必须待在潮湿的地方。这是因为一些种类的两栖动物是通过湿润的皮肤吸入氧气到肺部。刚从蛋里孵化出来的幼小两栖动物除了用腮吸氧外，也能通过皮肤吸收溶解在水里的氧气。一些两栖类动物，如青蛙和蟾蜍，更喜欢在静水里繁殖后代。其他两栖动物，如鳅鱼，常常待在快速流动的水域里。这可能是因为在流动的水里溶解的氧气比在静水里更多，而且这种大型两栖动物需要更充足的氧气。两栖动物分为两大类，区别在于尾巴：蝾螈和火蜥蜴长有尾巴，青蛙和蟾蜍则没长尾巴（除了蝌蚪）。

虎蝾螈

成团的卵块
普通青蛙产的卵形成团状，浮在水面下。几只雌性青蛙产的卵可聚集成一个大卵团。

孵化中的蝌蚪

普通青蛙卵

一字排开
蟾蜍的卵形成了一条长达2米或更长的黑色斑点的胶状链，常常缠在植物的茎干上。

斑状图案
青蛙的颜色各不相同，但是通常它们都覆有橄榄绿和棕色的斑点状图案。

孵化中的蝌蚪

普通蟾蜍卵

警告色
人们认为，虎蝾螈黑中带有亮黄色斑点的图案是一种警告信号：它们的皮肤和腺体会排出恶臭的分泌物。

警告色

古巴树蛙

前肢无蹼

圆形的指尖长有黏垫

一岁的普通青蛙

金线蛙

鼓膜

金耳朵
这种金线蛙听力也很好，且在通过繁殖叫声求偶的过程中发挥着重要作用。青蛙的耳朵（鼓膜）位于其眼睛后部的圆盘状的薄膜上。

普通蟾蜍

有黏性的前肢
这种古巴树蛙的前肢，可以抓牢树叶和细枝。成年古巴树蛙一生都在树上度过，只有需要在池塘中产卵时才会离开树。

身着绿色
澳大利亚绿雨滨蛙翠绿的皮肤为其在森林中生活提供了很好的掩护。

绿雨滨蛙

去散步
体型肥硕的普通蟾蜍，尽管遭受危险时可以短距离跳跃，但是它更喜欢以走路的方式移动。

斑驳的皮肤用来伪装

后肢有蹼

绿蟾蜍

绿蟾蜍（左图）体型更小、更修长，并且跑起来出奇地快。它和黄条背蟾蜍（下图）常被混淆。

绿蟾蜍

动身时刻

黄条背蟾蜍产卵时，倾向于选择较浅的临时池塘。

黄条背小蟾蜍

黄条背蟾蜍的卵

孵化中的蝌蚪

黄条背蟾蜍的卵

黄条背蟾蜍在卵石或者植物茎干间产下一排卵。

水下猎手

这种掌状蝾螈一年中有部分时间待在陆地上，或是冬眠，或是捕食蠕虫和其他小动物。春天，它会回到池塘中求偶和产卵。

红瘰疣螈

掌状蝾螈

大胃口

所有的成年青蛙和蟾蜍都是食肉动物，体型大的青蛙可以一次性吞下大量食物。

美国牛蛙

孵化中的小蝾螈

蝾螈卵

传说中的青蛙

《伊索寓言》中有一则故事说野兔对于自己是许多动物的捕食对象感到不满，然而它看到青蛙的不幸境况时，就不再觉得自己受到的待遇有多么不公平了。

泡沫巢

这种筑造泡沫巢的树蛙在巢里激起了很多泡泡，从而使卵保持湿润。

交配

早春，两栖类动物此时会聚集在一起繁殖。雄性青蛙为了求偶会和其他对手争斗。它可能会待在雌性青蛙背上很多天。雌性青蛙产卵时，雄性青蛙就把精液排在卵上面。

警告色

红色代表危险！

这种亚洲的红瘰疣螈色斑艳丽，以此警告吃它会满嘴恶臭。

单颗卵

大多数种类的蝾螈一次产一颗卵，它们会将卵附贴在叶子和水草上。有些物种为了保护卵，会很仔细地把每颗卵包裹在叶子里。

男助产士

产婆蟾把成串的卵聚集起来，缠绕在后肢上长达一个月。要开始孵化成蝌蚪时，它就把卵串解开，放到池塘里去。

这张18世纪的版画描绘的就是一只产婆蟾把成串的卵缠绕在它的后肢上。

水中的猎手

3亿多年前，爬行动物出现在了地球上。它们可能是由两栖类动物进化而来。它们最大的优势是完全不再依赖水生环境。两栖类动物需要把外壳为胶质的卵产在水中，而爬行动物的卵外壳坚硬，可以产在陆地上。例如恐龙，它们很快成为陆地生物的主宰者。然而，自那以后，一些种类的爬行动物发生了"进化倒退"，退回到水里生活。许多蛇很快就适应了水，并且捕食鱼类、青蛙、水生昆虫和那些到池塘或者河边饮水的陆地生物。事实上，某些群体的爬行动物，如鳄鱼和海龟，从来没有真正离开水生环境，但它们要在陆地上产卵。

水蟒

水中之王
世界上最长、最重的蛇之一，是南美洲北部地区的水蟒，或称"水蚺"。记录在册的有体长为9米，重量超过200千克的水蟒标本。这种大型蛇类定居在湿地、沼泽还有热带雨林中缓慢流动的小溪里。它捕食各种鱼类、鸟类、爬行动物和哺乳动物。它的上下颌可以脱位，能吞下一头猪大小的生物。

食鱼蝮蛇

全身覆有厚厚的、可防水的鳞片

有毒的水蛇

这种蛇背部的"之"字形斑纹和普通蝰蛇相似

盘踞在沼泽里
这幅古老的版画描绘的是食鱼蝮蛇，它是居住于美国东南部沼泽区的毒蛇。这种蛇受到威胁时就会张大它的嘴巴，露出其白色的内腔，因此它还有另外一个名字，即"棉口蛇"。食鱼蝮蛇还会通过其尾巴附近的腺体分泌出一种难闻的物质，以威吓袭击者。

通过舞动身体游泳的蛇

细长、流线型的身体帮助其在水里自如地游动

海龟还是水龟？

在生物学上，海龟和水龟几乎没有差别，大多数专家称整个种类（龟类）为海龟。很多龟类对于水上生活，装备都很齐全。一些龟类长有蹼足或者鳍状肢，在腹部胸甲上覆盖着一层质地似皮革的皮肤，通过这种皮肤可以吸收氧气。它们倾向于是杂食动物，吃水生生物、岸边树木上的果实，以及腐肉。

几乎没有涟漪

这种欧洲的有毒水蛇在水里十分自如。从鱼类到青蛙，甚至是小型哺乳类动物，它会对任何体型适当的猎物发动攻击。成年水蛇会长到80厘米或者更长。它不是毒蛇，而是环带游蛇的近亲。

独特的棕色和黄色的斑纹

黄腹龟

交替划水

这种黄腹龟可以贴着河床或者湖床爬行，也能靠交替划动它的前后肢游动。

左边的前肢向前划，而右边的前肢向后蹬

龟壳上光滑的骨板

鳖

外壳上隆起的骨板

普通鳄龟

潜水通气管状的鼻孔

软壳无骨板

软壳

鳖有着似皮革的外壳。即使全身都在水下，它们那潜水通气管状的鼻孔也可以帮助其从水面吸收氧气。这里展示的这个小龟和活体一样大小，最终会长到约30厘米长。

用来游泳的蹼足

口腔内强壮的角质上下颌

贪婪的顾客

这种年幼鳄龟成年时全长几乎可达50厘米。它那坚韧、锋利的钩状上下颌能够咬碎其他龟类的龟壳，而肉体会成为它美餐的一部分。

细长的肉质尾巴覆有和鳄鱼一样的鳞甲

蜥蜴的鼻孔长在鼻子的顶部，这使它在游泳时仍能呼吸

多刺的鳞甲是由很多大块鳞片构成

横纹长鬣蜥

横纹长鬣蜥

横纹长鬣蜥（澳洲水龙）是游泳健将，游泳时靠的是竖直平整的尾巴和长腿。它体约30厘米，尾巴长达1米。从蠕虫、青蛙到贝类、小型哺乳类动物和水果都是它的美餐。

口味多样

水蛇并非挑剔的捕食者，而且大部分种类会捕食各种各样的淡水生物。

悬浮的花朵

一旦以前干涸的水道充盈着最近下的雨水，睡莲绽放的壮观景象很快就会出现。睡莲每天有规律地开放而更富有神秘感：早晨花朵闭合，正午时分花朵开放，临近傍晚时分花朵再次闭合，而且可能还会稍陷入水中。这可能是一种适应性变化，从而有助于飞虫在更活跃的温暖的午后授粉。阴天时，可能一朵花都不会完全开放。这是因为在预示要刮风下雨的时候，闭合的花朵更不易于淹没于水中。花朵和叶子长在坚韧的、橡胶似的根茎上——一些种类的根茎长达3米——扎根于池塘底部、湖床和水流缓慢的河床的淤泥里。

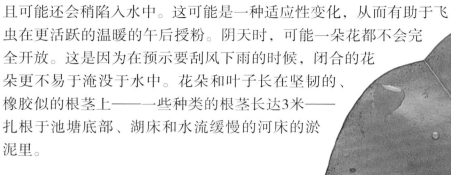

花苞

凤眼莲由于其美丽的花朵成为观赏性池塘中大受欢迎的植物

恼人却美丽
凤眼莲是一种迅速蔓延、自由漂浮的开花植物。但它蔓延得非常快，常常堵塞河流、运河和沟渠。

凤眼莲

叶子可能是心形、椭圆形或者圆形的

杂交的红色"星花香睡莲"

黄睡莲的叶子上有着淡红色花纹

白色睡莲

革质叶子可弹开水珠

粉红色杂交花朵

醒目的黄色雄蕊

睡莲及其杂交品种
世界上有近60个品种的睡莲，它们有点蜡质的花朵和醒目的圆形叶子使它们成为池塘、观赏性的水榭花园和湖泊景区最受欢迎的植物。

黄色杂交"克罗马蒂拉"

蜡质花瓣

粉红色杂交花朵

漂浮的圆碟
在所有植物中叶子最大的非亚马孙王莲莫属。单片叶子的宽度可超过1.5米，叶缘上翘，并且叶子底部有坚硬的藤茎支撑。

用睡莲叶子做的箱子
这种夜蛾的幼虫从睡莲叶枕上切下一片椭圆形叶子，再用丝线把叶子和其反面紧紧黏在一起，从而形成一个幼虫可藏在里面的保护箱。

睡莲叶子

充分利用的叶子
睡莲叶子也称"叶枕"。田螺啃食叶子并且把布满斑点的果冻香肠状卵块产在叶子的底面。青蛙蹲伏在叶子上面或者下面，随时准备捕食。在一些地方，莲叶长得很厚实，某些生物可以在叶子上行走。非洲雉鸻以"睡莲漫步者"著称，因为它踩在叶子上捕食昆虫和种子的步伐很优美。

池塘水面的植物

很多水生植物并不是生根于池塘底部的淤泥中，而是自由地漂浮在水面上，但是大多数水生植物长有须根，可以帮助其保持平衡和吸收矿物质。这些水生植物底下的根茎稳稳地支撑着它们，其上部植株挺出水面，没有高大的植物可以挡住阳光。但是也有缺点：水面可能因风的拂动产生阵阵波浪，从而拉拽和撕裂植物；雨水也许会积到叶子上，使叶子沉没，或者使得叶子冻结在水下。

最小的植物
浮萍是世界上最小、最简单的开花植物，只有在能够充分吸收阳光的浅水中才会开花。这种叶状体植物具有充满空气的孔隙，称为"腔隙"，从而使其漂浮于水面。

微小的根部从水中吸收矿物质

水草毛毯

三种浮萍

表面视图

侧面图

浅绿色的毛毯是由成百上千的丝状植物组成

侧杈上长出的新植株断开漂浮走了

绿毯
"水草毛毯"是春天时，描述成片毛发似的绿色海藻茂盛生长的俗称。这些植物犹如一层绿色棉絮毛毯覆盖着整个水面，导致阳光照射不到下方的植物。

原来叶子上长出了两片新叶

常春藤叶状的浮萍

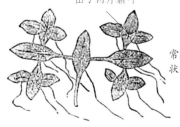

睡莲叶和花苞

开花的浮萍
这个雕版画展示的是另外一种浮萍，它只有在开花时才漂浮于水面之上。原来叶子上各长出一片新叶，就形成了常春藤叶状。

有力量的圆盘
许多浮叶都有一个圆形的轮廓。这种轮廓可能有利于防止叶子因水面起伏不平而断裂。光滑的叶子表面可使雨水滑落。睡莲不是真正的漂浮植物，因为它们扎根于淤泥之中。

满江红水蕨

秋天时，淡粉色叶子会变成深红色

植物底部是丝状的须根

浮叶

满江红是一种蕨类植物，所以严格来说，它的叶子称为"蕨叶"。小须根可吸收水珠，从而防止蕨叶因积水过多，沉于水下。

越冬种子和嫩芽

马尿花，是水兵草的亲缘植物（下图），二者在抵御冬天冰雪和霜冻时方法相似。种子和越冬芽都是在秋天长出，并沉于淤泥中冬眠，直到春天不断提高的光照和回升的气温刺激了它们的生长，这时它们才重新漂浮于水面。

叶子形状和睡莲叶相似

马尿花

植物有时候会扎根于浅水中

须根

水兵草

绿色的莲座形叶丛

整个夏天，水兵草的莲座形叶丛都漂浮于或者临近于池塘水面。秋天临近时，叶子外缘形成了一个黏滑的薄层植物沉到水中，躲避冬天的霜冻和冰雪。春天时，新叶会再漂浮于水面。这种植物会重新长出在远处扎根生长的长匐茎。

开花的水兵草

水兵草在盛夏开白花，雄性花序和雌性花序不长在同一株植物上。一旦开花期结束，水兵草就会沉到池塘底部。

细长的未分枝根茎散落于植物下方，以保持植物平衡

水下的野草

在池塘和河流水下生长的野草为一些动物提供了庇护所，也为其他动物提供了埋伏之处，当有大意的猎物游过时，可迅速出击捕获。野草是许多生物的美食，从田螺到鸭子不一而足。作为能够产生光合作用的植物，它们通过吸收太阳光长出新的组织，同时附带产生氧气。在阳光明媚的日子里，可以看到一个个小氧气泡包裹着水下的植物，并且还时不时地浮出水面。

金鱼藻

须根帘
水生紫罗兰大量的须根垂下来。它的茎干长在水面之上，茎干上长的是淡粉色的五瓣花。

水生紫罗兰

完全淹没
羽毛状的金鱼藻适合在水里生长。即使花朵都沉于水中，叶子和茎干的连接处依旧在开花。

新西兰侏儒草

绿球
团藻是一种微小的水生植物，并且是微小生物的重要食物。

须根

加拿大伊乐藻

新西兰侏儒草
这种植物因蔓延太快而给许多水道造成麻烦。它作为养鱼池的一种供氧植物，第一次从新西兰引入到别的国家。

跨越大西洋
约1840年，加拿大伊乐藻离开了北美洲，被带到了欧洲，它很快生存下来，并堵塞了欧洲的池塘和河流。

池塘里的浮游生物
放大25倍，可看到水下的微型植物世界。

栖息在草地上
苦草为许多鱼提供了藏身之处，包括鲈鱼，它利用自身的垂直条纹伪装在植物叶子中。

狭长的叶子和冷杉树的针叶很相似

苦草

球茎灯芯草

细长的水草
一丛丛淡绿色水马齿在水中摇曳。

发芽的灯芯草
这种球茎灯芯草通常扎根于池塘边上，但是有时候它也会长在水下，变得很细长。

球茎灯芯草

水马齿

蜻蜓和豆娘

蜻蜓是凶猛的空中捕食者，一些种类能够每小时飞行50千米或者更远。它们用巨大的复眼觅食空中飞行的小型生物，如蚊、蠓等小虫。蜻蜓的眼睛是由许多个单独的晶体组成，在它们眼前，世界也许犹如马赛克拼贴的图画一般。蜻蜓栖息在水里的幼虫在池塘底部爬行。和它们的父母一样，从其他水生昆虫到蝌蚪、鱼类，幼虫捕食任何可以抓到的小型生物。

基斑蜻幼虫
面罩
面罩上的双钩可刺穿猎物
蓝晏蜓幼虫
面罩

致命的面罩
蜻蜓幼虫吃任何用面罩能抓到的生物。面罩是一种角质薄片，相当于下唇，末端有两个凶猛的钩（上图）。平常折于头底下，但它是类似铰链的装置，可以突然伸出刺穿猎物，再送往口中进食。

丢弃的外皮

豆娘

这些昆虫是蜻蜓的近亲，体型更小、更细长。它们和蜻蜓有几处显著的差别。最明显之处就是豆娘歇息时翅膀伸展在后面叠在一起，而蜻蜓则把翅膀平伸在两侧。

蜕下的外衣
这是一只棕晏蜓最后一次蜕皮后留下的。刚刚羽化的成虫常常在晚上或者清晨出现，以此躲避捕食者。

交配游戏
在交配过程中，雄蜻蜓搂着雌蜻蜓，雌蜻蜓会俯下身去，从雄蜻蜓腹前的特殊器官里获得精液。

相似的翅膀
豆娘几个翅膀的大小几乎相同，末端呈圆状。

蓝尾豆娘

翡翠豆娘

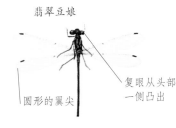

雄性豆娘和雌性豆娘
大多数豆娘种类中，雌性豆娘的腹部比雄性豆娘更肥大，并且颜色也不那么鲜艳。

圆形的翼尖

复眼从头部一侧凸出

蓝豆娘

大个的红色豆娘

小眼睛
豆娘的小眼睛长在头部两侧，而蜻蜓的复眼则长在头顶，彼此相连。

柔弱的飞行者
豆娘和它们的近亲蜻蜓相比，身体更柔弱。

蜻蜓的一生
蜻蜓的卵产在水中。卵随后孵化成幼虫，幼虫通过蜕皮长大。它们要经历8~15次蜕皮，需时2年或2年以上，具体情况因种类而定。从幼虫到成虫的逐渐蜕变过程称为"半蜕变"，处于中间阶段的幼虫叫作"稚虫"。最终稚虫爬上茎干，经历它的最后一次蜕皮，然后成虫就出现了。

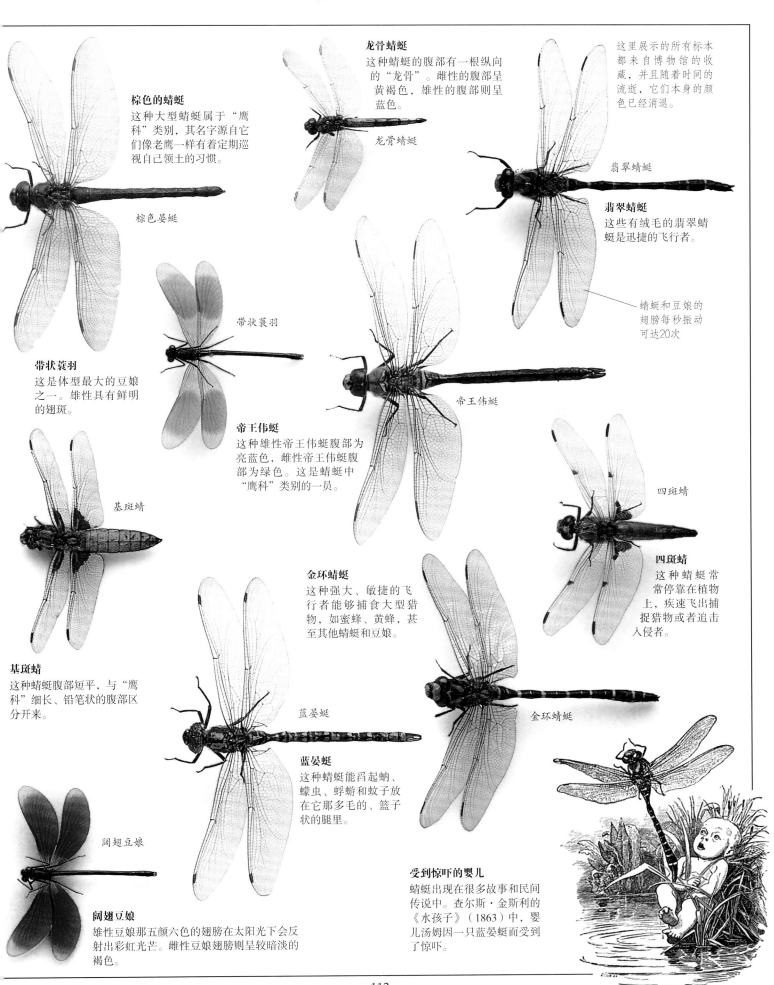

棕色的蜻蜓
这种大型蜻蜓属于"鹰科"类别，其名字源自它们像老鹰一样有着定期巡视自己领土的习惯。

棕色晏蜓

龙骨蜻蜓
这种蜻蜓的腹部有一根纵向的"龙骨"。雌性的腹部呈黄褐色，雄性的腹部则呈蓝色。

龙骨蜻蜓

这里展示的所有标本都来自博物馆的收藏，并且随着时间的流逝，它们本身的颜色已经消退。

翡翠蜻蜓

翡翠蜻蜓
这些有绒毛的翡翠蜻蜓是迅捷的飞行者。

蜻蜓和豆娘的翅膀每秒振动可达20次

带状蔑羽

带状蔑羽
这是体型最大的豆娘之一。雄性具有鲜明的翅斑。

基斑蜻

帝王伟蜓
这种雄性帝王伟蜓腹部为亮蓝色，雌性帝王伟蜓腹部为绿色。这是蜻蜓中"鹰科"类别的一员。

帝王伟蜓

四斑蜻

四斑蜻
这种蜻蜓常常停靠在植物上，疾速飞出捕捉猎物或者追击入侵者。

基斑蜻
这种蜻蜓腹部短平，与"鹰科"细长、铅笔状的腹部区分开来。

金环蜻蜓
这种强大、敏捷的飞行者能够捕食大型猎物，如蜜蜂、黄蜂，甚至其他蜻蜓和豆娘。

蓝晏蜓

金环蜻蜓

蓝晏蜓
这种蜻蜓能胥起蚋、蠓虫、蜉蝣和蚊子放在它那多毛的、篮子状的腿里。

阔翅豆娘

阔翅豆娘
雄性豆娘那五颜六色的翅膀在太阳光下会反射出彩虹光芒。雌性豆娘翅膀则呈较暗淡的褐色。

受到惊吓的婴儿
蜻蜓出现在很多故事和民间传说中。查尔斯·金斯利的《水孩子》（1863）中，婴儿汤姆因一只蓝晏蜓而受到了惊吓。

水中的昆虫

水黾

昆虫是地球上适应性最强的生物，25个主要昆虫种类中，近一半居住于淡水中。一些种类，例如水生甲虫和半翅目昆虫几乎一生都在水中度过；其他种类，例如蜉蝣和石蛾，童年时在水里度过，成年后则飞往天空。某些水生昆虫，包括水生甲虫，它们会定期游出水面以吸取空气，再靠各种巧妙的方法把空气贮存起来。其他昆虫有专门的鳃从水中提取氧气，而一些昆虫可以通过它们的皮肤吸收足够的溶解氧。

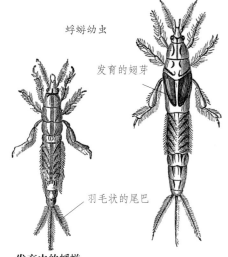
蜉蝣幼虫
发育的翅芽
羽毛状的尾巴

发育中的蜉蝣
像蜻蜓幼虫，蜉蝣幼虫被称为"若虫"。每次蜕皮后，它的微小翅芽也随之生长。

鼠尾蛆（长尾管蚜蝇的幼虫）
呼吸管

有水下呼吸管的蛆
这种鼠尾蛆长有一根长呼吸管，分3截并且相互叠套在一起。它生活在浅水池塘的淤泥里，吮吸腐烂的食物。

蜂蝇成虫

蛆的亲代
鼠尾蛆是长尾管蚜蝇的幼虫，长尾管蚜蝇属食蚜蝇科。

蜉蝣成虫
长长的尾巴是这种昆虫的标志

有3条尾巴的昆虫
蜉蝣成虫和它的幼虫一样，有3条独特的尾巴。

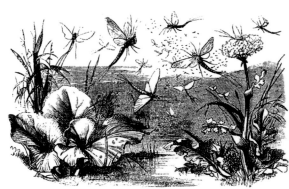

春天里的大餐
在春天，蜉蝣成虫成群出现，它们飞行能力不强，没有嘴巴，所以不能取食。而且在蜕化成虫后仅仅几天的生命里，它们都在交配和用腹部轻点水面来产卵。这吸引了饥饿的鱼。

枯枝和石头
许多石蛾种类的水生幼虫都会建造一个把自己包裹起来的保护壳。

幼虫建造的壳可能会与水生植物黏结或者位于池塘底部

石蛾成虫
石蛾成虫呈淡灰色或者褐色，常在黎明或者晚上出没。它们在水边飞来飞去，很少进食，并且很少有活过几天的。

石蛾成虫
翅膀上覆盖着细绒毛
触角常常和身体一样长
植物茎干
小石头
丢弃的蜗牛壳
壳的入口

石蛾幼虫建造的实物外壳

通过在壳前端添加材料来扩建外壳
幼虫的头从壳里探出，方便取食
每个种类会使用不同的材料来建造外壳

石蛾幼虫保护壳的版画

前足钳住猎物

水螳螂

前足钳住蝌蚪和其他猎物

黾蝽

水蝎

用以划行的中足

用来导向的后足

修长的追踪者
这种水螳螂用前足牢牢钳住小型水生生物，然后用针状的口器刺入猎物组织内部，吸食汁液。它们短暂的水面一游可使其长尾巴吸收新鲜空气，两根尾须交汇在一起形成一个呼吸管。

呼吸管的组成部分

水蝎子

呼吸管

尾巴上有刺？
水蝎的尾巴是一个无害的呼吸管，它的危险的部位是强有力的爪状前足和覆有针刺的喙状嘴部。

枯叶？
受到干扰时，水蝎会沉至水底，静止不动。这是比左边体型更小的物种。

水上漂
长有4只后足的昆虫名为黾蝽，足上长有可防水的纤毛厚垫。这种纤毛厚垫能使其不至于沉入水中。

鞘翅

仰泳蝽

划蝽

长满绒毛，用于游泳的足

仰泳蝽
仰泳蝽实际上是昆虫，俯视可看到坚硬的鞘翅包裹着强壮的翅膀。大多数时候，仰泳蝽会背朝下，浮在水面上。

划蝽
这种昆虫在水中行进时，后足就像船桨在划行。它吃植物的残骸或者藻类。

蜘蛛身体里的气体让它的腹部闪着银光

气泡

气泡室
呼吸空气的水纺蛛（属蛛形纲动物）建造了一个"潜水钟"形住所。它在水生植物之间吐丝结网，并用结的网贮存来自水面的氧气（下图）。

甲虫的威力
在一个小池塘里，这种大龙虱的敌人很少，可捕食的猎物却很多。它的猎物包括昆虫、蝌蚪和小鱼。

水纺蛛和它们的"潜水钟"形住所

备用空气
龙虱是呼吸空气的昆虫。许多龙虱把空气储存在其腹部的绒毛上，而其他种类则储存在鞘翅下端。携带的空气会使它们飘浮起来。

银色龙虱

淡水贝壳

这里展示的贝壳都和活体一样大，且生活在淡水中，并且属于软体动物类。软体动物的外壳主要由含钙的矿物质构成，例如碳酸钙。为了形成外壳，这类动物必须从水中吸取矿物质，一般而言，水生软体动物在含有更多可溶性天然矿物质的硬水水域更为常见。蜗牛和帽贝（腹足类）大多是食草动物，以水淹没的石头上生长的植物和藻类为食，但也有一些物种，如贻贝和鸟蛤（双壳类），以从水流中滤食微小食物颗粒为生。

天鹅无齿蚌
这个天鹅无齿蚌外壳上的年轮显示它大概6或7岁了。

安娜蚌
这种双壳类动物的外壳较天鹅无齿蚌更鼓胀。

软体动物如何呼吸

水蜗牛依据其呼吸方式，可以划分为两个类群。大型田螺、扁卷螺和呼吸空气的囊螺都属有肺类动物，它们漂浮到水面上，打开呼吸腔，深吸一大口空气到一个肺状内壁中；另一类群，包括盘螺、田螺和螺旋蜗牛，属前鳃类动物，它们通过鳃从水中吸收氧气。

右旋
通常大型田螺的外壳为右旋，但是也有"左旋的"椎实螺。

透明的蜗牛
鼓边扁卷螺体型很小，因此，它的外壳呈半透明状。

最喜欢的食物
细线球蚬是许多鱼类和水鸟的主食。

椎实螺
这种椎实螺外壳的螺环纹集中在顶端。

卷曲的螺旋
这种紧密螺旋状的白色扁卷螺来自池塘和河流。

有大理石般色彩纹理的蜗牛
蜒螺的外壳上布满迷人的点状斑纹和螺层。

接合的外壳
这种长斯特球蚬，是指它的外壳由两个绞合部组成，称为"贝壳瓣"。

水生贝壳类动物

下图和左图中的软体动物（天鹅无齿蚌和安娜蚌）多出没于流动水域中。安娜蚌上的生长环显示了它们的年龄，一个大型贻贝可能高达12岁。蜗牛的外壳上也可见生长环，但是每年的轮纹分隔较模糊。

新生
蜗牛长大时，它会在外壳的开口端（壳口）添加新的材料。

螺旋管
从欧洲田螺上，可清楚地看到蜗牛的外壳是呈螺旋状、逐级变宽的管状物。

矿物收集者
田螺外壳的直径也许超过5厘米——这需要收集很多钙物质！

"长耳朵的"蜗牛
这种田螺的耳朵呈喇叭口状，似人耳。

壳顶是贝壳最年长的部分

肿胀的绞合部
之所以得到"胀珠蚌"这一称呼，是因为有推测称这一双壳贝类在铰链结合处有一个壳顶。

斑马似壳莱蛤
这种双壳类动物用具有强劲黏性的须根，通常称为"足丝"，固定在岩石上。

吃水草的动物
巨扁卷螺吃水生植物。

有特色的外壳
尖囊螺上最后一个螺层和其他螺层相比更大。

短粗却具有光泽
这些具有光泽、紧实的外壳属于豆螺。

赤豆螺
这种蜗牛是过渡类型的猫肝吸虫的宿主。

不扭曲的螺
河阿罗螺是一种真正的蜗牛，但是它的外壳不呈螺旋形。

打开和关闭
盘螺的贝壳瓣是其外壳的门，或称"腮盖"。

缓流水体
湖斜顶螺常被发现于缓慢流动的河流中。

开门
壳体的腮盖可以让蜗牛伸出壳外取食。

当腮盖关闭时，犹如给外壳加上了一个水密封口

滤食性动物
西线球蚬是极小的滤食性动物，属双壳类软体动物。

咸水和淡水
反坡钉螺常在河口、池塘还有河流里找到。

河流的源头

很多河流起源于高处水流湍急的溪流，倾泻而下，穿越荒原或流经崎岖的林地。阴凉、潮湿的河岸上生长着苍翠繁茂的草木；河床上，除了那些极其顽强的附着动物，湍急的水流冲走了几乎所有的植被。洪流中，所有的植物和动物群落可能被一扫而空，然而，新的种子和孢子会很快涌现出来，与此同时，岩石底下的生物也奋力挣扎，以重返上游。

河鸟

水下行走者
河鸟站在中游的岩石上，寻找着小猎物。它也会沿着河床走动，面向上游，借助水流对其翅膀和尾部的压力，保持其双脚能在河底牢牢地踩稳。

铠甲小武士
硬水环境是淡水小龙虾的最爱，它需要大量的钙类矿物质来形成其外壳。

坚硬的外壳是由水中的矿物质组成的

淡水鳌虾

河岸边潮湿环境的住户
肉质的苔藓、叶苔、蕨类以及其他喜好潮湿环境的各类植物，成群生长在河岸和河流飞溅的岩石区。

金发藓苔

蕨类植物

河岸植物

松勃菌

叶苔

真菌
真菌，比如说松勃菌组群里这一小成员，就很喜欢阴凉的河滨环境。

地衣分枝
阴凉、潮湿的条件是某些地衣理想的生存环境，而这些地衣正是真菌与藻类合作生长形成的。

大地杨梅

叶苔

沼生堇菜

逆流而上的鱼
尽管水流湍急，但杜父鱼已经适应了河流源头的生活。杜父鱼扁平的身形能使它们藏身于石缝中。

杜父鱼

118

橡树叶

橡子

来自树木的食物

像橡树这样的树木往往横贯河流上方，树上的果实及叶子可能落到水中，让水里的居民赖以为生。

虫瘿是长在橡树叶上的昆虫造成的

水藓

有较深叶裂的叶子

大地杨梅

巨石之间

河流中游的巨石群往往能成就一个繁荣的岛屿。在这里，大地杨梅从河流淤积的土壤中萌发。

长在巨石上的苔藓层

鳞毛蕨

水下苔藓

随着缓缓溪流以及河水的波动，水藓或柳苔藓可以依附在石头旁或倒下的木头上。

成排的孢子

有光泽无缺刻的复叶

羽毛状的复叶

河岸边荫蔽、潮湿的环境，使许多种类的蕨类植物枝繁叶茂。荷叶蕨（右一）在其叶子的反面有肋状的褐色孢子。它拥有结实且无叶裂的叶子。

羽状、浅绿色的复叶

有光泽的、暗绿色的复叶

乌毛蕨

蹄盖蕨

荷叶蕨

褐色孢子

河岸边的生活

随着河道不断交汇变宽，小溪就变成了大河。较大的河流通常水流缓慢，这使得有根的植物可以在河边蓬勃生长。河岸环境适合多种植物及动物生存。河流的堤岸较高，河边土壤几乎总是湿漉漉的；但是在堤岸的上部，土壤却变得越来越干燥。因此，河堤处经常有着典型的植物分带：较低的河堤处分布着鸢尾和泽泻，稍高处往往是在湿地生长的麻仙鹤草、凤仙花等。

牛蒡

蓟状的头状花絮

五朵小花
每一朵麻仙鹤草的花都是由五朵更小的小花聚集而成的。

含苞待放
川续断的花朵即将绽放，它那粉紫相间的花瓣尚不可见。

川续断

带刺的头状花絮含苞待放。

钩刺把果实挂在动物身上

心形的叶子长着一些茸毛

在河面泛舟一直以来都是人们喜欢的休闲方式。

花朵里会发育出可以爆裂的种子匣

麻仙鹤草

叶边缘有锯齿

搭车
幼小的牛蒡花（右图）已经长出了钩刺，种子成熟时就会粘在皮毛和衣服上。

旅行的花朵
原长于印度或者喜马拉雅山地区的凤仙花，如今已经传播到世界上许多地区的河岸和潮湿的溪谷里。

叶边缘有锯齿

微红色的茎干

印度凤仙花（喜马拉雅凤仙花）

高水位标记
河流春汛时，留在这悬垂细枝上的痕迹比起夏天河水水平面高了1米。

旧的植物秸秆缠绕在树枝上

河岸之家
许多哺乳动物把河岸当家。水獭就生活在隐蔽性极好的小灌木丛里，而这些小灌木丛处于河岸边的草木丛里或悬垂的树根下。

美丽如画的车前草
高大的金字塔形的花序，使得泽泻类植物（车前草）成为河堤上引人注目的一道风景。

泽泻的叶子

泥土之下
池塘与河流的河床上有很多类似的小生物，它们是鱼类或其他动物的美餐。

扁虫

淡水虾

石蛾幼虫已经在小鹅卵石上建好了自己的住所

扁虫

淡水虾

哺乳动物的咬噬痕迹

泥鳅

触须
泥鳅的触须是其触觉器官。傍晚过后，这条河里的泥鳅就从石头底下出来，在淤泥中寻找着蠕虫、昆虫和其他小型的水生生物。

泽泻的花序

下午绽放
长在小河边泥浆中的泽泻，花瓣从早晨到夜晚都是闭合的，只有在午后才会绽放。

水马齿为这些害羞的泥鳅提供了天然屏障

微小的丁香花

微型软体动物附着在石头上

黄菖蒲叶

匿名的咬噬者
陡峭河岸边的黄菖蒲叶子被觅食的哺乳动物啃咬过。

夹紧
在其圆形的外壳下，这些微型淡水软体动物用"脚"紧紧地钩住这块岩石。

河流入海口

河岸渐渐跟海岸连成一体，海潮带来的海水也开始影响河流里的动植物。在河流的最后一段，水流速度减缓，那些仍在水中悬浮的最细小的淤泥和粉砂颗粒，会沉积在河床与河堤上。被波浪与潮汐搅动的河水往往很浑浊，导致沉水植物非常罕见，因为它们接收不到足够的阳光以进行光合作用。相对来说，很少有动植物能适应盐浓度的巨大变化，但对于能够适应的少数物种来说，因为几乎没有竞争存在，其数量往往非常巨大。

蜕去的羽毛
蜕去的羽毛在河口湾很常见，证明这里有很多不同的鸟类。

蜕去的羽毛

潮汐冲到岸上的骨头

海鸥

河口湾的海鸥
河口湾动物多姿多彩的生活吸引了各种各样的海鸥。

遗弃的残骸
在被水冲上河口湾边缘的各种物品中，其中就有各种各样的骨头。

玻璃草

大戟草

来自植物的玻璃
以前玻璃草的灰（碳酸钠的含量很高）能用来制作玻璃。这种草在河口和盐沼地很常见。在一些地区，人们还采摘食用其多汁的叶子。

蔓生植物
大戟草的匍匐茎蔓生至河流入海处的沙丘上。大戟草也拥有浓密多肉的叶子。

退潮时的晚餐
成群的蛎鹬和其他涉水物种会在退潮时拥至河口湾淤泥处，探寻蠕虫、虾、贝类和螃蟹。

肉质叶子可以存水

玻璃草

海蚤缀

大叶藻

羽毛

根须稳固河口湾的淤泥

河口湾的垃圾场
河口湾潮汐入口处，是各种海边残骸的天然垃圾场。这些残骸包括干涸的海藻和苦草，以及羽毛、少许杂草和死去的螃蟹。

很多东西要学
蛎鹬用长喙在淤泥中搜寻软体动物，然后撬开外壳或是啄上一个洞来获取里面的食物。雏鸟可能需要长达6个月的时间从它们父母那里学习专门的觅食技术。

樱蛤

滨螺

鸟蛤

海螺

贻贝

牡蛎壳

幼蟹

樱蛤壳

蛎鹬和幼鸟

鸟啄的洞

鸟蛤壳

鸟蛤壳

带洞的壳
这些软体动物的壳已经被河口湾的鸟类啄穿了，壳里的动物已经被吃掉。

防浪堤之下
出现在河口湾的任何阻碍，例如防浪堤或者码头，很快都会成为各种能承受盐浓度变化的生命的栖息地。海蟑螂是一种甲壳类动物，类似土鳖，也与螃蟹有亲缘关系。

海蟑螂

樱蛤壳

沙蠋

牡蛎壳

海岸蠕虫
河口湾淤泥上的波形痕迹标记出了沙蠋U形洞穴的位置。

履螺

鸟蛤壳

麻鸭和雏鸭

藤壶

竹蛏

来自大海
原本是海岸软体动物的贝壳经常被冲到河口湾的岸上，比如这个附满小藤壶的石头。

麻鸭雏鸭
麻鸭的雏鸟与其他鸭类的雏鸟类似，但是长大的麻鸭更像一只鹅。麻鸭不仅吃贝类，也吃鱼类、蠕虫和其他一些小动物。

螃蟹

背鳍

海龙
这种与海马形似的物种有着坚硬的表皮，主要靠它后背的背鳍移动。海龙能够很好地适应河口湾变化的盐浓度。

海龙

螺旋海藻

海岸藻类
在有着更多掩蔽和临海的地方，海岸藻类得以立足生存。这种螺旋状的海藻是上部海滨带的特征。

盐沼

很多河口附近有广袤的土地，上面溪流纵横，这里的盐碱土壤上生长着独特的植物种群。这就是盐沼。每天有两次，海水会通过土地上的渠道涌入，盐分会渗入泥土中。潮汐退却后，海水蒸发，遗留下盐渍。春季潮汛时，整个沼泽区全是海水，然而，几个小时后，潮水退去，一场大雨可能将地表冲刷成近乎是淡水的栖息地。

粉红色和紫色
许多盐沼植物能开出粉红色、淡紫色或紫色的花朵，在夏末或秋季开花。

头状花序

沼泽草
在沼泽区又高又干燥的草丛中出现了茅草的头状花絮。

海紫菀

平常的车前草
平常的海车前草生长在平坦广阔的盐沼地。

穗状花

海车前草

紫色和黄色
夏末和秋初时，海紫菀那独特的花朵给大部分沼泽地铺上了花毯。

花梗从肉质叶中长出来

匙叶草
夏末，匙叶草的花朵使盐沼地呈现出一片淡紫色。

穗花

茅草

叶片呈淡蓝色

海韭菜
海韭菜的茎干呈肉质。不管其名称如何，海韭菜不是一种真正的草。

匙叶草

海韭菜

银绿色的叶子
海马齿苋生长在盐沼区的水流渠道和小溪边缘。海马齿苋银色的叶子有微小的充气式的保护性鳞苞覆盖着。

成熟种子

海马齿苋

叶子随着盐浓度的变化，不断吸水或失水

肉质叶
一年生碱蓬草很好地展示了在盐沼地生存的植物一般都有浓密的肉质叶子。

肉质叶可以存水

固着湿地
大米草是荒地上的早期生存者，人们常常在沼泽地和河口种植它们，以用其地下茎和粗壮的根系来固着泥土。

一年生碱蓬草

叶子能分泌盐晶体，以帮助植物排出其多余的盐分

粗壮的根

滨鹬

大米草

丰富的食物
滨鹬和其他的涉水鸟在盐沼渠道的泥土里寻找着食物。

玻璃草

隆起且连接的茎干可蓄水

盐沼区固着物
玻璃草是河口湾泥土里最早出现的植物之一，一旦扎根，它那纤细的根系就开始固着泥土。

潮汐碎屑物
每一次潮汐，都会把植物枯萎的茎叶、小螃蟹的碎屑以及其他各种碎屑推到沼泽地里的沟渠内。

淤泥
盐沼地和河口湾里的淤泥富含有机质。

盐沼淤泥

螃蟹

空壳

动物残骸
当湿地从海峡边缘消退时，常能发现幼小的食草蟹、鸟蛤和蛾螺的多孔空卵囊。

蛾螺卵囊

根系固着湿滑的泥土

研究与保护

污染、住房以及农场的用地需求，以及越来越多的水上消遣和娱乐，所有这些都对池塘和河流中的野生动物造成了危害。保护以及珍惜我们现有的天然淡水资源已经变得日益重要。要想进行保护，就要先对野生动植物进行研究，了解它们。有哪些生命，它们生存在何处，以及为什么——这些都是通过观察而不是干预得以实现的。研究者进行实地考察时，他们尊重大自然，遵循当地的习俗，并遵守野生动物保护法。

显微镜下的世界
一滴池塘的水放在显微镜下，会看到里面充满了微小的水生动植物。

野外指南

记事本

通过透镜观察
放大镜可以使你识别小型水生生物，或观察一朵花的结构。10倍的透镜基本够用了。

放大镜

有螺旋盖的玻璃瓶

临时住所
有螺旋盖的玻璃瓶可用于临时存储和检查，不要将动植物长期留在里面。

凹形容器和滴管
这些物件使小样本得以轻轻移动，而且研究时不受太多的污染。

滴管

玻璃盘

勺子和刷子
这些仪器可以运送那些小巧、娇弱的动植物，之后再放回原地，不会造成任何伤害。

塑料勺子　　　刷子

农场废物
猪粪意外泄漏到了这条河中，导致鲢鱼、鲮鱼、石斑鱼，以及成千上万的小动物死亡。

野外考察笔记
记事本和野外指南是野外考察的必备品。
铅笔写的字不会弄出污渍，秃了可以用小刀削尖。

有防水塑料外壳保护的数码相机

防水摄影
给照相机加上防水护罩（盒），就能够用普通相机在水流湍急的小溪中拍摄。

污染的危险

池塘、河流以及其他的淡水栖息地都在不断受到污染的威胁。雨水把化肥、农药及其他的农用化学品冲刷入河道中，对自然平衡产生不利影响。从工厂排放出的工业废料，可能会污染下游很长一段水域。大多数官方机构都有清洁水的法规，但常常得不到遵守，而检查人员不可能监控每一个排放口。我们每个人都可以作出自己的贡献，比如发现污染嫌疑向官方机构举报，或自愿帮助清理被杂草堵塞的池塘或被当作垃圾弃场的河沟。

可折叠
的小刀

修枝剪

塑料包装
袋和扎带

细网筛

放在塑料袋里

水生植物在空气
中会迅速干透。放在
塑料袋中可使它们在运输
过程中保持湿润。

精确切割

只有在得到许可时才能去采集植物样本，用锋
利的刀片切割，这样可以将损害降到最低。

叉

铲子

用以分类的筛子

可以在水中轻轻地摇
晃细网筛，将小的动
物从泥土、淤泥中分
离出来。

取样

可以从桥上、河岸或
船上扔下带绳的水桶
来采集水样本。

密封的塑料容器

防溅容器

把搜集到的动物样本放在可
以封口的容器中，里面放上
水草，防止水花飞溅。

小型挖掘机

如果允许你去挖掘植物或寻
找泥下的生物，请谨慎一
些，并使用干净锋利的
叉或铲子。

水取样容器

大孔网

细孔网

网的作用

网有网孔大小不同之分，用于
采集或大或小的标本。谨慎操作，以免将
植物连根拔起。完成分类统计后，要尽快将网里的
生物放回水中。

糖海带

墨角藻

狗岩螺

狗鲨含胚胎的卵囊

斑芋螺

角叉藻

红皮藻

普通鸬鹚

牡蛎

海岸世界

Seashore

目击海岸世界的秘密，了解动植物生存法则。

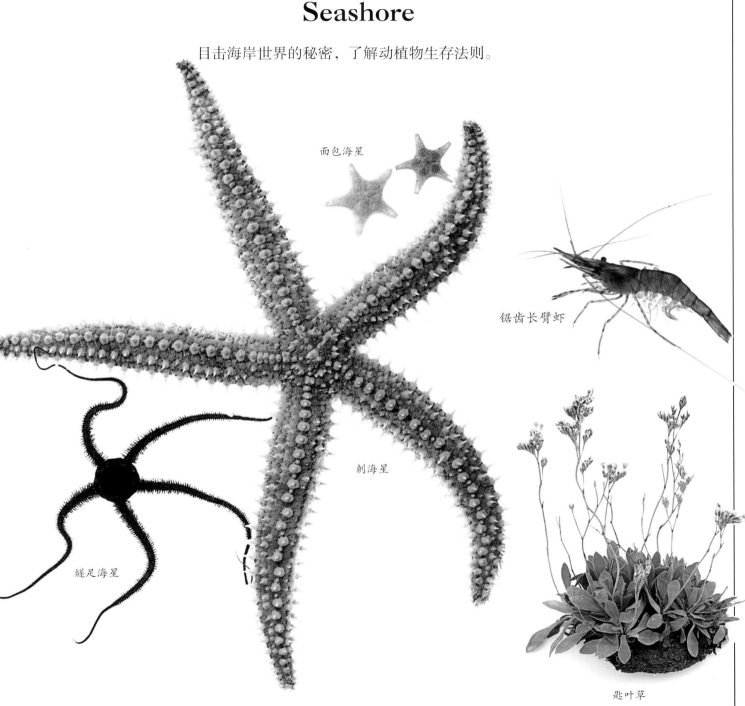

面包海星

锯齿长臂虾

蟛足海星

刺海星

匙叶草

海岸世界

我们的地球有三分之二的区域被水覆盖着。地球上的每一块土地，从最大的欧亚大陆到最小的太平洋岛屿，都有海岸。海岸线的总长度是个巨大的数值。然而相比之下，其宽度却几乎小到难以测量——通常只有几米宽。海岸十分特殊，因为它既是陆地的边缘，也是海洋的边缘。地球上没有相同的海岸线。每一块海岸的形成都受很多可变因素影响，比如潮汐、狂风、海浪、水流、气温和气候，以及当地的岩石类型。每一片海岸都生长着一些能够高度适应当地环境的动植物，它们以海岸为家。对于我们这些看惯了内陆动植物的人来说，这些海岸动植物有很多都很奇怪。本书探究了海岸世界的奥秘，并将描述海岸生物如何适应多变的环境。

塑造海岸线

谁是赢家
海水不断侵蚀着绵延的海岸。但与此同时，陆地也可能在慢慢地上升，这使得两者的力量更趋平衡。一些植被，比如滨草，能将它们的根茎与沙粒结合，形成可供其他植物生长的遮蔽处，从而有助于减轻沙丘所受的腐蚀。

数百万年来，海浪每时每刻都在拍打着海岸。海浪迎风而生，受风驱动，平静的天气下，它们可能只是些细微的涟漪，但是一阵轻风吹过，就会腾起层层洁白的浪花，继而拍向岩石或者沙滩。而在风暴起时，大浪则如巨锤，能将海岸上的一切拍为齑粉。海浪对海岸的侵蚀有三种不同的方式。第一种是浪花涌向海岸时以及消退时产生的液压。第二种是通过浪花拍打岩石产生的气压。它把困住的空气挤入到细小的狭缝中，久而久之狭缝变宽，悬崖底部岩石的结合处会形成通道，直达岩石顶端，形成气孔，海浪就从这些孔里喷射出来。第三种就是通过波浪侵蚀陆地。

磨石为沙
在海水的侵蚀作用下，大块的巨石逐渐变为岩石，岩石又变为小鹅卵石，就像这些石头一样，继而又成为沙粒，最后成为细小的泥沙颗粒。

惊涛骇浪
海浪冲撞海岸时，会施以巨大的能量。每几秒钟内冲击到海岸上的海水总重就能产生超过25吨每平方米的压力，这是我们站立状态下脚底压强的30倍。

潮汐
潮汐如时间一样，从不等人，尤其是那些来海边野餐的人，要特别注意水位的变化。

太阳　　　月球　　　潮波　　　地球

来自太空的力
海潮每天涨落两次，我们把海水的这种运动称为"潮汐"，它是由月球和太阳（后者影响较小）对地球上的水体施加的引力造成的。太阳与月球和地球位于一线（如上图所示）时，涨潮最为显著，此时潮汐出现最高值和最低值。

坚如磐石？

这种铺就海岸的岩石，是主宰着海岸线自然带的关键因素之一。坚硬的岩石、花岗岩、玄武岩和一些砂岩，都具有极强的抗腐蚀性，它们通常会形成巍峨的海岬或高大坚固的峭壁。海岬和峭壁上完全可以生长植物。

由正长石染成粉色的花岗岩

粗糙颗粒
花岗岩完全是一种岩浆岩，也就是说，当熔岩冷却，其中的多种矿物结晶，就形成了花岗岩。它产生的晶体相对较大，所以说花岗岩颗粒粗糙。

由矿物斜长岩染成白色的花岗岩

颜色多变
由于花岗岩备受海水与天气的侵蚀，它内部抵抗性差的矿物部分，比如说长石，就会转化成较软的类似黏土的物质。石英和云母矿物粒子就坚硬得多。它们从柔软的黏土中分离出来，最终可能会成为海岸上的沙子。

火山岛
非洲西北马德拉群岛上的这种熔岩上布满了小孔，这些小孔是在岩石固化时由里面的气泡产生的。

由冷却的玄武岩产生的六角形柱体

熔岩海岸
一些海岸是由深色的岩浆流形成的，比如夏威夷岛上的这些海岸。

陆地砂岩峭壁

天然柱体
玄武岩是另一种坚硬的岩浆岩。有时它会形成不可思议的几何形状的柱子，例如这个位于苏格兰西海岸的70米深的芬格尔洞，还有位于爱尔兰的巨人岬的巨人石道。

通向内陆之桥崩塌后形成了孤立的砂岩堆

曾经的海岸
在这种砂岩中，颗粒清晰可见。或许是远古时期，它们在海岸上沉积下来，黏合到一起，之后因为地壳的剧烈运动而提升，如今它们再次暴露在海岸峭壁上。

远古海洋形成的岩石

许多软性的岩石，比如白垩和石灰岩，从起源上来说都是沉积岩。动植物死亡之后形成了方解石上的微粒，这些微粒沉降在远古海洋底部，就形成了沉积岩。在此之后更多的微粒落到上面，那些底部的微粒就逐渐被挤压，并由化学物质黏合，形成了坚硬的岩石。

消失的悬崖
软物质（比如沙子、黏土以及其他松软微粒）构造的海岸会很快被海浪侵蚀，岸上的物质会被激流冲走。在一些海岸，人们会用木头建造防波堤，以防激流冲刷掉太多的沉积物。

海浪的作用
当海浪冲向海岬的时候，会发生转向，撞击到海岬的两边。由多种岩石结合在一起构成的海岬，比如说砂岩、石灰岩等，它较低的一边可能会被完全侵蚀，进而形成一个拱形。最后，它会变成塔形的石堆。

路的尽头
如果一片海岸的岩石松软易碎，那么海滨地区就会被大海吞噬。这条路本来通往一些房屋，然而现在那些房屋已化为海浪下的废墟。

海百合的茎

缓慢改变
这是在一个悬崖脚下发现的燧足海星化石。它生存于大约2亿年前，和现今的燧足海星很相似。

石头子弹
这些是箭石类动物，以及类似鱿鱼的史前软体动物的内壳化石。

纹状的"卵石"
坚硬的外壳可以形成完好的化石。这些"卵石"是腕足动物，与像鸟蛤一样的贝壳相似。在沉积岩中，它们很常见，这有助于判定岩石的年代。

触须花饰
这个花饰是海百合纲动物或海百合的化石床，它们生存于2亿年前。海百合纲动物与海星有着亲缘关系。

白色的悬崖

白垩是一种石灰岩，通常白得耀眼，它们可能会形成高大的悬崖。这里我们可以看出不同年代沉积下来的不同岩层。在悬崖脚下，可以发现一些由顶部腐蚀过的石块，其中还夹杂着一些卵石，这些卵石是由激流从海岸的其他地方冲来的。

沉降在远古海洋底部的白垩岩层

远古海洋生命

白垩是由微观海洋动植物的化石碎片构成的。较大的化石，比如软体动物的外壳，有时会嵌在里面。

凝固的泥土

页岩是一种软性岩石，比较容易分层裂开。如果暴露在海岸上，它们很快就能被侵蚀。包含已分解的海洋动植物遗骸的这种岩石叫作油页岩。对其加热，可以释放出某种原油。在不久的将来，油页岩可能会成为一种重要的自然资源。

石灰岩中的
贝壳化石

曾经的海床

有时，石灰岩会形成令人惊异的悬崖、拱石以及石堆。这是位于澳大利亚南部纳勒博平原上一处海拔200米的悬崖，它曾是一片海床。石灰岩是一种沉积岩，里面经常含有化石。

通过在海岸上与其他卵石摩擦，石灰岩卵石变得光滑。

海岸概况

没有完全相同的海岸。在海岸上，从陆地的边缘到海的边缘，我们会途经很多条带区域，每个区域都有自己特有的动植物，这些区域都需要海水覆盖，只不过覆盖的时间长短不一罢了。最高的区域要数浪溅带，它比潮水最高的水位还要高，适应盐碱环境的陆生动植物栖息于此。地衣在这里也有分布，此外还有少量海螺。浪溅带较低的地方通常开始出现藤壶，这是海岸上第一种真正意义上的海洋生物。下一个地带是潮间带，这个区域会因为海水定期的涨潮和退潮而暴露出来或淹没在海水之下。这个区域从藤壶开始，经海藻带一直延伸到低潮区，到了这里，稍大些的巨藻海草开始占主导地位。第三个宽阔的地带是潮下带，它从海带生长的边缘一直延伸到永久性的浅滩。

盐的影响日益显著
海水的影响从悬崖顶部至岩层不断增加。悬崖顶部不时会受风暴侵蚀，而岩层间则长期被喷溅，有时甚至被沉浸在永久淹没的潮下带。每个区域都有各自不同的动植物。

沙子黏合剂
海蚤缀蔓生的茎和根有助于固定沙子和卵石上松散的土壤。

朔望大潮高水位标志

高潮之最
每两周，月球、太阳就会和地球位于一线。此时，月球和太阳对海水的引力最大，导致海水的潮波也达到最大，这样就产生了最高潮和最低潮，也叫作朔望大潮。

平均潮高水位标志

平均潮高
靠上的海岸位于平均潮高标志附近及以下，也就是潮间带的上边缘。在一周内，潮高标志不断上升，最终达到朔望大潮水平，在接下来的一周内逐渐退回。在海岸上部，每个潮汐周期内，动植物通常都要被水浸没1~2个小时，而在朔望大潮期浸没的时间则可能更长。

长满藤壶的底部
藤壶具有柔软的肢体（右图），喜欢吸附在稳固的表面，包括轮船底部。然而这却给船只带来了一个大难题，因为它们会减缓船速。人们为此发明了防污涂料，这种涂料包含一些化学品，可以防止藤壶依附在船体上。

藤壶通过伸展柔软的肢体来捕获食物。

慢动作的争斗
帽贝在整个潮间带都有分布。一些物种守卫着领地以保护它们的食物——海藻构成的绿色花园。这里有一只浅色的帽贝误入了邻居的领地。领地的主人爬过去，把自己的壳挤到闯入者身下，于是帽贝落荒而逃。

藤壶

有弹力的草皮
在高潮水位印迹的正上方，缠结的草根能帮助固定土壤、防止水土流失。

海岸后方的缝隙和空洞里会堆积起许多小块的土壤

绚丽闪烁的水滴
多刺荆棘很常见且适应性强，一直沿着海岸的陆地边缘蔓延，并在夏末结出黑莓果。

黄色花朵
角状的罂粟生长出鲜黄色的夏季花朵，装饰了扁砾石、平沙地和悬崖。

茶渍衣的灰色嵌合体

灰绿色的树花丛

彩色岩石
高潮水位印迹周边及以上的岩石经常会长满美丽的彩色地衣。每种地衣所需的日光照射、浪花喷溅和暴露在空气中的时间都不一样。

石黄衣的黄色分枝

原壳玉黍螺

河道海藻是生长最高的海藻之一，通常生长在上海岸；如果定期受浪花浸润的话它甚至会高于高潮水位线

普通帽贝

疣苔的黑色斑点

最低高潮

与两周一次的朔望大潮交替的是小潮。当月球和太阳、地球呈直角时，它们的引力作用相互抵消，所以就没有极高或极低的浪潮。一些静止的生命体需要至少在涨潮时几分钟浸在潮水中，这样的生物无法生存在小潮高潮线以上。

小潮高水位标记

生长在海岸中下部的帽贝

残酷的舔食者

潮间带的海藻间分布着一种小脐孔钟螺，它们用其类似锉刀的舌头刮掉微小的藻类生物。

岸上的漫游者

食肉的狗岩螺在海岸的大部分地方游走，觅食贻贝和藤壶。

海藻的贪恋者

图中的绛丝钟螺正在舔食较低海岸上生长的海藻。

不湿脚

贻贝通常分布于河口和更裸露的岩石海岸，这些地方通常都在藤壶带以下的较低海岸。为了不湿脚，最好在春季低潮期采集贻贝。

固定附着

鞍牡蛎黏在较低海岸和近海岩石上。

牡蛎起子

欧洲刺岩螺掘开牡蛎、贻贝、藤壶的壳去吃其中的贝肉。

最高低潮

正如小潮涨潮时不会上岸很远一样，小潮退潮也不会退离海岸很远。小潮的潮差可能不到大潮潮差范围的一半。

小潮低水位标记

平均低潮

低海岸靠近并略高于平均低潮标记，处于潮间带的下缘。在小潮期，这里的生物时时刻刻是被淹没的。

平均潮汐的低水位线

棕色巨藻只有在大潮的低潮期才会暴露出来

藤壶带

远离庇护地，海岸会暴露在狂风巨浪中，海藻很难生存。所以，在布满岩石的海岸的上部和中部，藤壶取代了海藻，形成了一个独特的地带。在澳大利亚的一些海岸上，每平方米有12万多只藤壶。

藤壶

海上的食物

许多特定的动物，如偏顶蛤，依靠海洋为它们带来微小悬浮颗粒状的食物。

长满了藤壶和藻苔虫的贻贝表面

研究海岸的时机

研究岩石海岸的最佳时机是在大潮的低潮期。

居住在陆地边缘

从内陆到海岸，我们可以看出环境在变化。越靠近海，风就越大，因为在辽阔的海面上，风可以毫无阻挡地吹。强风吹过海浪，溅起微小的水滴，使得空气里弥漫着咸涩的味道。生长在海岸附近的植被必须能够抵御强风，而且如果处于浪溅带，还得能够对抗盐沫。

为了躲避强风的袭击，它们往往长得很矮小。对于那些生长在粗砾和多石崖顶上的植物，它们面临的另一个问题就是缺水。有些物种，比如说圣彼得草，叶子厚实丰满且表皮坚硬，这使它能够储存大量的备用水分。

陆地的边缘
世界上许多人居住在海岸附近。海岸越高，岩石越多，来这里的人就越少，这样的地方就会有更多的野生动植物。

岩生薰衣草
石海薰衣草是盐沼泽地区的匙叶草的亲缘植物，但它与薰衣草本身并无亲缘关系。

永恒的海石竹
海石竹生长成一个草垫，可以抵御狂风。干燥后，它仍会保留原有的颜色，颇受插花者的喜爱。

肉质叶

果实

岩石上的家
景天生长在岩石中间，形成浓密的草甸。开花之后，它们的花柄上会留下红褐色的果实。

海边的小白菊
小白菊长有类似雏菊的花朵和肉质叶。它于夏末开花，是荒地、粗砾、崩崖等石质地表所特有的植物。

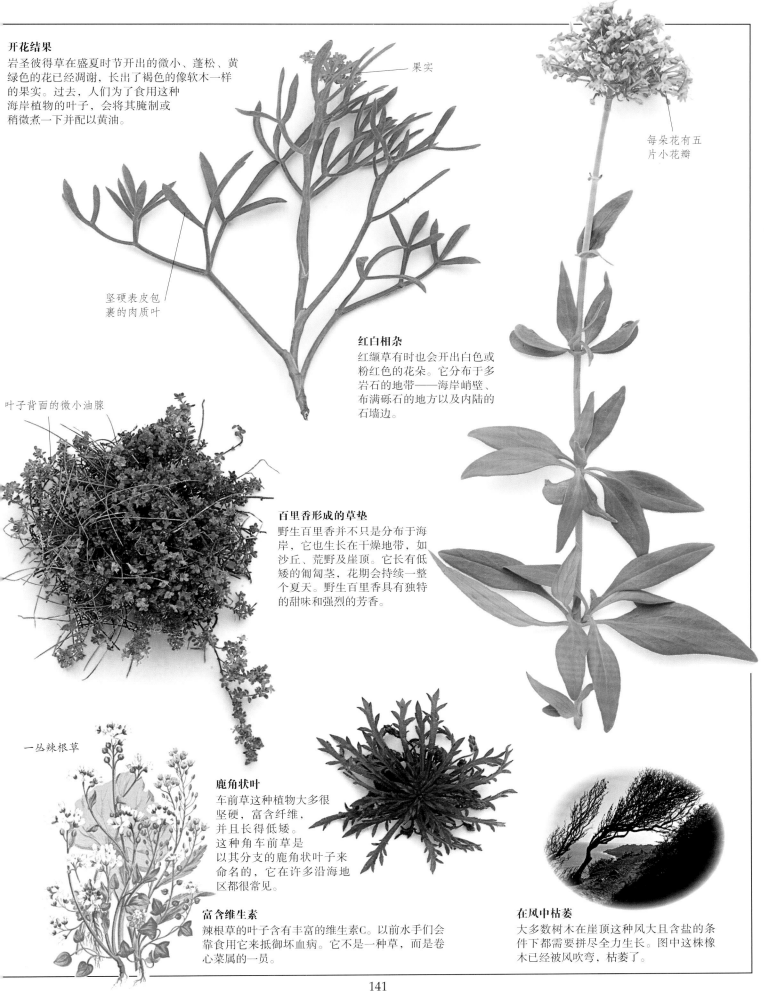

开花结果

岩圣彼得草在盛夏时节开出的微小、蓬松、黄绿色的花已经凋谢，长出了褐色的像软木一样的果实。过去，人们为了食用这种海岸植物的叶子，会将其腌制或稍微煮一下并配以黄油。

果实

每朵花有五片小花瓣

坚硬表皮包裹的肉质叶

叶子背面的微小油腺

红白相杂

红缬草有时也会开出白色或粉红色的花朵。它分布于多岩石的地带——海岸峭壁、布满砾石的地方以及内陆的石墙边。

百里香形成的草垫

野生百里香并不只是分布于海岸，它也生长在干燥地带，如沙丘、荒野及崖顶。它长有低矮的匍匐茎，花期会持续一整个夏天。野生百里香具有独特的甜味和强烈的芳香。

一丛辣根草

鹿角状叶

车前草这种植物大多很坚硬，富含纤维，并且长得低矮。这种角车前草是以其分支的鹿角状叶子来命名的，它在许多沿海地区都很常见。

富含维生素

辣根草的叶子含有丰富的维生素C。以前水手们会靠食用它来抵御坏血病。它不是一种草，而是卷心菜属的一员。

在风中枯萎

大多数树木在崖顶这种风大且含盐的条件下都需要拼尽全力生长。图中这株橡木已经被风吹弯，枯萎了。

海洋植物

羽毛状的复叶
许多结构精巧的红藻，如这种常见的海头红属，在被淹没时最容易被发现。红海藻为低海岸和浅滩增添了色彩。

分布在岸边以及海洋里的植物，与我们所熟悉的陆地上的花草树木完全不同。海藻是一个常用的术语，而且在很多海岸，它们的确像杂草一样到处生长。与花园里的杂草不一样，藻类不开花，不结籽，它们以各种方式繁殖。藻类的根、茎、叶与陆地植物的根、茎、叶不同。较大的海藻有叶柄及叶片，有时还有用于固定的根状基足。大多数藻类也缺乏在整个植物体内输送水和营养物质的"管道"网络，它们通过其表面直接从海水中吸取养分。

海藻所需的环境
海藻在水族箱中很难存活。虽然使用海盐能仿制出海水，但大部分海藻还需要依靠水的不断运动来提供新鲜的养分和氧气，另外还需要定期的潮汐。

绿丝带
浒苔属的几个类似物种在岩岸茁壮成长。它们也生长在河口或是有溪流流过的岩石间，这里有淡水汇入，降低了水的盐分。

浒苔

海岸入侵者
英国南部海岸、美国以及其他很多地方都发现有日本马尾藻。它可能是由从日本进口的牡蛎卵带来的。在一些地区，这种棕色的海藻正改变着海岸的生态环境。

日本马尾藻

丰富多彩的选择
滨鸟会吃海藻，如浒苔、石莼，也会捕捉在它们庇护下的小动物。有许多种鸟类，在退潮时通过在海草间觅食而生存。

生长在岩石中的红色羽毛状海藻
羽藻是一种深红色海藻，它通常附着在海岸中下部岩石间的阴暗处。它的主干不断分叉，形成一簇簇羽状饰毛。

夏季的标志
在春季和夏季,这种棕色的双叉藻会长出斑点状的肿胀的末端,里面包含生殖结构。该物种常见于中低海岸始终被水浸没的水洼中。

双叉藻

面包屑海绵
头发状的绵形藻海草附近的岩石上依附着一种深绿色的海绵。这是常见的面包屑海绵,它们生长在阴暗的沟壑中以及低海岸的巨石上。

生长在双叉藻上的红色海藻

绵形藻(左图)

水通过微小的孔进入海绵,并通过较大的可见孔排出

正在发育的肿胀的末端

沟状海草

标记高水位
上海岸的岩石上挂着看似干枯的沟状海草,这往往标志着高水位线的位置。这种植物因其叶片上分布有沟槽而得名。

多彩的珊瑚藻
海岸上分布着种类繁多的珊瑚草或珊瑚藻。这些红藻会形成白垩状的沉积物,生长在中海岸以下的岩石池塘和阴暗处。

珊瑚藻

毛发状海草
这是刚毛藻目的一种,这种头发状的带有分支结构的绿色海草在海岸附近十分常见。

羽藻

刚毛藻

各种颜色的海藻

海岸上最显眼的海藻通常是巨大的褐色海藻，我们称之为海草和海带。海草是坚韧的带状海藻，生长在高潮水位和低潮水位之间的海岸上。海水涨落时，一些物种用气囊来使其主体保持漂浮。海带具有更宽的刀状叶片，往往生长在低潮线附近及其下方地区。红藻一般比较小，喜欢在阴暗的由岩石构成的水池中或是更深的水域生长。它们含有一种红色素，即藻红蛋白，遮挡住了存在于所有植物中的叶绿素，能更有效地利用透过海水照射下来的昏暗阳光。

从高至低
在岩岸的同一水平带或区域都能发现海藻。在全世界，由绿色海藻、绿褐色海草、红藻或棕色海带等形成的条带状的布局，都有分布，只是物种有所变化而已。

肿胀末端
成熟的墨角藻都有包含生殖器官的肿胀末端。

气袋

气袋
有些种类的墨角藻沿着叶片中脉长有成对的大型气袋。然而其他种类，特别是暴露于海岸的那些墨角藻，则少有甚至是没有气囊。

锯齿状
海草

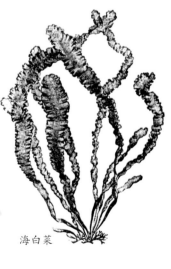

海白菜

海藻沙拉 *左图和上图*
海白菜看起来很像我们用来做沙拉的植物，它可以生长在许多不同地域，比如微咸的河口和海水中，甚至轻度污染海域。这种绿色海藻很常见。

齿状海草
齿形或锯齿形海草是以其叶片的锯齿状边缘而得名的。它是墨角藻的一种，但与其他墨角藻不同的是，它没有气囊。

盐中的糖
糖海带或糖海藻是一种存在于低水位及其以下的大型褐藻。它皱巴巴的叶子和波浪状的边缘很好辨认，而形成于干燥表面上的白色粉末带有甜味。

糖海带

长长的带藻
带藻生长于低水位附近，是一种革质带状的褐色海藻。其狭窄的叶片能长到3米多长。和许多海藻一样，它质地坚韧。

带藻

按钮状的底盘
按钮状或蘑菇状底盘是带藻生命周期中的一个阶段。在其生长的第二年，带状的叶子从这个底盘上生长起来，其中包含着生殖结构。

墨角藻

两种红海藻
角叉藻（左图）和掌状红皮藻（下图）是两种被商业化采收的红色海藻。角叉藻为果冻和肉冻提供凝胶，而红皮藻可以食用。

红皮藻

角叉藻

附着地

海草没有真正的根。大型褐色海藻这种粗糙的类根结构，确切地说应该被
称为基足。它们紧紧依附在岩石上，就像树根伸入土壤一样。与真正的
根不同，基足的小根不吸收水分或养分，而是由海藻的整个表面来吸
收。然而，基足在海岸上的确提供了庇护。正如树木保护林地内
部免受狂风暴雨与烈日的侵害，低岸的海带群坚韧的叶片和
吸盘也遮蔽了阳光，降低了风浪的力量。许多小型植物以
及不计其数的海滨动物就充分利用了海藻的庇护，把海
藻群内部当成它们平静的住所。美国加州海獭是太平洋海岸海藻床上
一种有名的生物。当它们在海面休息时，会利用海带叶片将自
己包裹起来以起到保护作用。

贻贝表明这种海藻
至少生长了好几年

紧紧依附
昆布有时也被称为森林海带，它们用基
足上手指般的细根紧附在岩石上。其他
的各色海藻也盘踞在这一小块石板上，
它们的基足已深入到岩石的每个缝隙。

扁平的海带寄居者
瓷蟹是一种滤食动物，它的步
足带有尖锐的刺，使其
能够轻松地抓牢光滑
的岩石或海藻湿滑的
基足。它扁平的身
体能够滑动到巨
石之下或基
足根部之间的凹
陷处。

瓷蟹

新生的昆布

切开的避难所
吸盘侧面（右图）的截
面，显示了其强硬和黏
性的结构。剖面中也出
现了一个微小的"洞
穴"，瓷蟹（上图）就
隐蔽在这里。

裙皱和裙饰

最有特色的一种棕色海藻是裙藻，其茎杆有着波浪状边缘，分支为扇状叶片，叶片可长到2米甚至更长。

裙藻

中空的底部

晾晒海产品

海藻营养丰富，尤其富含某些维生素和矿物质，比如碘。在许多地区，海藻经常被当作一种蔬菜食用，或是磨碎用作佐料。在日本，人们养殖海带和紫菜，晒干后当作昆布和海苔来销售。

基足的小根

植物还是塑料?

和其他大型藻类一样，裙藻生长在低潮水位及以下的地区。其膨胀的基足覆盖着疣样的物质，类似包装里填充的泡沫塑料。这种植物属一年生植物。

与海浪拔河

这个基足帮助来自新西兰的巨藻固着起来。整个植物长达几十米。波浪和水流拉拽巨型叶片的力量非常大，所以基足必须能够应对这一挑战。新西兰海域记录到的海藻品种已经超过600个。

伶牙俐齿

蓝光帽贝是一种依附在海带上的很常见的食草动物，它会啃食掉海藻本身和任何有壳的动植物。

海带上生长的红藻

☞ 这个海藻的其余部分见下页。

基足中空处的瓷蟹

海带清扫者

这种常见的海胆是在岩石和海草间觅食的多种海岸生物之一。利用其强大的颌骨,海胆将岩石和海带叶柄刮干净,同时吃掉微小藻类和定居于此的动物。

叶片基部分裂
长成叶状体

海带的柄

巨型海草

巨藻或巨型海带来
自加利福尼亚州,该地也
是海獭栖息地。在良好的条件
下,某些巨型海带可以每天生长1米,
并最终达到100米长。

叶片末端腐烂

被动物咬后的伤口上
形成了疤痕组织

沿海赛艇运动员的桨
可能会被海带缠住。

**花边
状垫子**
一些海带
上可以看到精
致的花边，这就是
藻苔虫。每个藻苔虫都包
含许多微小的生物，它们生长在
微小的石灰质容器里。

狗鲨在海藻间产卵。

岸边的贝类

在海岸边，生长在贝壳里的动物大多是软体动物。软体动物是一个数量巨大且种类繁多的群体，在世界范围内种类已超过12万种。典型的软体动物有着非常柔软的身体、用来爬行的有力的足以及坚硬的外壳。但是其形态非常多变。在海岸上，这个群体包括腹足动物，如帽贝、鲍鱼、马蹄螺、滨螺、海螺、蛾螺以及芋螺。大多数可食用的软体动物是蚌类，蚌类包括鸟蛤、贻贝、扇贝、牡蛎和竹蛏。海参、枪乌贼以及章鱼也属于软体动物。

卖贝壳的女孩
贝壳美丽、坚硬，人们把它当成珠宝，或是做成装饰品。在一些沿海地区，某些贝壳也被用作货币。

八个相连的贝壳片

铁牙齿
石鳖常见于岩石海岸，然而当它们与岩石混在一起时却很难辨别。这种生物来自印度洋，生活在中海岸并以海草为生。它的小牙齿上覆盖着一层坚硬的含铁的物质，可以防止牙齿磨损。

条纹和斑点
钟螺的贝壳呈锥形，上面长着一些条纹和斑点，栖息在岩石区的水潭中，是一种非常鲜亮而常见的动物。

珍珠似的内侧
鲍鱼以其壳内漂亮的散发着彩虹光泽的珍珠母为人们所熟知。钟螺和帽贝这些亲缘动物以藻类为生，它们本身也是一种美味。

体内废水通过这些孔排出

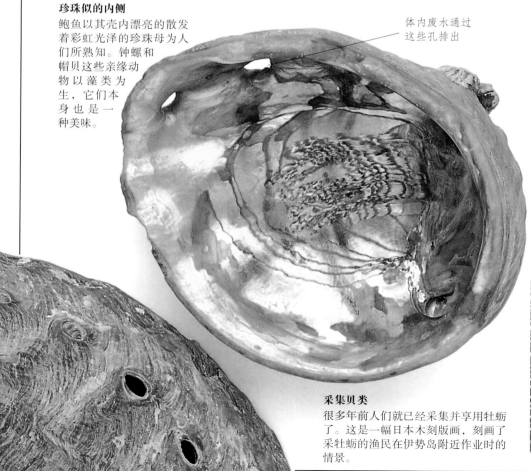

底部的光泽
蛇头状的宝螺在印度洋和太平洋的很多海岸（澳大利亚南海岸除外）都很常见。宝螺以岩石和珊瑚礁外沿的藻类为食。

采集贝类
很多年前人们就已经采集并享用牡蛎了。这是一幅日本木刻版画，刻画了采牡蛎的渔民在伊势岛附近作业时的情景。

带有花纹的陀螺
单齿螺也是一种来自印度洋的图案鲜明的钟螺。钟螺属于腹足软体动物。

海岸食草动物
很多热带海岸都有蜒螺。这里展示的蜒螺来自加勒比海，生活在中海岸区。这些腹足动物都是食草动物，它们从岩石、海草根部和大型藻类身上刮取食物。

生食带汁牡蛎
牡蛎的两扇贝壳由一块强健的肌肉组织控制，闭合得非常紧，要想吃到肉，必须用小刀将贝壳撬开。

用于撬开藤壶板壳的脊刺

肉食性峨螺
一些狗岩螺形似蜗牛，然而智利狗岩螺却更像长着大脚的帽贝。它们在南美太平洋海岸的中低岸边巡逻，捕食藤壶和贻贝。

过滤海水
　　不同的地区有不同种类的牡蛎。这个岩石牡蛎自己粘在了岩石上，通常牡蛎用右侧的贝壳粘贴岩石。和很多双壳贝类一样，牡蛎也是一种滤食动物。

海岸食肉动物
跟蜒螺（上图）一样，狗岩螺也是腹足动物，但不同的是，它们食肉。这个物种来自北美西海岸，利用它的脊刺来撬开藤壶的板壳，从而享受其中的美味。

长着飞镖的软体动物
来自印度洋和太平洋的斑芋螺是一种潮间带物种，是腹足类动物中的一个大群体。

捕食蠕虫的峨螺
红嘴核果螺是另一种狗岩螺，因贝壳的"嘴"泛红或开口而得名。这个物种来自印度洋–太平洋地区，以低海岸区的蠕虫为食。

欧洲的梭螺比热带地区的梭螺要小，它主要捕食低海岸区的海鞘。

海鲜
在这幅由19世纪美国画家温斯洛·荷马所画的烤蛤的画中，人们在烧热的石头上铺上海草，然后在上面烤蛤蜊。

保护贻贝
像很多可食用亲缘动物一样，绿色的贻贝靠强劲的足丝将自己附着在岩石和桩上。

用根茎抓握

鹅藤壶经常会被冲到岸边，它长有坚韧的茎秆，能抓住像木头、浮石一样的悬浮物。这些甲壳类动物生活在海上，与岸边被岩石包围的亲缘生物一样，靠过滤水里的食物颗粒为生。

紧抓岩石

多岩石的海岸是最严酷的栖息地，那里不断有海浪重重地拍打着岩石。于是很多潮间带生物进化出坚硬的外壳，这样不仅可以保护自己免遭捕食，也可以免遭太阳的毒晒。一些软体动物，如帽贝，有着很薄的贝壳，对海浪的抵挡力很小；而玉黍螺的贝壳则厚实、坚硬且呈圆形，因此一旦被剥离，它会很快盘卷起来躲避到沟壑中。另一种有助于生存的办法就是具备良好的抓固力。海星和海胆都有数百只细小的"管足"，而帽贝和海蜗牛只有一只庞大的"吸足"。

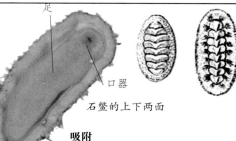

石鳖的上下两面

吸附

锁子甲和石鳖的宽足能够将身体固定在岸上。这种软体动物还能把长有肉的肥厚的贝壳压在石头上，形成密封空间，然后抬起身体内部，将自己吸附在岩石上。

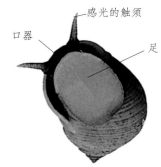

用脚固定

常见的长有五个对称腕的海胆是海星的表亲。它们的底部球窝式关节处斜长着一些庞大的刺，可以保护它们免遭捕食者的抓捕。它们可以用长管状的足将自己固定在岩石上，拽着自己前进。

封住岩缝

低海岸的玉黍螺很久以来就已经是人们的盘中餐了。同陆地的亲缘动物蜗牛一样，玉黍螺用分泌的黏液膜做润滑剂，靠强劲有力的肉足前行。不"行走"时，它通常潜身在缝隙沟槽里，用黏液将贝壳和岩石间的缝隙封起来。

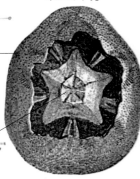

海胆的甲壳

管足穿过的孔

海胆内部

这里显示的是没有刺、没有外皮的图案精美的海胆内壳。海胆用来咀嚼海藻和硬壳动物的牙齿由五个杠杆运作，这个运作系统叫亚里士多德提灯（海胆口器的别称）。

嘴（海胆的口器）

固定用的管足

普通海胆的底面

在水中搜寻的管足

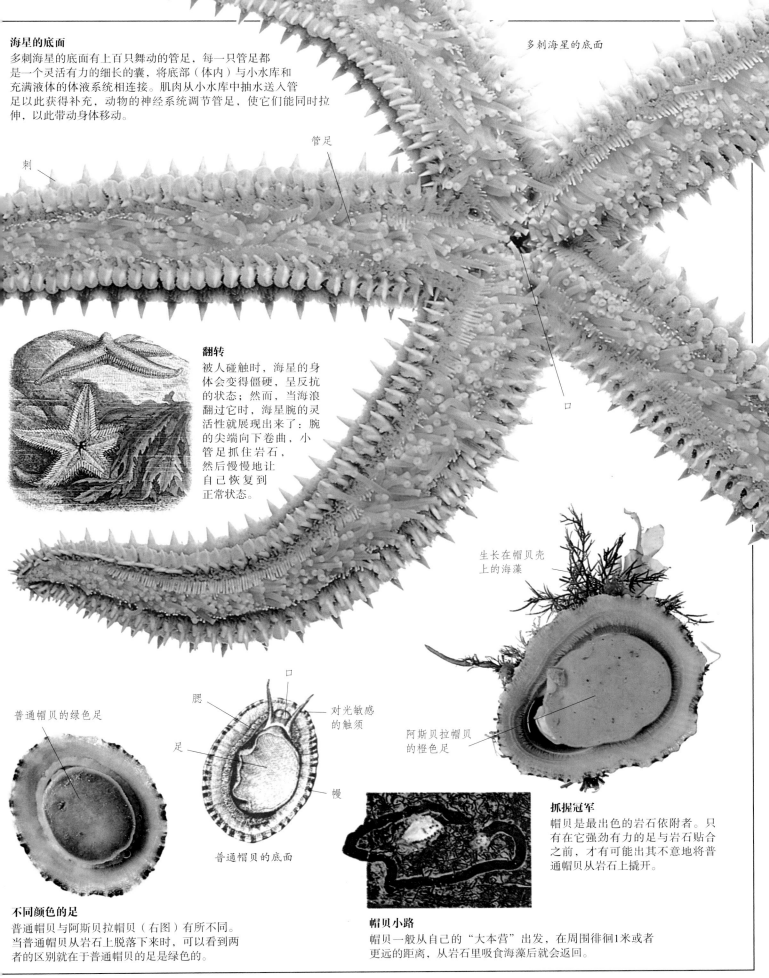

海星的底面

多刺海星的底面有上百只舞动的管足，每一只管足都
是一个灵活有力的细长的囊，将底部（体内）与小水库和
充满液体的体液系统相连接。肌肉从小水库中抽水送入管
足以此获得补充，动物的神经系统调节管足，使它们能同时拉
伸，以此带动身体移动。

刺

管足

口

翻转

被人碰触时，海星的身
体会变得僵硬，呈反抗
的状态；然而，当海浪
翻过它时，海星腕的灵
活性就展现出来了：腕
的尖端向下卷曲，小
管足抓住岩石，
然后慢慢地让
自己恢复到
正常状态。

生长在帽贝壳
上的海藻

普通帽贝的绿色足

口

腮

足

对光敏感
的触须

幔

阿斯贝拉帽贝
的橙色足

普通帽贝的底面

抓握冠军

帽贝是最出色的岩石依附者。只
有在它强劲有力的足与岩石贴合
之前，才有可能出其不意地将普
通帽贝从岩石上撬开。

不同颜色的足

普通帽贝与阿斯贝拉帽贝（右图）有所不同。
当普通帽贝从岩石上脱落下来时，可以看到两
者的区别就在于普通帽贝的足是绿色的。

帽贝小路

帽贝一般从自己的"大本营"出发，在周围徘徊1米或者
更远的距离，从岩石里吸食海藻后就会返回。

岩石区潮池

岩石区潮池就是自然界的一个缩影，它是一个特殊的栖息地，植物和动物在其中共同生活。这里有各种各样的植物，从几乎覆盖所有赤裸表面的一薄层显微藻类，到漂积海草和其他大型海草。这些植物从太阳中汲取光能，从海水里获得养分。它们为海螺、帽贝及其他草食动物提供食物。肉食类动物，诸如海星、小鱼、峨螺以及其他生物则以这些草食类动物为食。还有蟹类、虾和其他食腐动物，它们的食源既有植物也有动物。过滤海水觅食的生物，如藤壶和贻贝，吃的是一些小型动植物以及少量稍大型的死去已久的生物体的碎屑。

自然研究
博物学家一直非常着迷于岩石区潮池。19世纪的英国博物学家菲利普·戈斯研究了英格兰西南部德文郡的海岸生物。

带状卵
海兔在春天和夏天爬到岸边啃食海草，并产下紫红色的、带状的卵。

海蛞蝓
岩石区潮池偶尔也会困住一些蛞蝓类的生物，比如这个生长在太平洋关岛的高泽海麒麟。它们叫海蛞蝓，属于无壳软体动物，背部有羽毛般的毛撮，能从海水中吸收氧气。

触须像兔子的耳朵？
海兔并不是真正的海蛞蝓，因为在它背部的褶皱下隐藏着一层非常薄且灵活的贝壳。

循环利用的刺
一些海蛞蝓身上带有毒刺细胞，这些毒刺细胞是从它们吃掉的海葵中吸收而来的。

海绵食客
海柠檬的身体呈黄色且有斑点，它以象耳海绵为食。

警告
很多海蛞蝓的颜色鲜亮，这其实是在警告潜在的捕食者，它们并非美味。

大黑背鸥在岩石区潮池上盘旋着，用它强劲的喙刺戳着所有可以食用的东西。

一只普通海星一边举起它敏感的触须头探路，一边搜寻着隐蔽、安全的缝隙。

一只绒梭子蟹蜷缩在岩石凹处的大卵石中，希望能在从沉下来的食物碎屑中找些吃的，并且不被发现

静止的猎物
用丝足牢牢粘在岩石上的贻贝，是这些行动缓慢的赭色海星的"活靶子"。像这样的长带状岸池可能会形成一个夹层，软岩层如同三明治一般被夹在硬岩层之间。

海水带来了什么
随着每次海潮的退去，岩石区潮池平静下来，一些食腐动物，比如梭子蟹，就会从洞口或者缝隙中探出头来，看看海水给它们带来了什么。

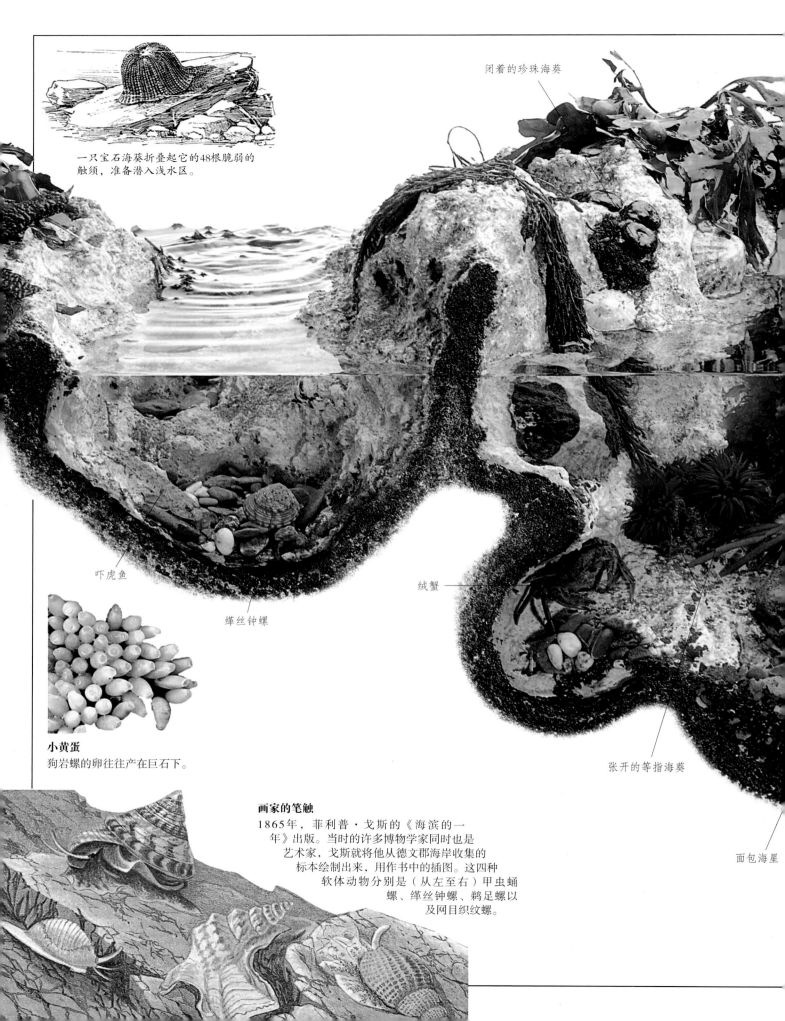

一只宝石海葵折叠起它的48根脆弱的
触须，准备潜入浅水区。

闭着的珍珠海葵

吓虎鱼

缂丝钟螺

绒蟹

张开的等指海葵

面包海星

小黄蛋
狗岩螺的卵往往产在巨石下。

画家的笔触
1865年，菲利普·戈斯的《海滨的一
年》出版。当时的许多博物学家同时也是
艺术家，戈斯就将他从德文郡海岸收集的
标本绘制出来，用作书中的插图。这四种
软体动物分别是（从左至右）甲虫蛹
螺、缂丝钟螺、鹅足螺以
及网目织纹螺。

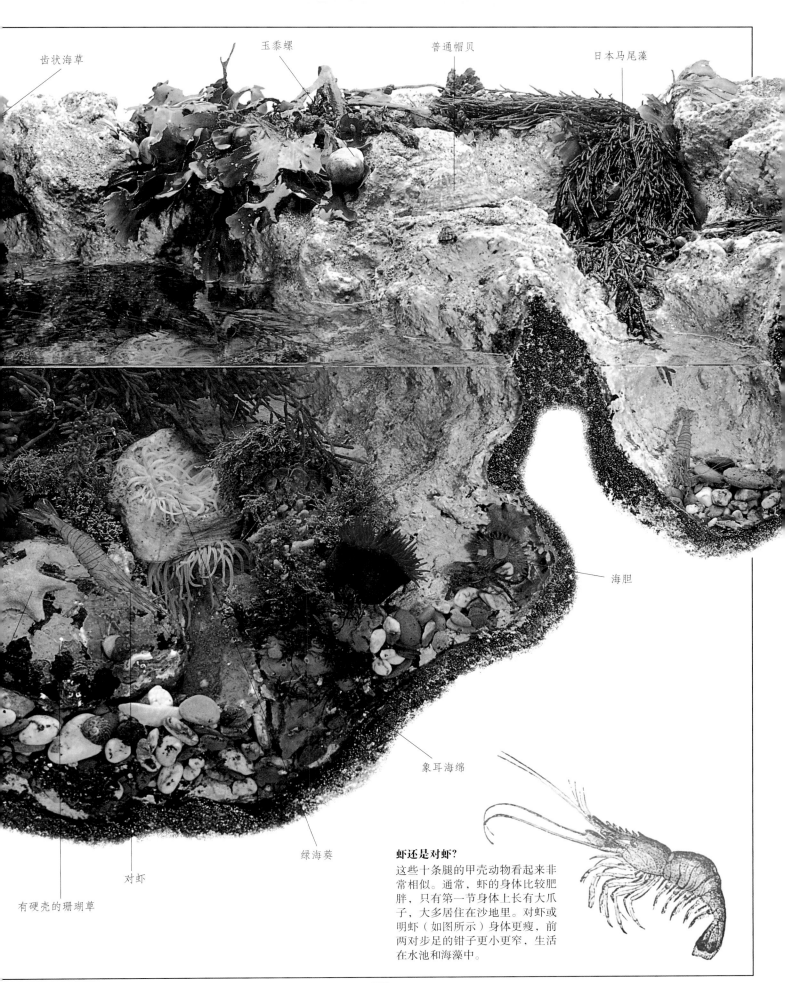

齿状海草

玉黍螺

普通帽贝

日本马尾藻

海胆

象耳海绵

绿海葵

对虾

有硬壳的珊瑚草

虾还是对虾？
这些十条腿的甲壳动物看起来非常相似。通常，虾的身体比较肥胖，只有第一节身体上长有大爪子，大多居住在沙地里。对虾或明虾（如图所示）身体更瘦，前两对步足的钳子更小更窄，生活在水池和海藻中。

潮池鱼

一些小动物，如生活在潮池中的小鱼，它们的生活充满了危险。如果下了大雨，小水池内的海水被稀释，因此在几个小时内，小鱼必须调整自身的化学性以适应盐浓度的降低。在一个小时内，太阳就可以把清凉的水池变成温水浴场，迫使动物离开水池，在阴凉潮湿的岩石下寻找避难所，以免中暑。低潮时，海鸥会趁着回潮到来之前啄食潮池中的动物，返回潮带来的波浪可能会卷动巨石而碾压到一些小动物。鱼类捕食者是一个持久的威胁：康吉鳗潜伏在裂缝中，饥饿的鲈鱼随潮而入，将所有游荡者迅速吞入腹中。

轻轻地摆动鱼鳍

虾虎鱼家族大约有1500个物种，它们大多居住在岸上，身体小而扁平，长相凶恶。这些是沙虾虎鱼，它们轻轻摇摆一下鱼鳍就能沉入沙中。

危险进行时

许多海滨鱼非常善于伪装，岸上的行人根本看不见它们，行人的靴子还没落地它们就已经四散逃窜了。

洞穴之家

多鳞鳚是常见的鳚鱼，也是温带水域最常见的海岸鱼之一。同许多邻居一样，它们扭动着身体，拨开杂草和岩石碎片，在石头下和裂缝中安家。

背鳍中间独特的斜面

背鳍基部上的暗点

像鳗鱼一样

岩鳚的后背上有一些独特的斑点，并且身体黏滑。它们生活在北美大西洋沿岸，从美国一直延伸到英国和欧洲大陆。

向上看

与许多其他鱼类相比，海滨鱼的眼睛更靠近头顶，这使它们能够观察到上空的捕食者，如海鸟。

多鳞鳚

岩鳚

鲶鱼

金色的斑点

背鳍前面和尾巴上方的黑斑点将其与梳隆头鱼区分开，梳隆头鱼是纷繁多样的隆头鱼成员之一。体型大的，长度能达到20厘米。

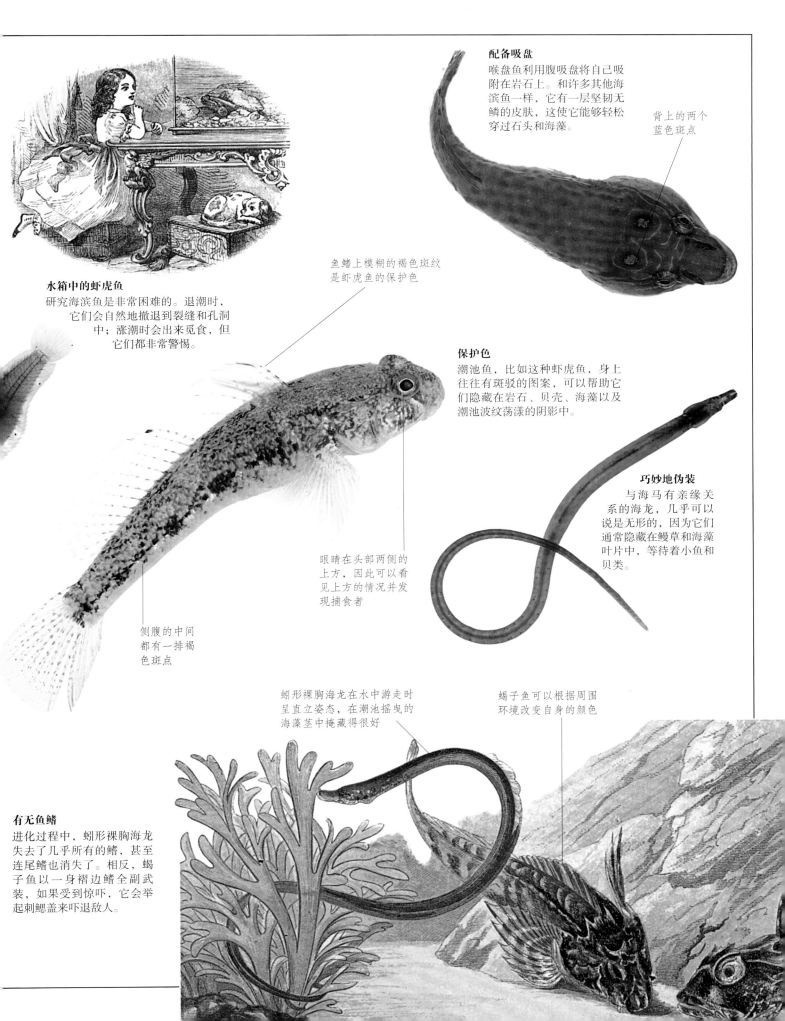

配备吸盘
喉盘鱼利用腹吸盘将自己吸附在岩石上。和许多其他海滨鱼一样，它有一层坚韧无鳞的皮肤，这使它能够轻松穿过石头和海藻。

背上的两个蓝色斑点

水箱中的虾虎鱼
研究海滨鱼是非常困难的。退潮时，它们会自然地撤退到裂缝和孔洞中；涨潮时会出来觅食，但它们都非常警惕。

鱼鳍上模糊的褐色斑纹是虾虎鱼的保护色

保护色
潮池鱼，比如这种虾虎鱼，身上往往有斑驳的图案，可以帮助它们隐藏在岩石、贝壳、海藻以及潮池波纹荡漾的阴影中。

巧妙地伪装
与海马有亲缘关系的海龙，几乎可以说是无形的，因为它们通常隐藏在鳗草和海藻叶片中，等待着小鱼和贝类。

眼睛在头部两侧的上方，因此可以看见上方的情况并发现捕食者

侧腹的中间都有一排褐色斑点

蚓形裸胸海龙在水中游走时呈直立姿态，在潮池摇曳的海藻茎中掩藏得很好

蝎子鱼可以根据周围环境改变自身的颜色

有无鱼鳍
进化过程中，蚓形裸胸海龙失去了几乎所有的鳍，甚至连尾鳍也消失了。相反，蝎子鱼以一身褶边鳍全副武装，如果受到惊吓，它会举起刺鳃盖来吓退敌人。

像花一样

绽开准备进餐
美丽却致命：成群的海葵挥舞着的触须林对小型的海洋生物来说是一个危险之地。

海葵是海岸边令人惊奇的"花"。它们是一种空心、胶状的动物，属于腔肠动物或刺胞动物的一种。它们的"花瓣"其实是一种触须，上面有专门捕食猎物的刺细胞，触须向内延伸到口。如同花朵一样，海葵进化出了许多美丽的颜色。另一显著特点就是很多海葵可以移动，只不过移动得很缓慢。某些种类的海葵会在沙子和砾石中挖洞穴，而另一些则会滑动到岩缝中，只把触须露在外面。潮水退却后，岸上的大多数海葵会收起它们的触须，缩成一团，以避免被晒干。

扇贝

身体中部的口

海中红绿灯
等指海葵颜色斑斓，包括红色、黄色和绿色。潮水退去后，它们折叠起触须，看上去就像散落在岩石上的蔓生的酒胶糖。当它们完全长大后，有大约200根触须。

席卷大海
扇形蠕虫有时会被误认为是海葵，其实它们属于另一种不同的群体——环节动物。"扇子"上的触角从水里过滤小的食物颗粒，当受到危险威胁时，它们会立刻缩进管状体中。

瑕疵还是美丽？
这种生物身体上的疣突，使其有了一个俗名——疣海葵。

包裹在岩石上的珊瑚藻

"茎秆"上的"花"
从这张淡灰色等指海葵的侧视图中可以看到它粗短的"茎秆"（身体）与基部周围的彩虹色光泽。

轻柔的翎羽
羽状或褶状的海葵有棕色、红色或白色，可长到30厘米高。其羽毛状的触角可以捕捉非常小的食物碎屑，通过抖动细微纤毛将食物送入口中。

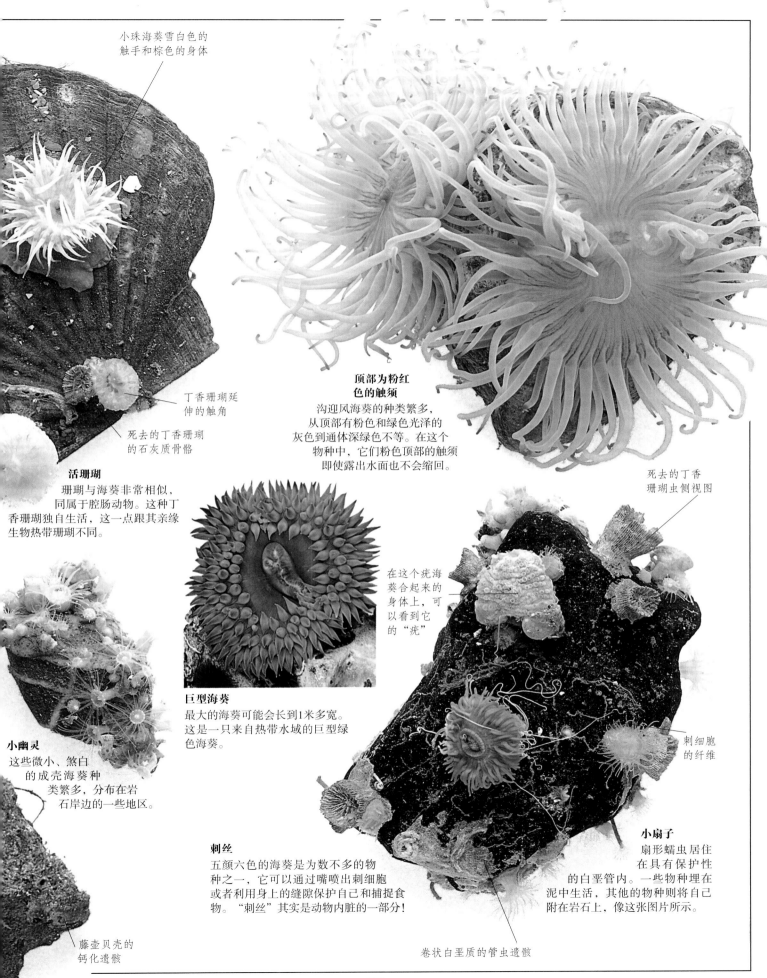

小珠海葵雪白色的
触手和棕色的身体

丁香珊瑚延
伸的触角

死去的丁香珊瑚
的石灰质骨骼

活珊瑚
珊瑚与海葵非常相似，
同属于腔肠动物。这种丁
香珊瑚独自生活，这一点跟其亲缘
生物热带珊瑚不同。

**顶部为粉红
色的触须**
沟迎风海葵的种类繁多，
从顶部有粉色和绿色光泽的
灰色到通体深绿色不等。在这个
物种中，它们粉色顶部的触须
即使露出水面也不会缩回。

死去的丁香
珊瑚虫侧视图

在这个疣海
葵合起来的
身体上，可
以看到它
的"疣"

巨型海葵
最大的海葵可能会长到1米多宽。
这是一只来自热带水域的巨型绿
色海葵。

刺细胞
的纤维

小幽灵
这些微小、煞白
的成壳海葵种
类繁多，分布在岩
石岸边的一些地区。

刺丝
五颜六色的海葵是为数不多的物
种之一，它可以通过嘴喷出刺细胞
或者利用身上的缝隙保护自己和捕捉食
物。"刺丝"其实是动物内脏的一部分！

小扇子
扇形蠕虫居住
在具有保护性
的白垩管内。一些物种埋在
泥中生活，其他的物种则将自己
附在岩石上，像这张图片所示。

藤壶贝壳的
钙化遗骸

卷状白垩质的管虫遗骸

触须和刺

腔肠动物（如水母、海葵、珊瑚）属于海滨有刺动物。这些动物没有大脑，也没有眼睛和耳朵等复杂的感觉器官。它们不能快速行走，所以无法逃避敌害，也无法追赶猎物。对于它们来说，最好的防御和攻击武器就是触须里的微小刺细胞。每个细胞内部都有一个刺丝囊，其中包含一根很长的盘绕的线。在一些物种中，这些刺含有毒液。受到触碰，或在某些化学物质的刺激下，线就会猛然弹出，用刺将猎物钩住或者向其注入毒液。有些水母的毒液毒性极强，游泳的人碰到它会非常痛；甚至在它死了之后被浪冲上岸，它的刺依然很活跃。

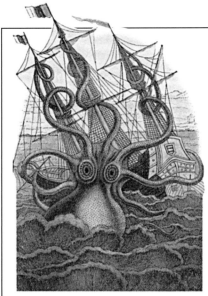

克拉肯水怪
北欧传说中的海怪克拉肯，一眨眼的工夫就能吞噬掉船只和所有的船员。克拉肯海怪与乌贼非常相似，这是一种软体动物。大西洋巨型乌贼可长达15米（包括触手）、重达2吨，它们的遗骸有时会被冲上岸。

普通对虾

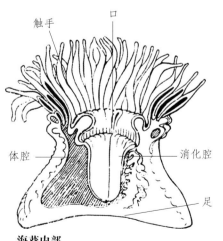

海葵内部
海葵以及它们的亲缘动物腔肠动物，都属于构造简单的生物。一圈触须围绕在嘴周围，嘴通向体内的消化腔。猎物被推入消化腔，经消化和吸收后，残骸仍然通过嘴排出体外。

触手
口
体腔
消化腔
足

卷曲的长丝
射出的长丝
未射出的刺丝囊
射出的刺丝囊

刺线
在显微镜下可以看到腔肠动物微小的带刺的细胞。当细胞受到触碰或被某些化学物质触发时，其内部的流体压力迅速增大，迫使线状细丝射出。一些细丝上带刺，另一些则含有毒液。

对虾点心
这个沟迎风海葵正在捕捉一只对虾，送入口中。触须中带钩的刺细胞可以协助制服猎物并令其瘫痪。当虾被拖入海葵胃中后，会有更多的蜇刺将它分解。

显微镜下的毒刺

簇枝螅等水螅类动物类似小海葵，在群落里生长。它们在水下的海藻、岩石和木头上形成了毛茸茸的一层。每个个体都有一根棉线般粗的茎秆。

绿色沟迎风海葵

海葵从口中喷出刺细胞枪丝来保护自己

海之星

几乎所有的海岸都有海星存在——以及它们的亲缘动物，如燧足海星、海胆、海参等。这些生物属于棘皮类动物，已经存在了约5亿年。身体上不带刺的海星由坚硬的石灰质鳞片形成的外部骨骼保护，这些石灰质鳞片嵌在其粗糙的皮肤下。棘皮动物的种类超过6000种，比哺乳动物多出2000多种。但是由于这些生物都生活在海里，因此大多数人对它们比较陌生。它们看起来也很奇怪，因为按照它们的身体构造，其"前肢"是从一个中央点呈放射状排列的。

瞩目焦点
闪闪发光的聚光灯映在潮池的表面，照耀着海岸上的海星。这个"长有褶皱的香肠"（右上）是个海参。它是海星的近亲，嘴周围的肢干其实都是触角。

棘手的问题
冠棘海星以珊瑚为食。它们的数量有时会急剧增加，对一些地方，如澳大利亚的大堡礁，造成很大伤害。这到底是属于自然周期，还是由于污染引起的，目前尚不清楚。

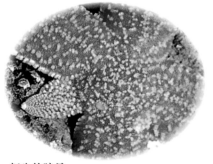

新生的腕足
海星的腕如果被海浪中的巨石压碎或被捕食者弄伤，它可以将其丢弃，然后长出一个新的腕。事实上，如果中盘的大多数软骨层是完整的，剩下的一只腕足可以长出四个新腕。

感光的肢体顶端经常会抬起来"看路"

棘海星

蜿蜒运动
燧足海星从岸池迅速滑过时，会抛出它脆弱的蛇状外形的武器。这些武器非常脆弱，容易断裂，但燧足海星还能长出新的武器来。

燧足海星

看见红色
在岩石海岸偶尔可以看到红色的海星，鲜艳的红色标记使其不愧于当地人给它起的"血腥亨利"的称号。

猩红色海星

贻贝大餐
普通海星捕食软体动物，如贻贝。它用"管足"包裹住猎物，然后逐渐拉开两扇壳，伸出肠胃来消化猎物的柔软部分。

包在刺中
多刺海星身体僵硬且肌肉发达，属于海岸边较大的物种。每个钙质脊柱的周围都环绕着一些小钳子般的器官。多刺海星用它们来摆脱寄生虫和其他杂物。

普通海星

通常为橙色
许多常见的海星都是橙色的，但也有一些是棕色、红色，甚至是紫色的。这些生物经常频繁地变换颜色。

搁浅滞留
大多数海星生活在海岸较低处或者在更深的水域里。除非潮水重新涨起来，否则这些被海浪冲到岸上而搁浅的海星可能就无法存活。

饥饿的小海星
小的面包海星，或者称为"小明星"，它们对捕捉肉类食物的贪婪并不比燧足海星以及岸上的蠕虫等吞食小软体动物的大型亲缘动物要弱。

藜海星（右图）

普通太阳海星（下图）

长蹼的四肢
虽然藜海星看起来像一个五角的橡皮膏，但它却是一个非常积极的捕食者，主要捕食甲壳类动物、软体动物和其他海星。

太阳的十二道光芒
这种常见的海星（右图）有12条腿，然而长有8条或者13条腿的海星也并不少见。像藜海星，它会捕食其他棘皮类动物，如普通海星。

蛀虫和建设者

20世纪20年代末，加州海岸的码头安装了钢梁和桩。约二十年后，一厘米厚的钢板上布满了蜂巢一样密密麻麻的孔。其罪魁祸首就是北美紫海胆。这种动物同岸上很多其他动物一样，通过在海岸上钻洞来躲避海浪、捕食者、阳光及寒冷。沙子和泥比固体岩石更容易松动，因此其中会包含许多挖洞的动物，如竹蛏、海扇壳、长蛤、蛤蚌和樱蛤。然而，即使在多岩石的岸上也有一些挖洞的生物，它们通过挖洞刮洞，把自己嵌入岩石中。

岩石里的藏身洞孔
寄居在岩石中的海胆，在爱尔兰西南部的巴伦石灰岩海岸一带钻出了很多孔。未被占用的孔将大海席卷来的鹅卵石收集起来，不断冲刷，使孔进一步变大。穴居岩石的海胆和软体动物通过这些方式对海岸进行侵蚀。

石灰石中的海枣贝

溶解石头
地中海海枣贝是少数可以将自身嵌入坚硬岩石中的软体动物之一。贻贝散发出一种化学物质可以蚀入岩石，而不是像海笋一样利用身体磨蚀侵入岩石。这种软体动物的学名叫石蛳。

年轮

建造家园
好几种海洋蠕虫都在自己的周围做管子，主要是为了保护柔软的身体。蛰龙介（左）操纵它的触角，用胶水将它们与身体分泌的黏性微小颗粒粘在一起。龙介虫（中）做出一条白垩质喇叭状的管。风扇蠕虫（右）做出的管子在低岸沙滩上伸了出来。

泥岩里的海笋

坚石中的囚犯
海笋的外壳与用于石油钻井的钻头十分类似。这种软体动物通过晃动它的两扇贝壳瓣，能在坚硬的岩石中钻孔。两根长长的可以伸出洞口的肉质管叫虹吸管。一根虹吸管吸入海水以提取氧气和食物，而废弃物和岩屑则通过另一根虹吸管排除。

搜集食物的羽状触须

三角管
龙骨蠕虫是另一种建造管子的海洋蠕虫。它们的白垩管有一个"龙骨"或边缘，以便它们呈现三角形截面。其羽状触须可以从海水中搜集微小食物颗粒。

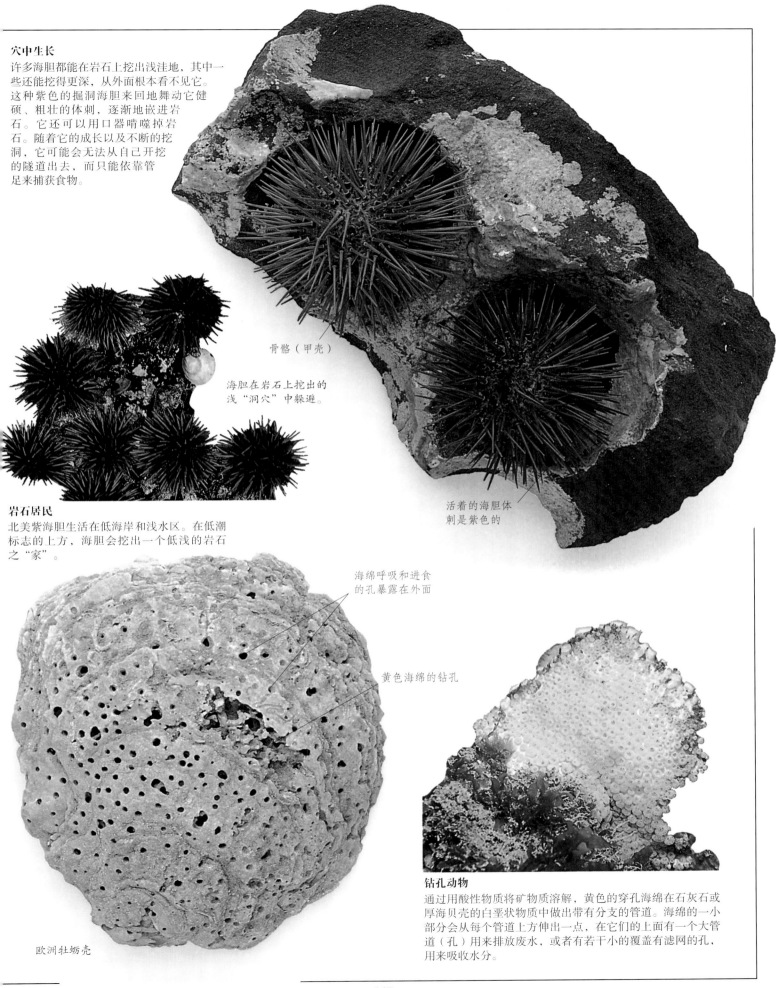

穴中生长

许多海胆都能在岩石上挖出浅洼地，其中一些还能挖得更深，从外面根本看不见它。这种紫色的掘洞海胆来回地舞动它健硕、粗壮的体刺，逐渐地嵌进岩石。它还可以用口器啃噬掉岩石。随着它的成长以及不断的挖洞，它可能会无法从自己开挖的隧道出去，而只能依靠管足来捕获食物。

骨骼（甲壳）

海胆在岩石上挖出的浅"洞穴"中躲避。

活着的海胆体刺是紫色的

岩石居民

北美紫海胆生活在低海岸和浅水区。在低潮标志的上方，海胆会挖出一个低浅的岩石之"家"。

海绵呼吸和进食的孔暴露在外面

黄色海绵的钻孔

欧洲牡蛎壳

钻孔动物

通过用酸性物质将矿物质溶解，黄色的穿孔海绵在石灰石或厚海贝壳的白垩状物质中做出带有分支的管道。海绵的一小部分会从每个管道上方伸出一点，在它们的上面有一个大管道（孔）用来排放废水，或者有若干小的覆盖有滤网的孔，用来吸收水分。

167

坚硬的外壳

海岸边看起来最奇特的生物莫过于螃蟹、对虾和龙虾。它们都隶属于甲壳类动物，这类物种庞大而多样，在海洋中生活。甲壳类动物通常有成节的肢体、两对触角、一个坚硬的外壳或甲壳环绕并保护身体。它们的范围从微小的个体一直跨越到巨型蜘蛛蟹。浮游生物中的很大一部分就是由微小的甲壳类生物构成的，日本的巨型蜘蛛蟹爪子尖之间的长度可达3.5米以上。在最令人惊讶的甲壳类动物中就包括藤壶。这些动物的生命始于微小的、自由游动的幼虫。此后，有些物种在岸上定居，将头固定在岩石上，在身体周围长出鳞片，然后用六对长有羽毛的有节理的"腿"将食物蹬进嘴里。我们最熟悉的甲壳类动物是十足目动物，这些生物大多有十个主要的肢体，其中四对用于行走或游泳，有一对是操纵钳。

诱捕螃蟹

很久以前，人们就开始捕捉、烹煮并食用螃蟹。捕捉螃蟹时，人们在罐子里放满腐肉作为诱饵。螃蟹一旦爬进去，就再也无法爬出来了。岸边的鸟类和哺乳动物以及某些鱼类也吃螃蟹。

好斗的海岸蟹，高举钳子以作防守。

红地毯

在厄瓜多尔海岸加拉帕戈斯群岛的一些地区，红石蟹爬到冲浪岩石上时，看着就如同一个移动的红地毯。这种颜色鲜艳的蟹长有鲜红的四肢和天蓝色的腹部。

战痕累累

这只滨蟹失去了其中的一条腿，它可能是被鲱鱼鸥啄掉了，也可能是被浪花推来的小石头给打掉了。然而，丢掉一条腿的螃蟹并非就丧失了行动能力。这一只（下图）摆出了各种姿势，从警惕到假装攻击，然后蹲伏防守，接下来向后直角转弯，最终得以撤退。

甲壳　　眼睛

折叠在甲壳下的瓣状腹部

肢体断掉的残肢

模拟攻击的钳子

四对行走的肢体

放弃
蟹以及其他甲壳类动物可以通过遗弃受伤或受困的肢体而脱离危险。在四肢与身体相接处附近有一个断裂点，沿着该断裂点的组织非常特殊，可以使出血量达到最少。蟹通常每年蜕一次壳，每次蜕壳时都会有新的肢体长出。

美食
黄道蟹的长度可以达到25厘米，重量超过5千克。蟹钳内是十分珍贵的白色的肉，而外壳中则是深色的肉。

用于夹捏食物的钳子（螯足）

眼睛

两对触须

长在外面的一对用于抓取和操纵食物的"颚"

腿顶端的利爪

钳形攻势
黄道蟹拥有一种很好的防卫装备，就是由第一对主要肢体改进成的重钳，即螯足。螯足也用于拾取和撕裂食物。相对于其身体大小来说，雄性蟹的钳子通常比雌性蟹的大。虽然它们装备有极具威胁性的武器，但这些看似坚固的甲壳类动物却有很多会被章鱼吃掉。

五对行走的肢体

奇怪的生物
这种看起来很怪异的生物叫马蹄蟹，然而它并不是真正的蟹。在北美洲海岸的繁殖季节，成群的马蹄蟹会到浅水区产卵。

马蹄蟹的底侧

蜷缩起来准备防御的蟹

遍布各地的甲壳动物

龙虾（也称为小龙虾）生活在温带沿海水域、永久性浅滩和低海岸的巨石区。

钳子和甲壳

虽然螯虾生长在近海水域，但它们偶尔也会孤零零地出现在潮池的低海岸。与其他甲壳纲动物一样，螯虾也有一身标志性的坚硬笨重的甲壳。在过去，欧洲人很少捕捞螯虾，因而超过1米多长、重6千克的螯虾在那时并不少见。螯虾白天通常躲藏在缝隙和洞穴里，晚上则出来觅食。它们用宽大的前爪将食物撕碎，然后用小爪捡起碎屑食用。

短小粗壮

东方扁虾只有5厘米长。它们的身体因躲藏在隙缝中而呈扁平状。遭受到打扰时，它们可以拍打着腹部往后跳。

海螯虾

柄眼

切开鱼肉用的窄钳

口器

感知食物和危险的触须

用于压碎贝类动物的凸起的大钳

前两对步足末端是小钳子

不仅生活在岩石底部
珊瑚蟹生活在不同的栖息地，经常出没于岩石底岸、多沙地区以及珊瑚礁海绵区。它们分布在北美洲东海岸。

天空之蟹
早期的天文学家在北方的夜空中看到了蟹状的星团，并把它命名为巨蟹座。巨蟹座是黄道十二宫的第四个星座，太阳每年从6月21日到7月22日之间会穿越巨蟹座星团。

更清洁的海岸
大多数螃蟹是食腐动物，沟槽蟹也不例外，河床上几乎所有能吃的东西都是它的食物。沟槽蟹通常栖息在欧洲海岸附近。

粘在螯虾身上的藤壶

苔藓虫的生长

螯虾将尾巴挺直，然后突然弯曲，利用尾扇推动身体向后挪动

第二对步足的末端是螯

小型海洋蠕虫的波状保护管

尾（腹部）

尾巴下的游泳足使螯虾在水底游走时还能同时弹跳

非同寻常的合作

在动物界有很多种关系，一个非常常见的例子就是捕猎关系。然而自然界并非一直这么针锋相对。海岸跟其他的栖息地一样，人们能够看到很多种不同的动物生活在一起。科学家对这些动物关系有很多不同的称呼。在寄生关系中，寄生一方是受益方，而宿主一方则是受损方。一些海岸边的蟹类是蟹奴虫的宿主。蟹奴虫将自己寄生于小蟹身上，然后生出"触手"钻入小蟹身体获取营养，使小蟹致残。另外一种双方都受益的关系叫共生关系。寄居蟹和美丽海葵属就是这种关系。

美丽海葵属有时也被人们称为寄生海葵，但是它并不会伤害自己的宿主。它以蟹掉下的食物残渣为食，而蟹也受到这种海葵带刺的触须的保护。

在家中的寄居蟹
寄居蟹本身没有贝壳，因此它们不得不寻找死去动物的贝壳来掩藏自己柔软的身体。通常，随着身体的生长它们要移到大一些的贝壳里，此时它们会小心地将旧壳里的海葵移植到新的贝壳里。

三合一
在这种关系里，三个动物都来自不同的动物群体。寄生蟹隶属于甲壳纲动物，海葵属于腔肠动物，贝壳原属于软体动物。

蟹螯上的刺
这个拳师蟹正用它的钳子夹着一只小海葵，它们就像一对"螯棒"。遇到任何具有威胁性的生物，拳师蟹都会舞动双钳。

贝壳内的龙骨蠕虫管

守门的螯
处于防御状态时，寄居蟹会将身体深藏于贝壳中。它的右前螯的钳子通常比左前螯的大，它把这个钳子挡在贝壳口，形成一道结结实实的门。

清洁地面
海葵的触须向上延伸，寻找浮游目标。寄生蟹壳上的美丽海葵倾向于向下垂长，以搜寻岩石上寄生蟹残留下的食物颗粒。

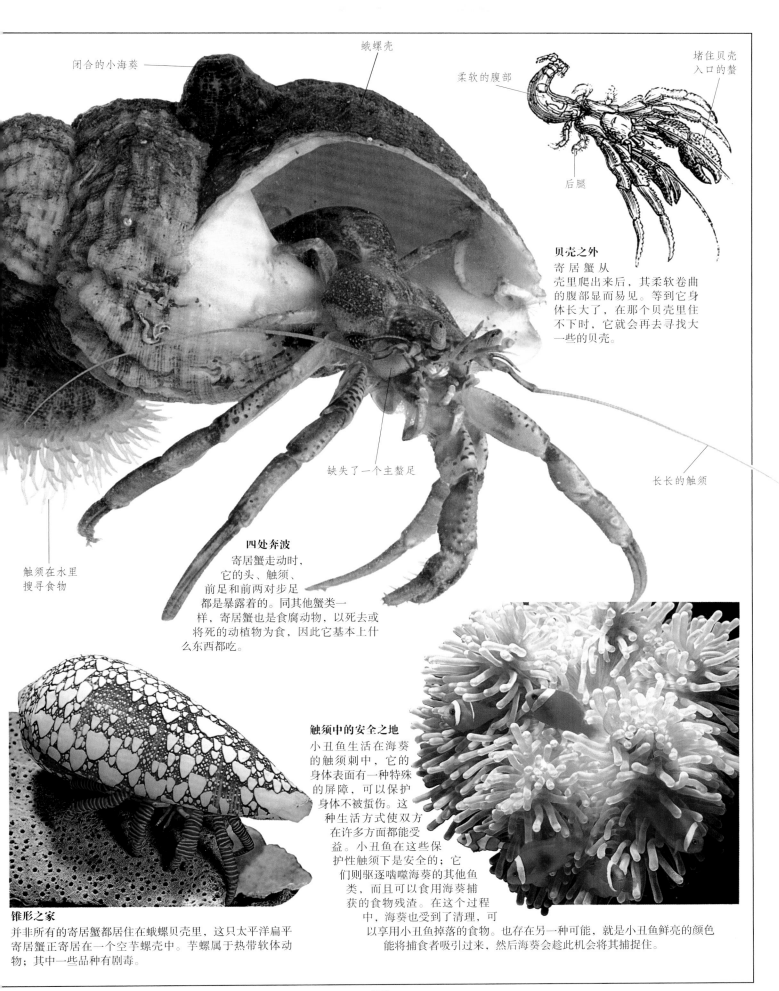

闭合的小海葵

蛾螺壳

柔软的腹部

堵住贝壳入口的螯

后腿

贝壳之外
寄居蟹从壳里爬出来后，其柔软卷曲的腹部显而易见。等到它身体长大了，在那个贝壳里住不下时，它就会再去寻找大一些的贝壳。

触须在水里搜寻食物

缺失了一个主螯足

长长的触须

四处奔波
寄居蟹走动时，它的头、触须、前足和前两对步足都是暴露着的。同其他蟹类一样，寄居蟹也是食腐动物，以死去或将死的动植物为食，因此它基本上什么东西都吃。

触须中的安全之地
小丑鱼生活在海葵的触须刺中，它的身体表面有一种特殊的屏障，可以保护身体不被蜇伤。这种生活方式使双方在许多方面都能受益。小丑鱼在这些保护性触须下是安全的；它们则驱逐啃噬海葵的其他鱼类，而且可以食用海葵捕获的食物残渣。在这个过程中，海葵也受到了清理，可以享用小丑鱼掉落的食物。也存在另一种可能，就是小丑鱼鲜亮的颜色能将捕食者吸引过来，然后海葵会趁此机会将其捕捉住。

锥形之家
并非所有的寄居蟹都居住在蛾螺贝壳里，这只太平洋扁平寄居蟹正寄居在一个空芋螺壳中。芋螺属于热带软体动物；其中一些品种有剧毒。

伪装

乍一看，岩石区潮池里可能只有几条海带和一些死去的贝壳。不过我们耐心等等吧，蹲下身子，仔细观察。一小块深色的岩石也许会突然向前滑动：那是条鳚鱼，它是出来觅食的。一块有点模糊的沙子会自行走开：那是只对虾，它将身上的斑点和线条与背景完美地融合在一起。一小块卵石滑过：那是只以海藻为食的滨螺。一小块覆满卵石的水底微起涟漪，两只眼睛冒了出来：那是条比目鱼，它把小块卵石和零碎贝壳覆在身上来隐藏自己的轮廓。这些动物都是借助伪装来隐藏自己。然而，只有外表还不够，行为也很重要。鳗状海龙倾向于以直立的姿势游泳，与海藻和苦草融为一体，从而隐藏自己。

浅色底部

从水面看去，比目鱼通常都伪装得很好。但扁平的腹部没必要特别变色，所以许多物种的腹部都是白色的或者是浅色的。

形似海藻

叶海龙是海马的一种，来自澳大利亚南部沿海。它皮肤上那些松散的叶状附肢类似海藻的叶子，使它可以隐藏在海藻叶中。

海胆隐身

有几种海胆会用它们那长长的"管足"抓住卵石、贝壳和海藻，并把它们覆在身体上。掩饰好的海胆很难辨认。这些是绿海胆，分布在低海岸和近海水域。

变色能手

许多比目鱼能够靠变化颜色来与它们栖息的海底相融合。就在几分钟前，这个小黄盖鲽还是淡茶色的，把它放在选定的深色卵石上，只一会儿它便暗了几分，上面的标记也几乎变成了黑色。

隐藏的鲽鱼
鲽鱼是伪装专家，在多色沙砾中几乎看不到它。它在生命的头几年生活在海岸附近，之后会移居深海。

伪装成卵石
这只小黄道蟹退回到颜色相似的卵石之中，伪装成一块卵石，它把螯蜷缩在身下，静止不动。但甲壳的扇状边缘暴露了它。

致命的石头
太平洋海滨的浅水区对于粗心的动物来说是个死亡陷阱。毒鲉像一块凹凸不平的珊瑚石，如果有东西从它身上经过，就会竖起体刺，释放出可能会致命的毒液。

坚如磐石
小型海滨鱼类，像虾虎鱼（左）和岩鳚（右），能够长期在岩石上静止不动，只有在捕食和躲避捕食者时才会迅猛移动。

岩礁上的生命

在多岩石的海岸线上，海鸟迁徙是最壮观的景象之一。海崖、多岩小岛和孤岛是飞行中唯一可以停靠的地方，所以这些地方就成了鸟类筑巢的安全之地。在这里，除了蛇、鼠等异常敏捷的肉食动物外，谁也逮不着它们，而且海浪之下就有丰富的食物。5万多只鲣鸟在同一座岛屿上筑巢安家的景象让人叹为观止。给人印象最深的是，这些大白鸟以1.8米宽的翼展在空中来来去去，为幼鸟反刍喂鱼，遇到闯入的鲣鸟或其他动物时会尖叫并用喙啄它们。

岩上产卵

北半球的刀嘴海雀很像它们南半球的亲戚企鹅。不过有一点不同，它们可是优秀的飞行者。在悬崖上，它们形成了繁殖地，数量可能达到上万只。每只雌鸟都只产一个卵。

☞ **警告**
这里所展示的蛋都来自博物馆的收藏（有轻微褪色）。现在，收集或买卖野生鸟蛋是违法的。☞

洞里产卵

海雀在地洞里筑巢。它们在软泥地上挖洞或者借用海鸥或兔子遗弃的旧洞。海雀的卵是白色的，因为卵是藏起来的，所以没必要伪装。

英国鸟类艺术家阿奇博尔德·索布恩所绘的崖顶附近的一只海雀

阿奇博尔德·索布恩所绘的成年银鸥和幼年银鸥

合适的楔形

这个斑斑点点的海鸠蛋为了在岩脊上保持稳定，形状相应地从一端到另一端渐尖渐细。如果被风吹动或者被裸岩上的鸟踢到（海鸠不筑巢），它们也只会绕一个小圈滚动，直到停下来。

凶猛的进食者

银鸥既聒噪又好斗。它们在巢内粗吼尖叫，声音震耳欲聋。银鸥平均每窝产三个蛋。

普通鸬鹚

尖而呈钩状的喙能使它啄住光滑的猎物

晾干身体
普通鸬鹚是29种鸬鹚中数量最多的一类，几乎遍布世界各地。它们在水中游泳、潜水、捕食蟹、鱼类和其他水栖生物。出水后它们会伸展翅膀，站在那里摆出一个典型的姿势晾干自己。鸬鹚为何没有像其他众多海鸟一样进化出防水油脂，这一直是一个谜。

天然肥料
海鸟群（或蝙蝠群）的粪便堆积而成的鸟粪山，含有丰富的氮、磷、钾等元素。在20世纪，采挖鸟粪是一项世界贸易，大部分鸟粪都来自南美洲和非洲，然后被运往欧洲和北美洲用作肥料。

长而灵活的脖子使它能够迅猛地冲向猎物

轮班工作
许多鸬鹚的巢都建在海边的悬崖、岩架和倾斜突起的石板上。雌雄鸬鹚共同用枝条、海藻和其他当地聚集生长的植物筑巢。近一个月里，双亲轮流孵化3~5个蛋，直到孵出小鸟。

四趾有蹼使鸬鹚善于游泳

海边摄食

鱼类是身体呈流线型且十分润滑的生物。那些能抓得住它们的动物都有特别合适的嘴巴，可以紧紧咬住这些溜滑的猎物。为了达到这一目的，海豹等以鱼为食的哺乳动物都长有许多小尖牙。食鱼的鸟类一般都配有长而锋利的匕首般的喙，鸬鹚和许多海鸥的喙也有一个向下弯曲的尖，以防止鱼从嘴里滑出。北半球的海岸边经常能见到海鸥。它们沿着海岸觅食，捕捉岩石区潮池里的鱼，啄食螃蟹，凿开裂口的贝类。像许多其他海鸟一样，在繁殖季节，它们常常在陆地附近捕食，但随后的几个月它们就会离开这里到远洋生活。

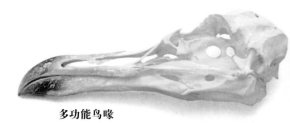

多功能鸟喙
银鸥的喙较宽，能够处理各种猎物和垃圾堆里的东西。

形似凿子
蛎鹬用凿子似的嘴撬开贻贝、鸟蛤、牡蛎和其他贝类的壳。

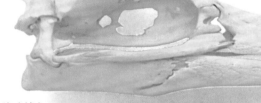

俯冲捕鱼
鲣鸟从30米的高空中快速俯冲下来捕捉鱼类。这种鸟也用喙来对抗敌人，刺伤闯入巢中的动物。

钩状鸟喙
管鼻鹱的巢成群分布在岩岛和悬崖上。它们以栖息在水面的鱼类为食，喙的末端呈钩状，顶部或两侧有突出的管状鼻孔。

管状鼻孔

危险的工作
在一些偏远的海岸，海鸟和它们的蛋仍会被人类采集食用。鸟儿飞过露出地面的岩层时被网缠住；鸟蛋和雏鸟也均被人工收集起来。鲣鸟、管鼻鹱（右图）以及各种海雀是主要的受害者。

小翅膀在水中用作桨，飞行中则快速拍打

渔民的伙伴

几百年来，亚洲东部沿海的居民都是利用受过训练的鸬鹚来捕鱼。渔民给鸬鹚套上颈圈，这样一来它就只能捕鱼却无法把鱼吞下，然后渔民再将它拉回到船上。

满嘴鳗鱼

对大西洋海鹦来说，在水里潜泳一段时间后，捉到10多条小鱼（比如这些沙鳗）是很平常的事。大西洋海鹦遍布整个北大西洋。

游泳专长

海鸠或海鸦有相对较大且功能强大的厚蹼。它的腿位置比较靠近身子后部，因此能游得飞快，但这也意味着它要像企鹅一样摇摆前行，而无法稳稳地行走。

海鸠常以足跟站立在岩礁上，而不是直立

猛冲上岸

人们认为海鸥的腹部呈白色，与天空和云相融，这使得它们在鱼、蟹及其他猎物抬头查看危险时不会引起注意。这是一只银鸥幼鸟，它拥有斑驳的羽毛；成年银鸥的腹部呈白色。

带尖爪的足趾

水下螺旋桨

鲣鸟巨大的脚蹼可以推动自己以惊人的速度在水下捕鱼，还能用来遮住鸟蛋并帮助孵化。

在繁殖期，鲣鸟将蛋稳稳地放在大而带蹼的脚上

海岸的访客

有时，我们可能会幸运地看到一些大型来访者来到海边。在夜幕的掩护下，海龟爬到陆地上在温暖的沙滩上产卵。海豹沐浴着阳光，雄海豹互相搏斗以获得与雌性交配的权利。在北极，长着长牙的海象躺在冰冷的岩石上挤作一团。在赤道，海鬣蜥啃吃着加拉帕戈斯群岛岩石海岸的海藻。在南极，数以百万计的企鹅聚集在一起栖息繁衍。然而，也有一些来访者会偶然来到岸上。长期以来，鲸群的搁浅就一直困扰着科学家们。

阳光、大海和沙滩
20世纪，有一种哺乳动物特别喜欢到海滨来。这种动物不论到哪里，都会极大地改变所到之处的栖息环境。现在，它的家族成员占满了海滩，而近海水域也堆满了颜色鲜艳的玩具。

会游泳的肉饼
六种植食海龟中，只有绿蠵龟会游过世界上的热带海洋。雌海龟上岸，在沙滩上挖出浅洞产蛋。它们趋向于年年使用相同的海滩或繁殖地。这样一来，猎人轻而易举地就能猎捕海龟，窃取龟蛋。这种海龟能长到1米长、180千克重。以前，人们为得到绿蠵龟的肉、油、皮和壳，无情地猎杀它们。如今，绿蠵龟已被正式列为濒临灭绝的物种。

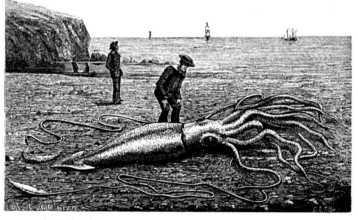

搁浅的乌贼
贪吃的深海食肉动物大王乌贼，偶尔会被冲上岸。这种搁浅的动物个体在被海浪推上岸时有可能已经受伤、生病或死去。大王乌贼是最大的无脊椎动物，总长度可超过15米、重达2吨。

浅滩的摇篮
海獭生活在太平洋海岸水域，但很少上岸，它喜欢躺在褐藻海床的无风区。它以海胆、甲壳纲动物和贝类为食，并用石头作为工具来砸碎猎物坚硬的外壳。人们为了获取海獭皮毛，大肆捕杀海獭，这使得海獭变得极为罕见。但1911年，一项国际公约使它免于灭绝。

海浪上的生活

常见的海豹幼崽（图中这些约3个月大）出生于陆地，但它们刚出生就会游泳和潜水。海豹把自己拖出水面，在岩石和沙滩上晒太阳或产崽。常见的海豹，也称斑海豹，生活在北太平洋和北大西洋沿海水域。

拾贝

一天两次潮涨潮落，会带来很多杂物，并沉淀到高潮线以下的地段。潮水退却后会在海滨线一带留下一些搁浅的物品，对自然界的侦探来说，这是珍贵的宝藏。贝壳、海藻、羽毛和浮木混在一起，每个物品都有一个故事。石头、贝壳和木头经常被大海打磨光滑，在沙滩上滚来滚去，撞上岩石后碰得四分五裂。从岩石上撕下来的海藻被水流带走，并沿着海岸冲到远处。像墨西哥湾流这样的大型洋流可以把漂浮物运输几千千米远，并把它们丢弃在遥远的海岸。某些植物能够利用海洋来传播种子，椰子就是个极好的例子。

安静的消遣方式
拾贝往往会有意外的发现，因为几乎所有东西都可能被冲上岸。过去，有人就靠收集、出售珍奇物品、食物和其他在岸上发现的东西谋生。现在，不是所有海岸都适合捡拾宝贝，因为许多海岸都散落着人造垃圾，而且近海水域也往往被污染了。

免费食物
人们采集多种海草，当作人或动物的食物，也会用作肥料。对于某些沿海地区的人来说，藻类是微量元素的上好来源。海藻还具有药效。近年来，人们将提取的海藻汁用作绷带膜来治疗烧伤，十分有效。

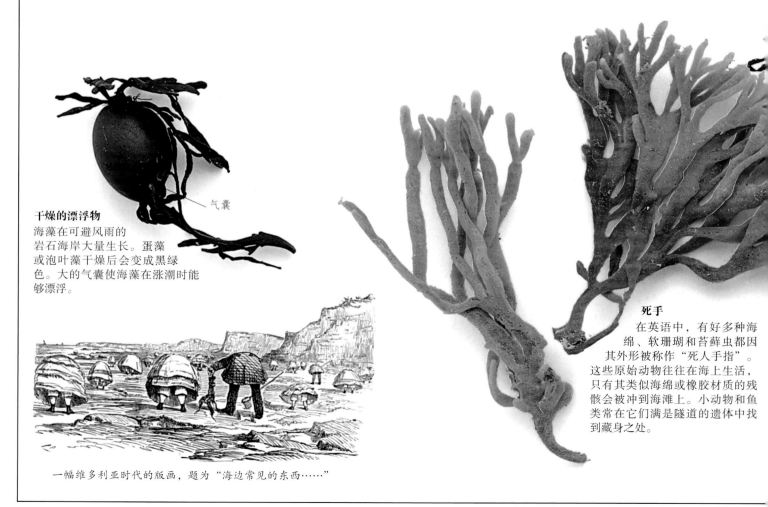

干燥的漂浮物
海藻在可避风雨的岩石海岸大量生长。蛋藻或泡叶藻干燥后会变成黑绿色。大的气囊使海藻在涨潮时能够漂浮。

气囊

一幅维多利亚时代的版画，题为"海边常见的东西……"

死手
在英语中，有好多种海绵、软珊瑚和苔藓虫都因其外形被称作"死人手指"。这些原始动物往往在海上生活，只有其类似海绵或橡胶材质的残骸会被冲到海滩上。小动物和鱼类常在它们满是隧道的遗体中找到藏身之处。

磨损和破碎

虽然海贝壳很坚硬，但也无法与无休无止的海浪匹敌。渐渐地，它们被研磨、磨损，碎末又重返大海。

普通鸟蛤

沙子或淤泥中经常能发现大量的鸟蛤。

网纹荔枝螺

破损的蛾螺

这种海螺很常见，它壳上最大的螺纹已经被磨出一个大口，露出了它的螺旋纹和中心柱。

腐蚀的图案

这些展示了网目织纹螺贝壳在不同阶段的磨损。

离开海岸

这个木质物是芦竹在地下的根或根茎。芦苇是欧洲最高的草，能长到5米高，经常种植在地中海沿岸地区作为防风林。它也可用于制作拐杖、篮子和钓竿。

被大海磨光

少量板岩、玻璃等坚硬物质，被沙子和水摩擦并抛光。小沙粒的摩擦抛光效果很好。

墨角藻

这株易碎的墨角藻暴露在空气中，已经干枯了。上面微小、卷曲的石灰质管是由小型海洋蠕虫造成的，这些虫子早已死去。

扇形贝壳

这是扇贝扁平的上部贝壳瓣。可以通过数贝壳的生长线估算新发现的标本的年龄。这些软体动物能够生活15年以上。

盘管虫通常一起生活，它们的石灰质管交织在岩石上

扁玉螺（棕色）

扁玉螺（黄色）

被海洋磨光漂白的贝壳碎片

磨损的帽贝

帽贝环很常见。帽贝顶部可能是被鸟喙啄破，或被食肉的海螺钻透，或被巨石撞破。

苔藓虫残骸

一块点缀着小螺旋虫管和苔藓虫残骸的板岩

海胆的"前肢"

可食用海胆的甲壳

生物体的
肛门所在

颈部

石头上的洞
这块石头应
该是在一只
动物周围形
成的，但里
面的动物痕
迹已经消失
很久了。

刚刚死去的海胆，身
上还连着点体刺

鱼的残骸
鳕鱼和鲈鱼这样
的多骨鱼，骨架
有时会被冲上
岸。这根破碎的
鱼骨可能是头骨和椎
骨，因为渔民捕鱼时会
将小鱼扔回大海。

生物体活体的口
器所在的位置

断裂的部分肋骨

球上的孔
海胆坚硬的球形骨架被称为甲
壳。隆起、凹陷和小孔支撑着脊柱和管足，大孔包含肛门。
抽去它的脊柱，可以看到海胆五条对称的放射状刺，说明了
棘皮动物中海胆与海星的关系。

用来游泳的宽扁
的后肢

取下来的甲壳顶部

这个物种
特有的红
色关节

鳃

海鸥群：大量的噪声、遍
布的粪便和脱落的羽毛

心脏占据着
中心位置

海岸上的羽毛
几乎每个海岸都能找到海鸟的
羽毛。羽毛很轻，所以可以像
软木那样飘浮，并且容易被风
吹上岸。有些羽毛来自已经死去
的鸟，但很多羽毛只是正常换羽
时脱落的。

破裂
一只刚开始腐烂的天鹅绒梭子蟹已经
破裂，露出了它的内部结构。身体的
中央部分包含主要器官。鳃位于背甲
侧下方的对鳃腔内，甲壳类动物用其
吸收溶解在海水中的氧。

螯中的肌肉有些已
被食腐动物吃掉

冲到岸边
松果和其他较轻的木本植物可能会顺溪而下，汇入河流，抵达海岸，然后漂入大海。

成年海鸥的飞羽

海鸥幼鸟典型的条纹羽毛

冲上岸、被晒干的小狗鲨

风力
向岸风会把漂浮的物体吹向陆地，这为海滩捡拾漂浮物的人带来了更多的机会。

浅滩的鲨鱼

角鲨，通常称为狗鲨，是一种小型鲨鱼。它不会伤人，能长到约90厘米长。狗鲨大部分时间生活在30～100米深的近海水域。然而，在深秋、冬季和春季，雌性狗鲨会游到靠近岸边的浅水区，将卵产在海藻中。

幼年狗鲨
刚出生的狗鲨约10厘米长，通常还连着一部分卵黄囊。当小狗鲨开始自己觅食时，卵黄囊就会萎缩。成年后，狗鲨会猎捕栖息在海底的生物，如贝类和其他鱼类。

大量的卵
拾贝时还会经常发现蛾螺的空卵壳。产卵时卵壳被固定在石头上，微小但完全成形的小蛾螺从壳里爬出来。

水里的小狗鲨
狗鲨宝宝在卵囊里发育，从各自的卵黄囊中汲取营养。孵出之前，它们会持续生长多达10个月。当然，这在一定程度上取决于水温。

魔法钱包
狗鲨卵囊的每个角都与水草的长卷须连在一起。空壳常会被冲上岸，被称为"美人鱼的钱包"。

研究海岸

人们在海岸边有很多种不同的娱乐方式。儿童在细浪中荡桨，成人在海上冲浪，博物学家研究植物和动物，附近居民收集海藻和贝类为食，任何人都可以欣赏未受破坏的绵延海岸之美。然而，日益严重的海洋污染却使海岸遭到严重破坏。有史以来，就有科学家和研究人员为了了解大自然工作和变化的方式，对海岸线进行了研究。在这里，我们来看看一些过去和现在用来帮助判断海岸线健康程度的工具。

在垃圾箱内潜水

20世纪30年代，人们对于生活在永久浅滩的生命进行了第一次科学调查。图中科学家戴着配有无线电话的简单潜水罩，所需空气由汽车的泵提供。

污染指示物

有些海藻能迅速对污染做出反应，我们称之为"指示物种"。海滨植物记录与岸上居民的人口调查相结合，可以帮助科学家随时监测变化。

贝壳带来的警示

通过对贝壳的调查，显示出部分物种随着污染和过度捕捞而正在逐渐减少。

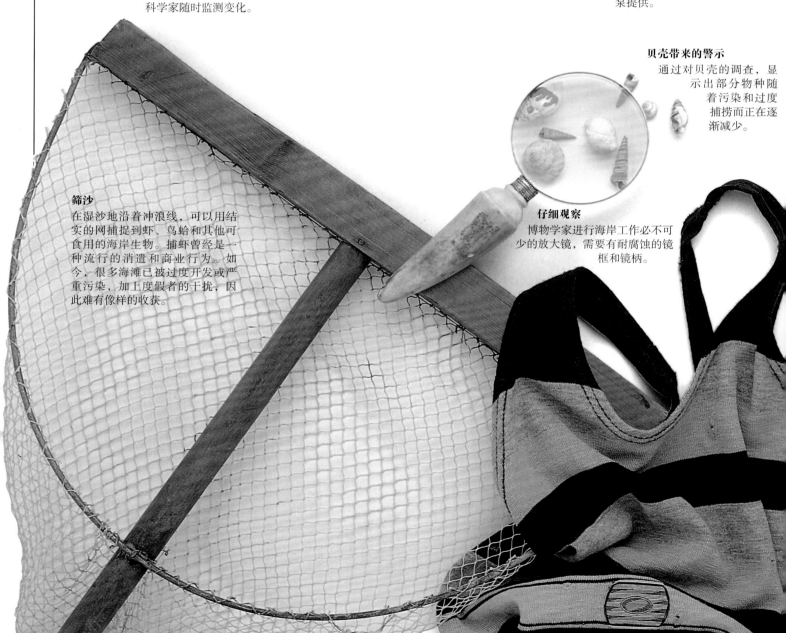

筛沙

在湿沙地沿着冲浪线，可以用结实的网捕捉到虾、鸟蛤和其他可食用的海岸生物。捕虾曾经是一种流行的消遣和商业行为。如今，很多海滩已被过度开发或严重污染，加上度假者的干扰，因此难有像样的收获。

仔细观察

博物学家进行海岸工作必不可少的放大镜，需要有耐腐蚀的镜框和镜柄。

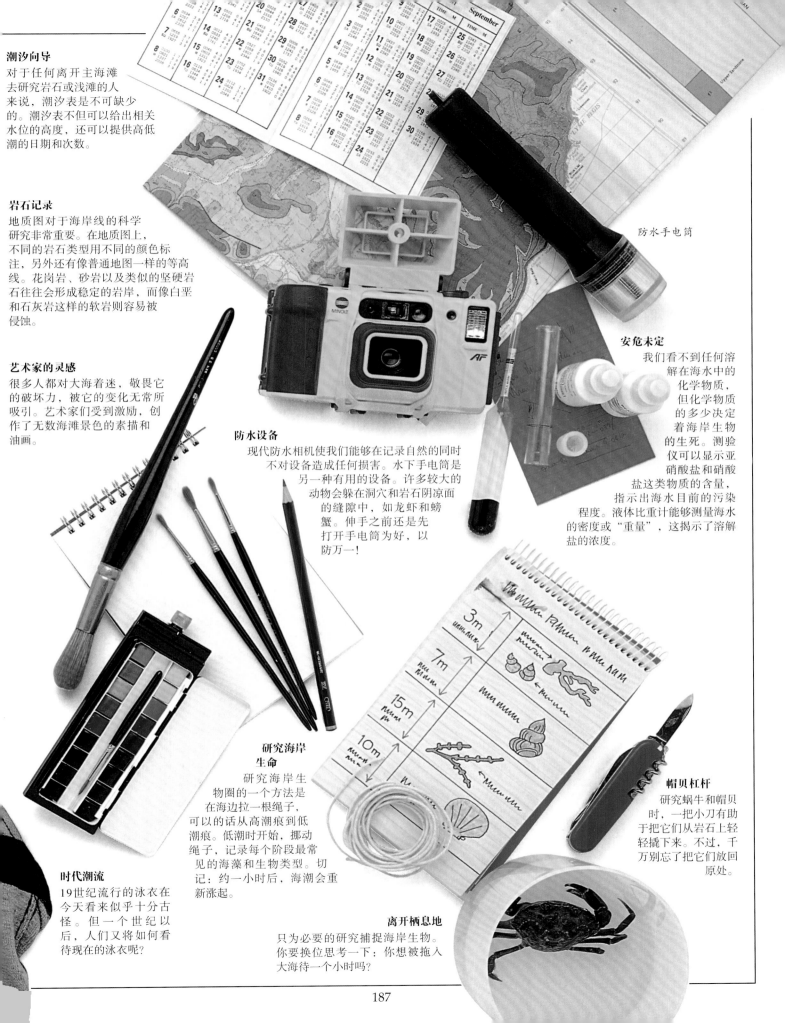

潮汐向导

对于任何离开主海滩去研究岩石或浅滩的人来说，潮汐表是不可缺少的。潮汐表不但可以给出相关水位的高度，还可以提供高低潮的日期和次数。

岩石记录

地质图对于海岸线的科学研究非常重要。在地质图上，不同的岩石类型用不同的颜色标注，另外还有像普通地图一样的等高线。花岗岩、砂岩以及类似的坚硬岩石往往会形成稳定的岩岸，而像白垩和石灰岩这样的软岩则容易被侵蚀。

艺术家的灵感

很多人都对大海着迷，敬畏它的破坏力，被它的变化无常所吸引。艺术家们受到激励，创作了无数海滩景色的素描和油画。

防水手电筒

防水设备

现代防水相机使我们能够在记录自然的同时不对设备造成任何损害。水下手电筒是另一种有用的设备。许多较大的动物会躲在洞穴和岩石阴凉面的缝隙中，如龙虾和螃蟹。伸手之前还是先打开手电筒为好，以防万一！

安危未定

我们看不到任何溶解在海水中的化学物质，但化学物质的多少决定着海岸生物的生死。测验仪可以显示亚硝酸盐和硝酸盐这类物质的含量，指示出海水目前的污染程度。液体比重计能够测量海水的密度或"重量"，这揭示了溶解盐的浓度。

研究海岸生命

研究海岸生物圈的一个方法是在海边拉一根绳子，可以的话从高潮痕到低潮痕。低潮时开始，挪动绳子，记录每个阶段最常见的海藻和生物类型。切记：约一小时后，海潮会重新涨起。

帽贝杠杆

研究蜗牛和帽贝时，一把小刀有助于把它们从岩石上轻轻撬下来。不过，千万别忘了把它们放回原处。

时代潮流

19世纪流行的泳衣在今天看来似乎十分古怪。但一个世纪以后，人们又将如何看待现在的泳衣呢？

离开栖息地

只为必要的研究捕捉海岸生物。你要换位思考一下：你想被拖入大海待一个小时吗？

西太平洋基里巴斯
的鲨鱼牙齿臂铠

一对能够粘连在鲨鱼
鳍上的桡足类动物

波纹鳐

天使鲨

雄性大白鲨模型

一对狗鲨幼崽

用太平洋夏威夷
群岛的鲨鱼牙齿
做的手指扣

鲨 鱼

Shark

潜入深海中，探寻鲨鱼的世界，了解地球上最可怕的生物。

巨齿鲨的
牙齿化石

肩章鲨

来自西非加纳的鲨鱼
形状的黄金砝码

新西兰的鲨鱼
牙齿项链

绒毛鲨

鲨鱼是什么

许多人都认为鲨鱼是一种卑鄙低劣的生物，它们嗅觉灵敏，牙齿硕大，目光锐利，极具威胁性。鲨鱼是技巧绝佳的捕食者，但是只有很少几种会威胁到人类的安全。鲨鱼大约有450种，它们的体型各不相同。最小的鲨鱼为灯笼乌鲨，身长大约20厘米；而最大的鲨鱼是鲸鲨，身长超过12米。并非所有鲨鱼的线条都像短鳍真鲨那样流畅。天使鲨身躯扁平，角鲨头部圆钝，而竹鲨既长又灵活。所有的鲨鱼都从属于软骨鱼纲。鲨鱼生活在海洋中，但是有一小部分游进了内陆水域，并在那里生存下来。

霹雳艇
这艘无人驾驶的宇宙飞船是以鲨鱼的近亲属的名字来命名的。

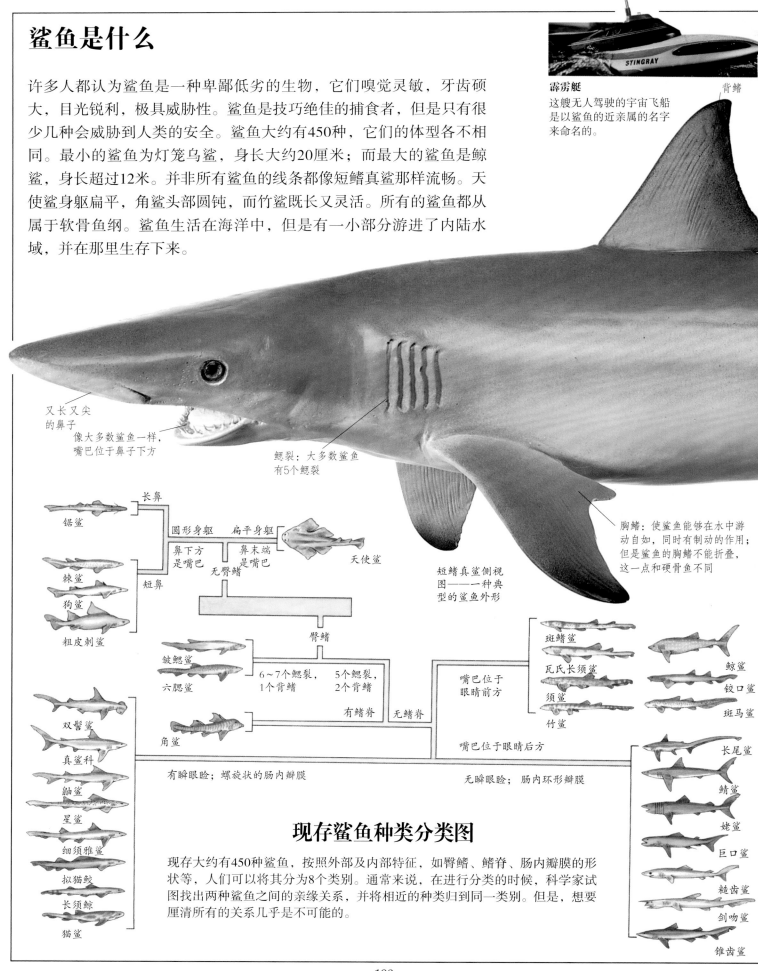

背鳍

又长又尖的鼻子

像大多数鲨鱼一样，嘴巴位于鼻子下方

鳃裂：大多数鲨鱼有5个鳃裂

胸鳍：使鲨鱼能够在水中游动自如，同时有制动的作用；但是鲨鱼的胸鳍不能折叠，这一点和硬骨鱼不同

短鳍真鲨侧视图——一种典型的鲨鱼外形

锯鲨

长鼻

圆形身躯　扁平身躯

棘鲨
狗鲨

短鼻

鼻下方是嘴巴　鼻末端是嘴巴

无臀鳍

天使鲨

粗皮刺鲨

皱鳃鲨

六鳃鲨

臀鳍

6～7个鳃裂，1个背鳍　5个鳃裂，2个背鳍

斑鳍鲨
瓦氏长须鲨
须鲨
竹鲨

嘴巴位于眼睛前方

鲸鲨
铰口鲨
斑马鲨

角鲨

有鳍脊　无鳍脊

嘴巴位于眼睛后方

双髻鲨
真鲨科
鼬鲨
星鲨
细须雅鲨
拟猫鲛
长须鲨

猫鲨

长尾鲨
鲭鲨
姥鲨
巨口鲨
糙齿鲨
剑吻鲨

锥齿鲨

有瞬眼睑；螺旋状的肠内瓣膜　　无瞬眼睑；肠内环形瓣膜

现存鲨鱼种类分类图

现存大约有450种鲨鱼，按照外部及内部特征，如臀鳍、鳍脊、肠内瓣膜的形状等，人们可以将其分为8个类别。通常来说，在进行分类的时候，科学家试图找出两种鲨鱼之间的亲缘关系，并将相近的种类归到同一类别。但是，想要厘清所有的关系几乎是不可能的。

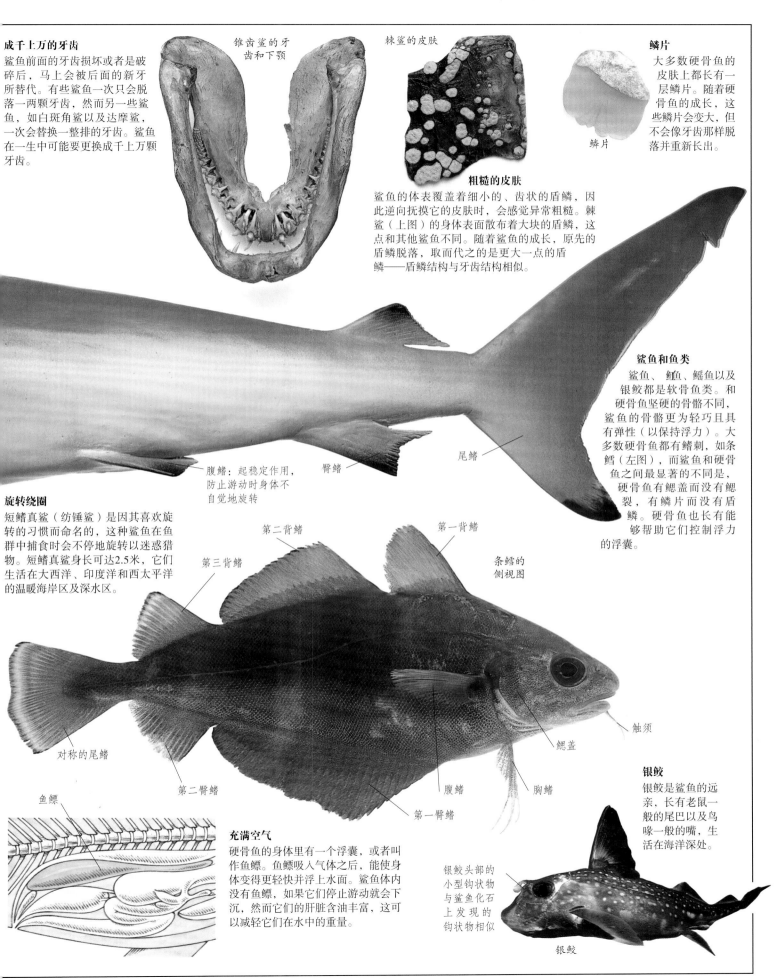

成千上万的牙齿

鲨鱼前面的牙齿损坏或者是破碎后，马上会被后面的新牙所替代。有些鲨鱼一次只会脱落一两颗牙齿，然而另一些鲨鱼，如白斑角鲨以及达摩鲨，一次会替换一整排的牙齿。鲨鱼在一生中可能要更换成千上万颗牙齿。

锥齿鲨的牙齿和下颚

棘鲨的皮肤

鳞片

大多数硬骨鱼的皮肤上都长有一层鳞片。随着硬骨鱼的成长，这些鳞片会变大，但不会像牙齿那样脱落并重新长出。

鳞片

粗糙的皮肤

鲨鱼的体表覆盖着细小的、齿状的盾鳞，因此逆向抚摸它的皮肤时，会感觉异常粗糙。棘鲨（上图）的身体表面散布着大块的盾鳞，这点和其他鲨鱼不同。随着鲨鱼的成长，原先的盾鳞脱落，取而代之的是更大一点的盾鳞——盾鳞结构与牙齿结构相似。

鲨鱼和鱼类

鲨鱼、鳐、鳐鱼以及银鲛都是软骨鱼类。和硬骨鱼坚硬的骨骼不同，鲨鱼的骨骼更为轻巧且具有弹性（以保持浮力）。大多数硬骨鱼都有鳍刺，如条鳕（左图），而鲨鱼和硬骨鱼之间最显著的不同是，硬骨鱼有鳃盖而没有鳃裂，有鳞片而没有盾鳞。硬骨鱼也长有能够帮助它们控制浮力的浮囊。

腹鳍：起稳定作用，防止游动时身体不自觉地旋转

臀鳍

尾鳍

旋转绕圈

短鳍真鲨（纺锤鲨）是因其喜欢旋转的习惯而命名的，这种鲨鱼在鱼群中捕食时会不停地旋转以迷惑猎物。短鳍真鲨身长可达2.5米，它们生活在大西洋、印度洋和西太平洋的温暖海岸区及深水区。

第二背鳍

第一背鳍

第三背鳍

条鳕的侧视图

对称的尾鳍

第二臀鳍

鱼鳔

触须

鳃盖

腹鳍

胸鳍

第一臀鳍

银鲛

银鲛是鲨鱼的远亲，长有老鼠一般的尾巴以及鸟喙一般的嘴，生活在海洋深处。

充满空气

硬骨鱼的身体里有一个浮囊，或者叫作鱼鳔。鱼鳔吸入气体之后，能使身体变得更轻快并浮上水面。鲨鱼体内没有鱼鳔，如果它们停止游动就会下沉，然而它们的肝脏含油丰富，这可以减轻它们在水中的重量。

银鲛头部的小型钩状物与鲨鱼化石上发现的钩状物相似

银鲛

鲨鱼的近亲

一条蝠鲼扇动着巨大的翅膀缓慢而有节奏地游着，看起来十分优雅。和鲨鱼一样，鳐鱼和它的表亲都属于板鳃类。这一类生物有软骨骨架，非常灵活，就像橡胶一样。在硬骨鱼和银鲛的体内长着鳃裂，而不是瓣鳃或鳃盖。所有的鳐鱼都长有翅膀状的胸鳍，在身体底面还长有鳃裂。大多数鳐鱼居住在海床上，以贝类、蠕虫和鱼为食。

巨型蝠鲼
蝠鲼（魔鬼鱼）长有巨大的胸鳍（翼），长达7米。在美国新泽西州海岸，人们抓住了这只巨大的雌性蝠鲼，它的体重超过1300千克。这些无害的滤食性动物用头部巨大的鳃叶将浮游生物吸入宽阔的嘴中。

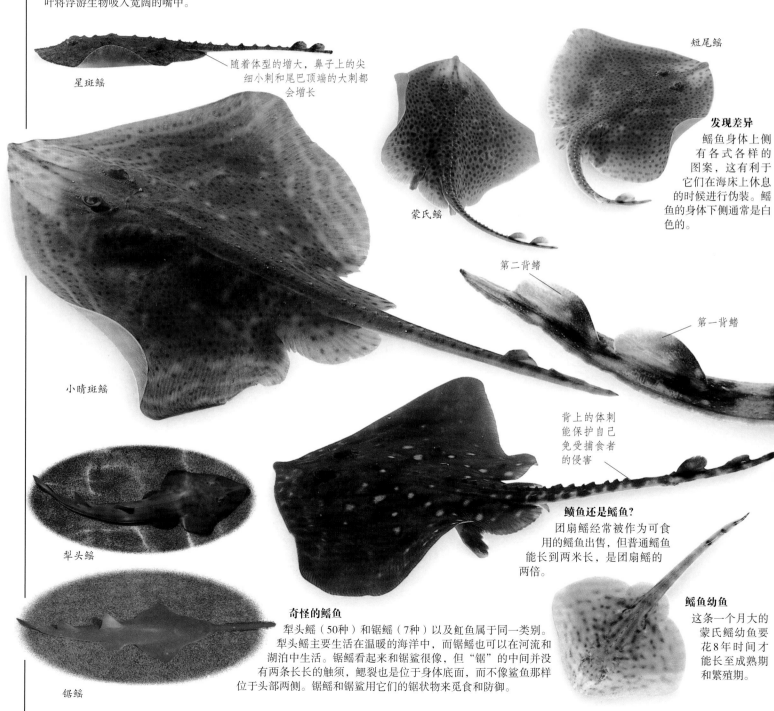

星斑鳐

随着体型的增大，鼻子上的尖细小刺和尾巴顶端的大刺都会增长

短尾鳐

蒙氏鳐

发现差异
鳐鱼身体上侧有各式各样的图案，这有利于它们在海床上休息的时候进行伪装。鳐鱼的身体下侧通常是白色的。

第二背鳍

第一背鳍

小睛斑鳐

背上的体刺能保护自己免受捕食者的侵害

犁头鳐

鳐鱼还是鳐鱼？
团扇鳐经常被作为可食用的鳐鱼出售，但普通鳐鱼能长到两米长，是团扇鳐的两倍。

鳐鱼幼鱼
这条一个月大的蒙氏鳐幼鱼要花8年时间才能长至成熟期和繁殖期。

锯鳐

奇怪的鳐鱼
犁头鳐（50种）和锯鳐（7种）以及缸鱼属于同一类别。犁头鳐主要生活在温暖的海洋中，而锯鳐也可以在河流和湖泊中生活。锯鳐看起来和锯鲨很像，但"锯"的中间并没有两条长长的触须，鳃裂也是位于身体底面，而不像鲨鱼那样位于头部两侧。锯鳐和锯鲨用它们的锯状物来觅食和防御。

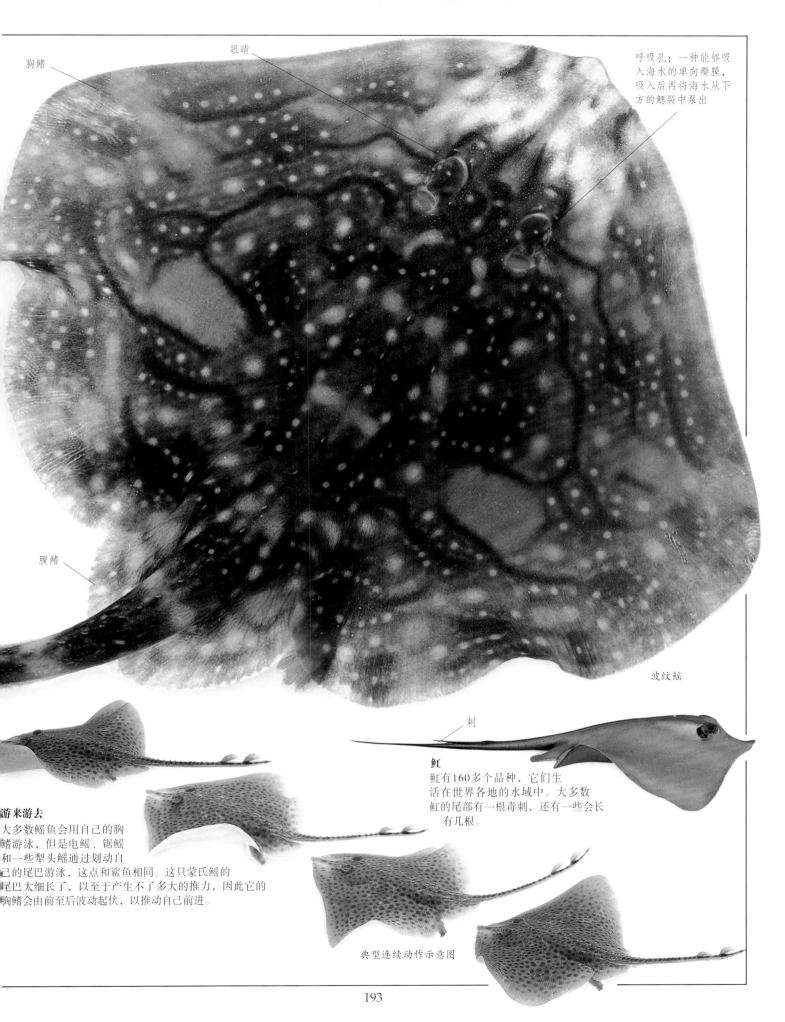

胸鳍

眼睛

呼吸孔：一种能够吸入海水的单向瓣膜，吸入后再将海水从下方的鳃裂中泵出

腹鳍

波纹鳐

刺

魟

魟有160多个品种，它们生活在世界各地的水域中。大多数魟的尾部有一根毒刺，还有一些会长有几根。

游来游去

大多数鳐鱼会用自己的胸鳍游泳，但是电鳐、锯鳐和一些犁头鳐通过划动自己的尾巴游泳，这点和鲨鱼相同。这只蒙氏鳐的尾巴太细长了，以至于产生不了多大的推力，因此它的胸鳍会由前至后波动起伏，以推动自己前进。

典型连续动作示意图

鲨鱼的内部构造

为了呼吸，鲨鱼用鳃吸收水中的氧气，同时将二氧化碳返还到水中。这些气体通过血液输送到鳃中，并且通过血液从鳃中释放出来。心脏将血液压送到全身，提供氧气和营养物质，同时带走二氧化碳和其他废物。为了得到能量来维持生命活动，包括生长和修复，鲨鱼需要进食。食物从嘴经由食道进入胃部，在胃部进行消化，然后消化完的食物在肠道内被身体吸收。不可消化的废物在直肠中聚集，然后被排出体外。能增加鲨鱼浮力的巨大肝脏会进一步处理这些已经消化过的食物。肾脏能清除血液中的废物并调节血液的浓度。骨骼和皮肤提供支撑力的同时，体壁上的大块肌肉能为鲨鱼的游动提供动力。通过沿着脊髓来回传递信号或指令，大脑能够协调鲨鱼整个身体的行动。

水下的危险
众所周知，鲨鱼会对进入水中的人类发动攻击，而这个澳大利亚跳伞爱好者很快就会发现这一点。

成对的肾脏会处理鲨鱼身体中的废物，以此来保持体液浓度正好在海水浓度之上

肌肉交替收缩，使鲨鱼在游泳时从头部到尾部产生波浪运动

雌性短鳍真鲨内部解剖模型

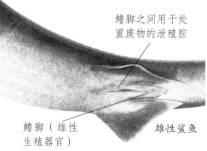

鳍脚之间用于处置废物的泄殖腔

鳍脚（雄性生殖器官）

雄性鲨鱼

雌性鲨鱼（无鳍脚）

雄性或雌性
所有雄性鲨鱼都有一对在腹鳍内侧边缘形成的鳍脚。在交配过程中，其中的一个鳍脚会旋转向前，插入到雌性鲨鱼的泄殖腔中。

泄殖腔（用于繁殖以及排泄废物）

肠道内的卷形瓣膜

肝脏右

直肠腺（第三肾脏）通过泄殖腔将身体中多余的盐分排泄出去

鲨鱼的尾巴
鲨鱼的脊椎一直延伸到它们的尾鳍上。这种类型的尾鳍被称为"歪形尾"，它和大多数硬骨鱼的尾鳍截然不同。软骨棒和皮肤纤维使鲨鱼的尾巴变得坚韧有力。

尾鳍

脊柱

软骨棒

皮肤纤维

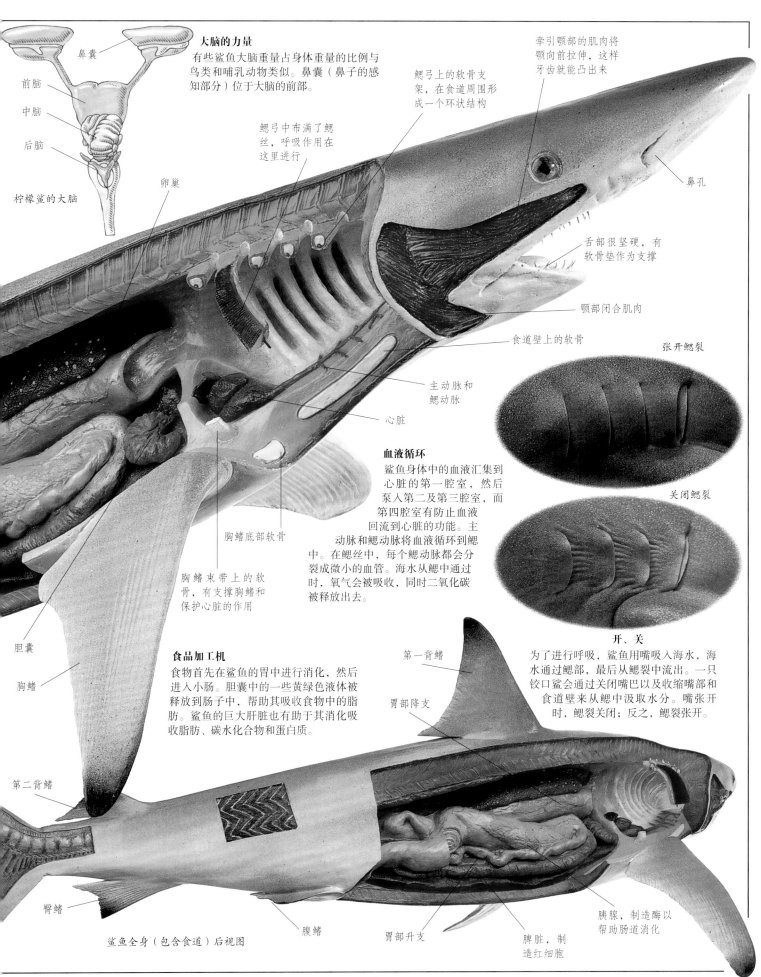

鼻囊

前脑

中脑

后脑

柠檬鲨的大脑

卵巢

大脑的力量
有些鲨鱼大脑重量占身体重量的比例与鸟类和哺乳动物类似。鼻囊（鼻子的感知部分）位于大脑的前部。

鳃弓上的软骨支架，在食道周围形成一个环状结构

鳃弓中布满了鳃丝，呼吸作用在这里进行

牵引颚部的肌肉将颚向前拉伸，这样牙齿就能凸出来

鼻孔

舌部很坚硬，有软骨垫作为支撑

颚部闭合肌肉

食道壁上的软骨

主动脉和鳃动脉

心脏

张开鳃裂

关闭鳃裂

胸鳍底部软骨

胸鳍束带上的软骨，有支撑胸鳍和保护心脏的作用

血液循环
鲨鱼身体中的血液汇集到心脏的第一腔室，然后泵入第二及第三腔室，而第四腔室有防止血液回流到心脏的功能。主动脉和鳃动脉将血液循环到鳃中。在鳃丝中，每个鳃动脉都会分裂成微小的血管。海水从鳃中通过时，氧气会被吸收，同时二氧化碳被释放出去。

开、关
为了进行呼吸，鲨鱼用嘴吸入海水，海水通过鳃部，最后从鳃裂中流出。一只铰口鲨会通过关闭嘴巴以及收缩嘴部和食道壁从鳃中汲取水分。嘴张开时，鳃裂关闭；反之，鳃裂张开。

胆囊

胸鳍

食品加工机
食物首先在鲨鱼的胃中进行消化，然后进入小肠。胆囊中的一些黄绿色液体被释放到肠子中，帮助其吸收食物中的脂肪。鲨鱼的巨大肝脏也有助于其消化吸收脂肪、碳水化合物和蛋白质。

第一背鳍

胃部降支

第二背鳍

臀鳍

腹鳍

胃部升支

脾脏，制造红细胞

胰腺，制造酶以帮助肠道消化

鲨鱼全身（包含食道）后视图

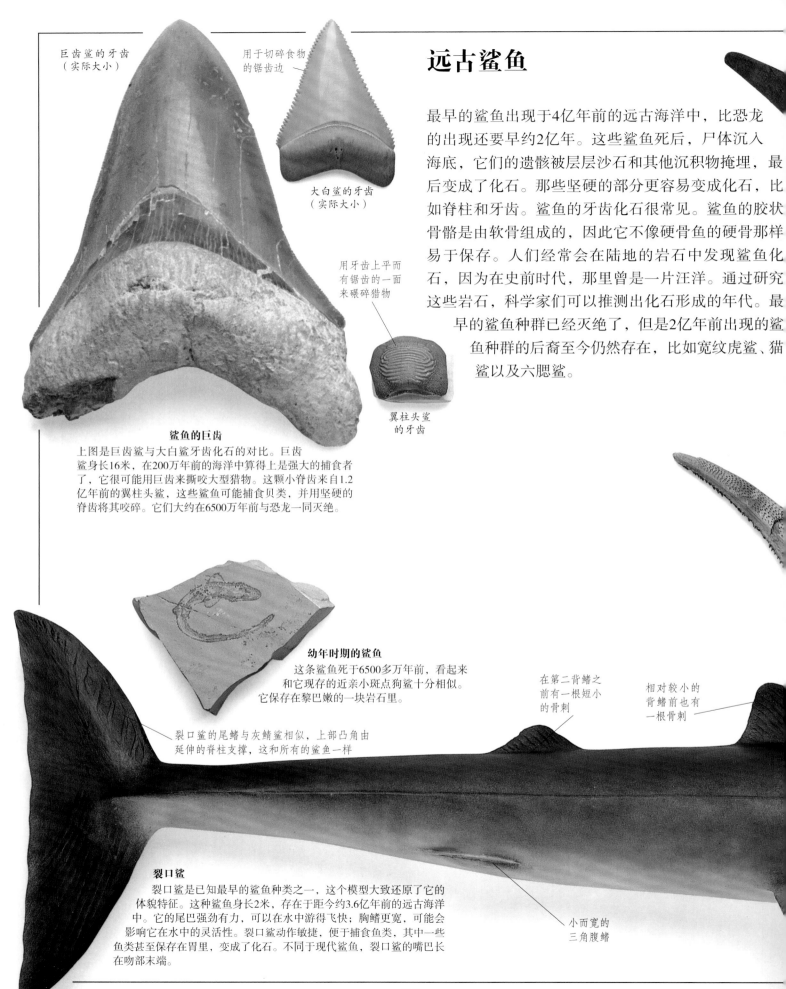

远古鲨鱼

巨齿鲨的牙齿（实际大小）

用于切碎食物的锯齿边

大白鲨的牙齿（实际大小）

最早的鲨鱼出现于4亿年前的远古海洋中，比恐龙的出现还要早约2亿年。这些鲨鱼死后，尸体沉入海底，它们的遗骸被层层沙石和其他沉积物掩埋，最后变成了化石。那些坚硬的部分更容易变成化石，比如脊柱和牙齿。鲨鱼的牙齿化石很常见。鲨鱼的胶状骨骼是由软骨组成的，因此它不像硬骨鱼的硬骨那样易于保存。人们经常会在陆地的岩石中发现鲨鱼化石，因为在史前时代，那里曾是一片汪洋。通过研究这些岩石，科学家们可以推测出化石形成的年代。最早的鲨鱼种群已经灭绝了，但是2亿年前出现的鲨鱼种群的后裔至今仍然存在，比如宽纹虎鲨、猫鲨以及六腮鲨。

用牙齿上平而有锯齿的一面来碾碎猎物

翼柱头鲨的牙齿

鲨鱼的巨齿
上图是巨齿鲨与大白鲨牙齿化石的对比。巨齿鲨身长16米，在200万年前的海洋中算得上是强大的捕食者了，它很可能用巨齿来撕咬大型猎物。这颗小脊齿来自1.2亿年前的翼柱头鲨，这些鲨鱼可能捕食贝类，并用坚硬的脊齿将其咬碎。它们大约在6500万年前与恐龙一同灭绝。

幼年时期的鲨鱼
这条鲨鱼死于6500多万年前，看起来和它现存的近亲小斑点狗鲨十分相似。它保存在黎巴嫩的一块岩石里。

在第二背鳍之前有一根短小的骨刺

相对较小的背鳍前也有一根骨刺

裂口鲨的尾鳍与灰鲭鲨相似，上部凸角由延伸的脊柱支撑，这和所有的鲨鱼一样

裂口鲨
裂口鲨是已知最早的鲨鱼种类之一，这个模型大致还原了它的体貌特征。这种鲨鱼身长2米，存在于距今约3.6亿年前的远古海洋中。它的尾巴强劲有力，可以在水中游得飞快；胸鳍更宽，可能会影响它在水中的灵活性。裂口鲨动作敏捷，便于捕食鱼类，其中一些鱼类甚至保存在胃里，变成了化石。不同于现代鲨鱼，裂口鲨的嘴巴长在吻部末端。

小而宽的三角腹鳍

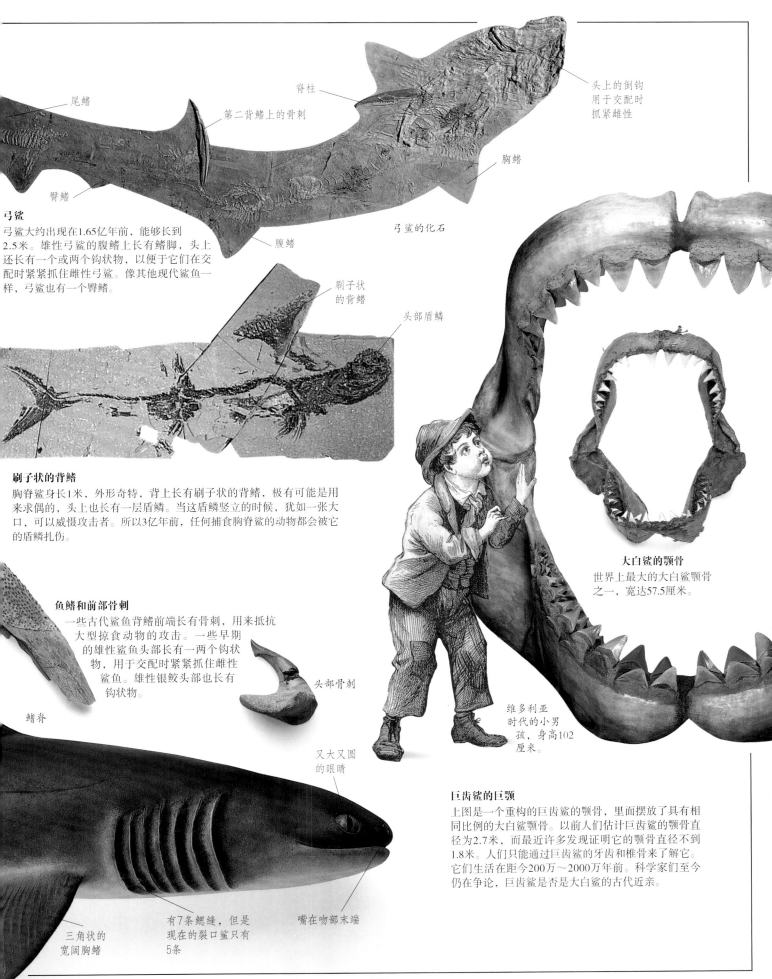

尾鳍

脊柱

第二背鳍上的骨刺

头上的倒钩
用于交配时
抓紧雌性

臀鳍

胸鳍

弓鲨

弓鲨大约出现在1.65亿年前，能够长到
2.5米。雄性弓鲨的腹鳍上长有鳍脚，头上
还长有一个或两个钩状物，以便于它们在交
配时紧紧抓住雌性弓鲨。像其他现代鲨鱼一
样，弓鲨也有一个臀鳍。

腹鳍

弓鲨的化石

刷子状
的背鳍

头部盾鳞

刷子状的背鳍

胸脊鲨身长1米，外形奇特，背上长有刷子状的背鳍，极有可能是用
来求偶的，头上也长有一层盾鳞。当这盾鳞竖立的时候，犹如一张大
口，可以威慑攻击者。所以3亿年前，任何捕食胸脊鲨的动物都会被它
的盾鳞扎伤。

鱼鳍和前部骨刺

一些古代鲨鱼背鳍前端长有骨刺，用来抵抗
大型掠食动物的攻击。一些早期
的雄性鲨鱼头部长有一两个钩状
物，用于交配时紧紧抓住雌性
鲨鱼。雄性银鲛头部也长有
钩状物。

头部骨刺

鳍脊

又大又圆
的眼睛

大白鲨的颚骨

世界上最大的大白鲨颚骨
之一，宽达57.5厘米。

维多利亚
时代的小男
孩，身高102
厘米。

巨齿鲨的巨颚

上图是一个重构的巨齿鲨的颚骨，里面摆放了具有相
同比例的大白鲨颚骨。以前人们估计巨齿鲨的颚骨直
径为2.7米，而最近许多发现证明它的颚骨直径不到
1.8米。人们只能通过巨齿鲨的牙齿和椎骨来了解它。
它们生活在距今200万~2000万年前。科学家们至今
仍在争论，巨齿鲨是否是大白鲨的古代近亲。

有7条鳃缝，但是
现在的裂口鲨只有
5条

嘴在吻部末端

三角状的
宽阔胸鳍

泳姿优雅

鲨鱼在水中的泳姿十分优雅，它们从一边到另一边拍打着自己的尾巴以推动自己前进。胸鳍在身体上直立着，当海水流过它们的时候，胸鳍产生的升力不会使鲨鱼下沉。更多的升力是由尾巴的上叶产生的，这使鲨鱼的头部下降，让鲨鱼可以在水平面上游动。鲨鱼鱼鳍没有硬骨鱼的灵活，但是它们生长的角度很合适，可以用来控制鲨鱼的升降以及左右转向。胸鳍也可用于制动。与硬骨鱼类不同，鲨鱼无法像摇桨一样移动自己的胸鳍，因此它们无法倒着向后游，也无法在水中悬停。它们也没有鱼鳔，但是拥有含油丰富的肝脏，这有助于减少其在水中的重量。

游动时的S形曲线
鲨鱼按照S形曲线游动，并结合鱼鳍角度来决定向左还是向右"驾驶"。

尾端
当鲨鱼向前移动时，身体从前向后扭曲波动，呈S形。鲨鱼尾部弯曲幅度比身体的其他部位大得多，这样就产生了一个向前的推力。

星鲨
鲨鱼皮肤上的盾鳞顺着游动方向连成了一条线，有助于减少水的阻力。这些盾鳞中存有一层水膜，使鲨鱼能够更容易在水中穿梭。

巡航
当胸鳍从两边向上直立升起时，星鲨就能够在同一水平面上游泳了。两个背鳍能够防止鲨鱼滚动，同时尾巴会产生一种向前的推力。

一岁的豹纹鲨，身长38厘米

灵活的身体

豹纹鲨（上图）有灵活的身体，这样它们就可以在狭小的空间中转动。像它们的近亲星鲨一样，豹纹鲨大部分时间都在接近海底的地方巡游，并在海床上休息。

飞行般的遨游

星鲨的巨大胸鳍（左图）类似飞机的机翼，能够提供升力使鲨鱼不致下沉。当身体倾斜时，它们还可以起到刹车的作用。就像水翼船一样，鲨鱼胸鳍或前部边缘是圆形的，后尾的边缘很薄，这使水能够更容易地流过它们。鲨鱼尖尖的吻部以及逐渐变窄的身体呈流线型，从而减少了水的阻力。

全速前进

一只大白鲨（上图）正常的游速约为每小时3千米。它笨重的身体几乎不能移动，而尾巴很灵活。在捕捉猎物时，大白鲨的速度可达到每小时25千米，令人惊讶。

灵活度

大白鲨可以弯曲自己的身体，但不像一些小型鲨鱼那么灵活。它们必须出其不意地袭击猎物，而不需要使用什么策略。

199

接下页

各种类型的尾巴

鲨鱼尾巴的形状适合于它的生活方式。许多鲨鱼尾鳍的上叶大于下叶，当尾鳍从一侧向另一侧摆动时，升力产生，从而促使鲨鱼的头部低垂。但胸鳍产生的升力会抵消这种影响，以防止鲨鱼下沉。一些速度很快的鲨鱼，比如灰鲭鲨和大白鲨，尾鳍上下两叶的大小几乎相等，升力也可能来自尾巴底部，那里有一些很小的呈水平状的龙骨。像铰口鲨一样缓慢移动的海底居民，长有力量较弱的尾巴，它们游起来时有明显的波浪传递到尾巴。

窄头双髻鲨的尾巴

窄头双髻鲨的头部像小型的锤子，它的长度可以达到约1.5米。像所有的鲨鱼一样，它尾巴的上叶通常比下叶大，并包含一段延伸的脊柱。上叶保持一定的角度，所以它在鲨鱼的中线之上。

窄头双髻鲨的尾巴

长尾鲨的尾巴

长尾鲨尾部上叶和它的身体一样长，长约1.5～2.5米。长尾鲨的尾部用以击晕猎物，即使被拖到甲板上，它的尾巴也可对钓鱼者造成伤害。

长尾鲨的尾巴

龙骨

大白鲨的尾巴

大白鲨尾鳍上下两叶大小几乎相等，它们分别排在鲨鱼的中线上下。龙骨可以用来帮助大鲨鱼转向。第一背鳍很坚硬，可以防止鲨鱼来回滚动。大白鲨也可以跳出水面。

大白鲨尾巴模型视图

天使鲨出动

为了使庞大的身躯离开海床，天使鲨反复拍打它的尾巴，同时倾斜巨大的胸鳍和腹鳍以达到最大升力。它们的胸鳍不会像鳐鱼那样呈波浪形摆动。

跃到空中的灰鲭鲨

灰鲭鲨的速度可能是鲨鱼中的佼佼者，可以达到大约每小时32千米。当被钓鱼者捕捉到时，它们跳出水面，努力挣脱（上图）。它们的尾巴和另一种速度很快的鱼类金枪鱼形状相同，在尾巴底部长有龙骨，这使它们更为灵活，同时也会提升它们的升力。

天使鲨的尾鳍下叶比上叶长

绒毛鲨的尾巴

绒毛鲨（右图）身长约1米，体格比绞口鲨小。它们行动迟缓，白天在海床上休息，晚上在贴近海底的地方遨游。它们的尾巴勉强高于中线。

角鲨的尾巴

角鲨的尾巴下叶比绒毛鲨更为发达。这是一只长约1米的角鲨的尾巴（右图），它与中线保持一定的角度，因此它游速很慢。

铰口鲨的尾巴

铰口鲨身长约3米，游速相当缓慢，利用尾巴（右图）在海底巡游。

形成感官

和人类一样，鲨鱼也有五种感官，即视觉、听觉、嗅觉、味觉和触觉。鲨鱼还有第六感，这让它们可以检测到猎物产生的微弱的电信号，从而为鲨鱼在茫茫大海中导航。在水下世界，亮度随着深度而下降，海水颜色也变成了蓝色，声音传播的速度和广度是原先的5倍，气味溶解在水中而不是在空气中飘动。鲨鱼可以侦测海水中生物所发出的振动，这种感觉称为"遥感"。人类很难知道鲨鱼是怎样感知世界的，但是对鲨鱼习性及其感官的研究为我们了解鲨鱼提供了一些参考。

瞬眼睑

感觉毛孔

鼻孔

金属探测器
人类用金属探测器来回寻找埋在地下的金属，这跟双髻鲨在沙滩上采取的狩猎方式一样。

传递到头部
这是大青鲨的眼睛、鼻孔以及能够检测微弱电信号的感觉毛孔。部分眼睛由被称作"瞬眼睑"的第三眼睑所覆盖，当鲨鱼攻击猎物或接近不明物体时，第三眼睑能起到保护眼睛的作用。鲨鱼游动时，水流流过鼻尖下的鼻孔，带来了源源不断的气味。

疯狂进食
当用鱼饵引诱鲨鱼时，它们可能会变得过度兴奋，并且野蛮地撕咬食物。

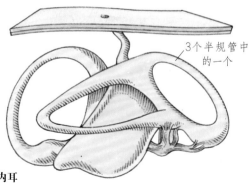

3个半规管中的一个

内耳
鲨鱼没有外耳，但是在脑颅的两边藏着一对内耳。像其他脊椎动物一样，鲨鱼耳中有3个半规管，它们在耳中互呈直角。这些半规管可以帮助鲨鱼分辨出它在水中应该怎样转向。内耳中的神经末梢能捕捉水中的声音。

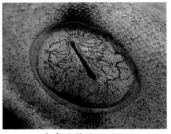

肩章鲨裂隙状的瞳孔

狗鲨闭合的瞳孔

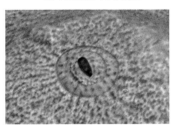

天使鲨的瞳孔

珊瑚礁鲨垂直的瞳孔

角鲨的瞳孔

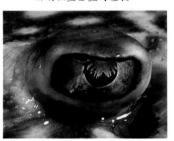

鳐鱼眼睛上的遮光屏

各种各样的眼睛
根据光线强弱，鲨鱼眼睛中的虹膜可以自动收缩或扩张以改变瞳孔的大小。鲨鱼眼睛后面有一层叫作照膜的细胞，这层细胞可以将光线反射到能够成像的视网膜上，这样鲨鱼就可以最大限度地利用任何可用的光。像人类一样，鲨鱼的视网膜有两种类型的细胞——视感细胞可以在昏暗的光线下工作，它对光线变化很敏感；视锥细胞可以解决一些细节问题，并且能让鲨鱼分辨出颜色。

遥感
鲨鱼身体两侧有一个侧线系统，并且能连接到头部。侧线系统是一些细小的管道，下方布满微小毛细胞一般的小孔。一些类似毛细胞的窝器散布在身体上，它们的功能和侧线系统一样，即捕捉振动。

侧线

星鲨身上的侧线系统

柄上的眼睛

双髻鲨的眼睛位于头部突出部分的末端，这样当它们来回摆头的时候视野就更开阔。它们的鼻孔分布在头部前方并且两个鼻孔相隔很远，这能帮助它们检测气味的来源。头部突出部分包含传感器，使它们能够检测到附近潜在猎物的电信号。

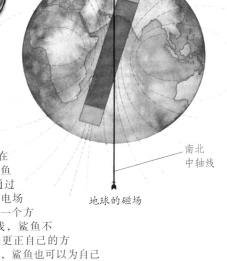

指南针

虚拟磁铁

南北中轴线

地球的磁场

方位感

有些鲨鱼可以迁移几百千米，并且似乎知道自己正在前往何处。科学家认为鲨鱼拥有引导它们的方位感。通过感应与地球磁场相关的自身电场变化，鲨鱼游动时可以保持一个方向。为了防止自己脱离航线，鲨鱼不得不根据速度和洋流方向来更正自己的方向。通过探测海床上的磁铁，鲨鱼也可以为自己导航。

鸭嘴兽

除了鲨鱼外，另一种动物也具有第六感，能够探测猎物的电信号，这种动物就是澳大利亚的鸭嘴兽。鸭嘴兽的感电神经末梢位于嘴部左侧。

铰口鲨

触须

触须和味觉的碰撞

铰口鲨鼻子上长有一对触须（右图），这意味着它可以探测到猎物，如隐藏在沙滩上的虾类。触须也有助于增强鲨鱼的味觉。鲨鱼的嘴巴和食道上长有味蕾（左图），这样鲨鱼会吐出它们觉得味道不好的东西。

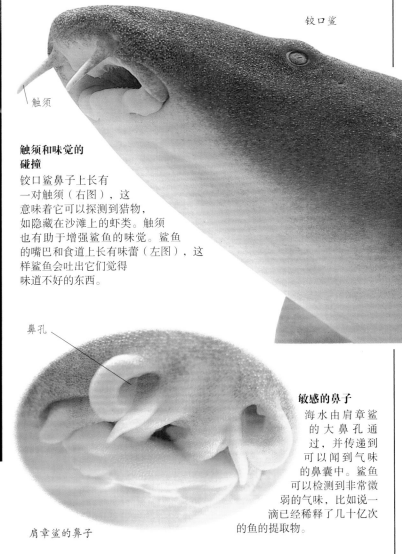

鼻孔

敏感的鼻子

海水由肩章鲨的大鼻孔通过，并传递到可以闻到气味的鼻囊中。鲨鱼可以检测到非常微弱的气味，比如说一滴已经稀释了几十亿次的鱼的提取物。

肩章鲨的鼻子

多斑点的鼻子

这只锥齿鲨鼻子前端上的斑点是一些感觉毛孔。毛孔中充满了胶状物，深处连接着神经。毛孔能检测到由猎物肌肉和身体所发出的微弱的电信号。有时候，鲨鱼会对金属制品发出的电信号感到困惑，所以它们会去咬鲨鱼笼。

产卵

对一些鲨鱼来说，寻找伴侣的过程就像是一段漫长的旅程，因为雄性鲨鱼和雌性鲨鱼通常生活在不同的海域。当它们见面时，雄性将追逐并轻咬雌性，以激起雌性进行交配的欲望。雄性鲨鱼将它的一个鳍脚插到雌性鲨鱼的泄殖腔中。海水首先被吸进雄性鲨鱼的体囊，然后喷射到鳍脚的凹槽中，从而将精子冲入雌性鲨鱼的泄殖腔中。而硬骨鱼是在体外完成受精的。受精的作用可能不会马上发生，因为雌性鲨鱼可以储存精子直到它们可以进行繁殖。大多数鲨鱼的受精卵会在雌性鲨鱼的子宫或卵巢管中成长，然后雌性鲨鱼会产下幼鲨。其他鲨鱼的受精卵被包裹在一个坚韧的外壳中，然后雌性鲨鱼会将它们产在海床上。

美人鱼

美人鱼是神秘的海洋生物，它有女人的身体和鱼的尾巴。自古以来，水手们编造了许多关于美人鱼的故事。狗鲨和鳐鱼的空卵壳被冲上海岸，人们将其称为美人鱼的钱包。

螺旋状鲨鱼卵

一只角鲨将自己螺旋状的鱼卵挤进岩石中，以防止掠食者将其吃掉。

猫鲨的卵

猫鲨的卵被牢牢固定在海床上所能找到的所有东西上。鲨鱼卵通常比较大，并且得到了很好的保护，所以与大多数硬骨鱼的小型卵相比，小鲨鱼更有可能生存下来。

追逐游戏

这只雄性白鳍礁鲨正在追求一只雌性白鳍礁鲨，希望与之进行交配。雄性鲨鱼被雌性鲨鱼的气味所吸引。

吻痕

当雄性白鳍礁鲨接近一只雌性白鳍礁鲨（右图）时，雄性会轻咬雌性以唤起它的兴趣。在交配时，雄性鲨鱼还会用下颚抓住雌性的胸鳍以使它更接近自己。

厚厚的皮肤

像大青鲨一样，一些雌性鲨鱼的皮肤比雄性鲨鱼要薄。在求偶期，这可以保护它们免受伤害。大多数的吻痕只伤及了表层皮肤，并且在几周内就完全愈合了。

鲨鱼的交配

人们很少能看到鲨鱼在野生环境中交配的过程，甚至在水族馆也看不到。通过一些观察，人们认为大型鲨鱼交配时身体是平行从侧面进行的。而一些小型鲨鱼的雄性，如狗鲨（或猫鲨），能够更灵活地周旋在雌性鲨鱼的周围进行交配。

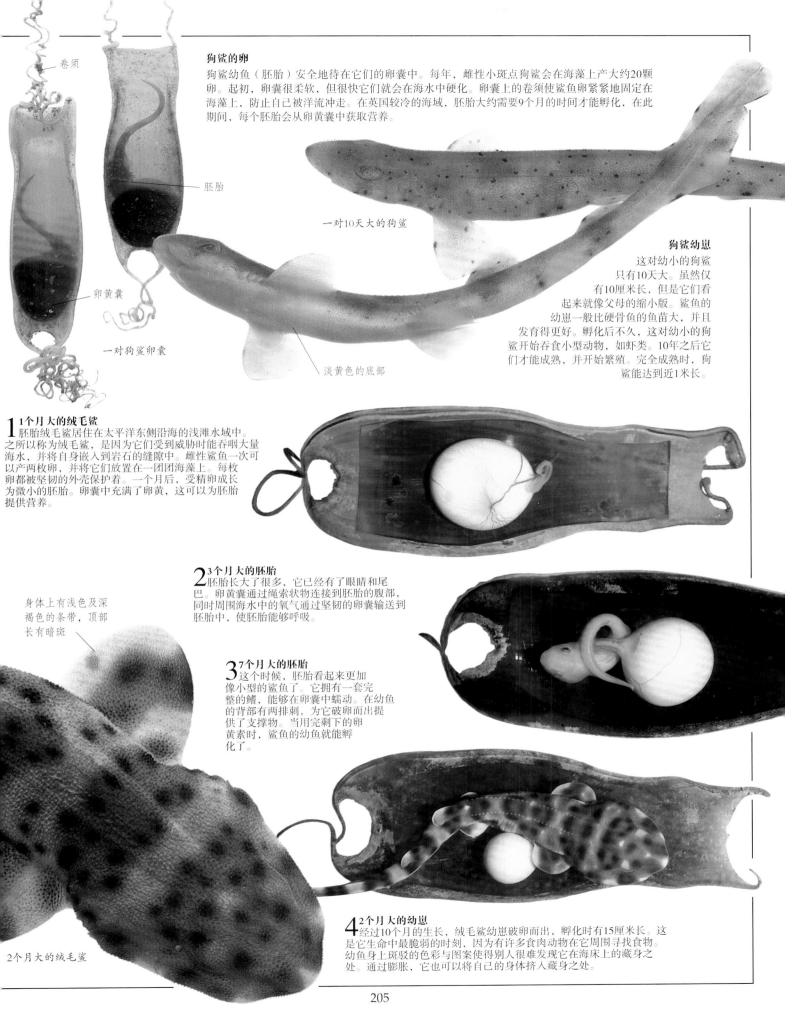

卷须

狗鲨的卵

狗鲨幼鱼（胚胎）安全地待在它们的卵囊中。每年，雌性小斑点狗鲨会在海藻上产大约20颗卵。起初，卵囊很柔软，但很快它们就会在海水中硬化。卵囊上的卷须使狗鲨卵紧紧地固定在海藻上，防止自己被洋流冲走。在英国较冷的海域，胚胎大约需要9个月的时间才能孵化，在此期间，每个胚胎会从卵黄囊中获取营养。

胚胎

卵黄囊

一对狗鲨卵囊

一对10天大的狗鲨

狗鲨幼崽

这对幼小的狗鲨只有10天大。虽然仅有10厘米长，但是它们看起来就像父母的缩小版。鲨鱼的幼崽一般比硬骨鱼的鱼苗大，并且发育得更好。孵化后不久，这对幼小的狗鲨开始吞食小型动物，如虾类。10年之后它们才能成熟，并开始繁殖。完全成熟时，狗鲨能达到近1米长。

淡黄色的底部

1 1个月大的绒毛鲨
胚胎绒毛鲨居住在太平洋东侧沿海的浅滩水域中。之所以称为绒毛鲨，是因为它们受到威胁时能吞咽大量海水，并将自身嵌入到岩石的缝隙中。雌性鲨鱼一次可以产两枚卵，并将它们放置在一团团海藻上。每枚卵都被坚韧的外壳保护着。一个月后，受精卵成长为微小的胚胎。卵囊中充满了卵黄，这可以为胚胎提供营养。

2 3个月大的胚胎
胚胎长大了很多，它已经有了眼睛和尾巴。卵黄囊通过绳索状物连接到胚胎的腹部，同时周围海水中的氧气通过坚韧的卵囊输送到胚胎中，使胚胎能够呼吸。

身体上有浅色及深褐色的条带，顶部长有暗斑

3 7个月大的胚胎
这个时候，胚胎看起来更加像小型的鲨鱼了。它拥有一套完整的鳍，能够在卵囊中蠕动。在幼鱼的背部有两排刺，为它破卵而出提供了支撑物。当用完剩下的卵黄素时，鲨鱼的幼鱼就能孵化了。

4 2个月大的幼崽
经过10个月的生长，绒毛鲨幼崽破卵而出，孵化时有15厘米长。这是它生命中最脆弱的时刻，因为有许多食肉动物在它周围寻找食物。幼鱼身上斑驳的色彩与图案使得别人很难发现它在海床上的藏身之处。通过膨胀，它也可以将自己的身体挤入藏身之处。

2个月大的绒毛鲨

胎生幼崽

大部分的鲨鱼都是胎生而不是卵生。很多鲨鱼采取卵胎生的方式，在进行繁殖时，母鲨的子宫中会产生许多带卵黄的鱼卵。生长中的幼崽以连接到其腹部的卵黄囊为食。当卵黄囊用完之后，幼崽已经充分发育并且准备离开母体。某些鲨鱼的第一批幼崽会以它们母亲子宫中的其他卵以及胚胎为食。锥齿鲨和灰鲭鲨每一边的子宫中只会有一只幼崽生存下来，这只幼崽会将未出生的兄弟姐妹全吃光。更复杂的妊娠过程会在一些胎生的鲨鱼体内发生，如柠檬鲨、大青鲨及双髻鲨，母鲨血液中的营养物质会顺着脐带从胎盘传递到胚胎中。人类婴儿以及其他胎盘哺乳类动物也是这样发育的。

母亲和婴儿
人类的婴儿需要经成人照顾多年才能独立成长。然而鲨鱼的幼崽就没有这么幸运了，在出生之后，它们必须自谋生路。

柠檬鲨是怎样出生的
（1）母鲨泄殖腔开口处露出了鲨鱼幼崽的尾巴。怀孕的柠檬鲨进入浅滩沿海潟湖，躲避波浪并准备生育。
（2）雌性鲨鱼即将分娩了。
（3）科学家起到了助产士的作用，他们帮助幼崽顺利地从母亲的产道中脱离出来。

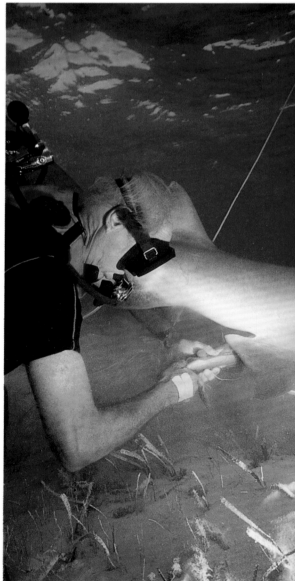

双髻鲨幼崽

双髻鲨的繁殖方式是胎生，它们的幼崽就像父母的小型复制品。双髻鲨一次可以生40多只幼崽。在子宫中，每只幼崽通过脐带连接母体。

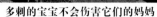

非洲大象幼崽

大象的妊娠期是所有哺乳动物中最长的，幼崽要在母亲的子宫内发育22个月。这并不奇怪，因为小象出生时体重会超过100千克。

多刺的宝宝不会伤害它们的妈妈

对任何妈妈来说，把宝宝从产道中用力生产出来都是很困难的。至少刺猬宝宝的尖刺只会在出生后才刺破它们的皮肤。白斑角鲨宝宝背鳍上的尖刺有一层保护层。

大眼长尾鲨幼崽

大眼长尾鲨幼崽在子宫内发育时会以未受精的卵为食。就像它们的父母一样，小鲨鱼长有长长的尾巴。

（4）在柠檬鲨17只幼崽中，有一只仍然通过脐带与母体连接着。这只雌性柠檬鲨有近3米长，但其幼崽只有60厘米。

（5）幼崽在海床上休息了一会儿后就挣断脐带游走了。

（6）现在，幼崽只能自食其力了，它必须寻求红树林根部的庇护以躲避猎食者。在几年内，它会待在像温床一般的浅滩潟湖中。然后它会离开，在珊瑚礁展开探索之旅，并逐渐向深海靠近。

牙齿和饮食

鲨鱼的牙齿会频繁地脱落。前排牙齿磨损脱落后会被后排的新牙所取代。一只鲨鱼可以在一生中更换数以千计的牙齿。随着鲨鱼的成长，它们的新牙也会比旧牙更大。根据所吃食物的类型，鲨鱼的牙齿有许多形状。像小刺一样的牙齿可以用于咬食小型猎物；呈锯齿状的牙齿可以用来切割食物；长而弯曲的牙齿可以帮助鲨鱼钩住滑溜的鱼体；钝齿能够用来咬碎贝类。一些鲨鱼，如姥鲨和鲸鲨，它们长有微小的牙齿，和自己巨大的体型极不相称。它们不用牙齿咀嚼，而是用其将水中的食物过滤到体内。一些鲨鱼的牙齿会随着年龄的增长而改变形状。

姥鲨的小型牙齿

鳃耙

张开大口
姥鲨在海中巡游时会张开它们的大嘴，捕捉虾类以及其他在海中漂移的浮游生物。随着海水从口中流入，从鳃裂流出，食物会被困在一层浓密的被称为"鳃耙"的刺状物上。

肩章鲨的饮食
肩章鲨生活在西南太平洋澳大利亚和巴布亚新几内亚附近的珊瑚礁中。它们能长到1米长，并且能用胸鳍在海底爬行。这些鲨鱼会在浅滩以及蓄潮池中觅食，搜寻小型鱼类、蟹类、虾类以及其他的小型生物。

笑一下
来自太平洋东部长约1米的绒毛鲨（右上）长有一张大嘴巴。夜晚降临，硬骨鱼在海床上休息，而鲨鱼埋伏在黑夜里伺机捕捉它们。只有当澳大利亚虎鲨的嘴巴张开时，人们才能看到它那排细小的门牙（右下）。在它的下颚后长有一排坚硬而扁平的牙齿，可以用来咬碎带壳的猎物。

肩章鲨的饮食

松脆的美餐
澳大利亚虎鲨长有小而尖的门牙，能帮助它们抓住猎物。坚硬而扁平的牙齿可以磨碎硬壳螃蟹、贻贝（右图）以及海胆（右下）。

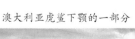
澳大利亚虎鲨下颚的一部分

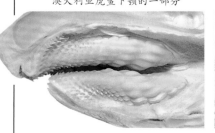

绒毛鲨的嘴巴

澳大利亚虎鲨的嘴巴

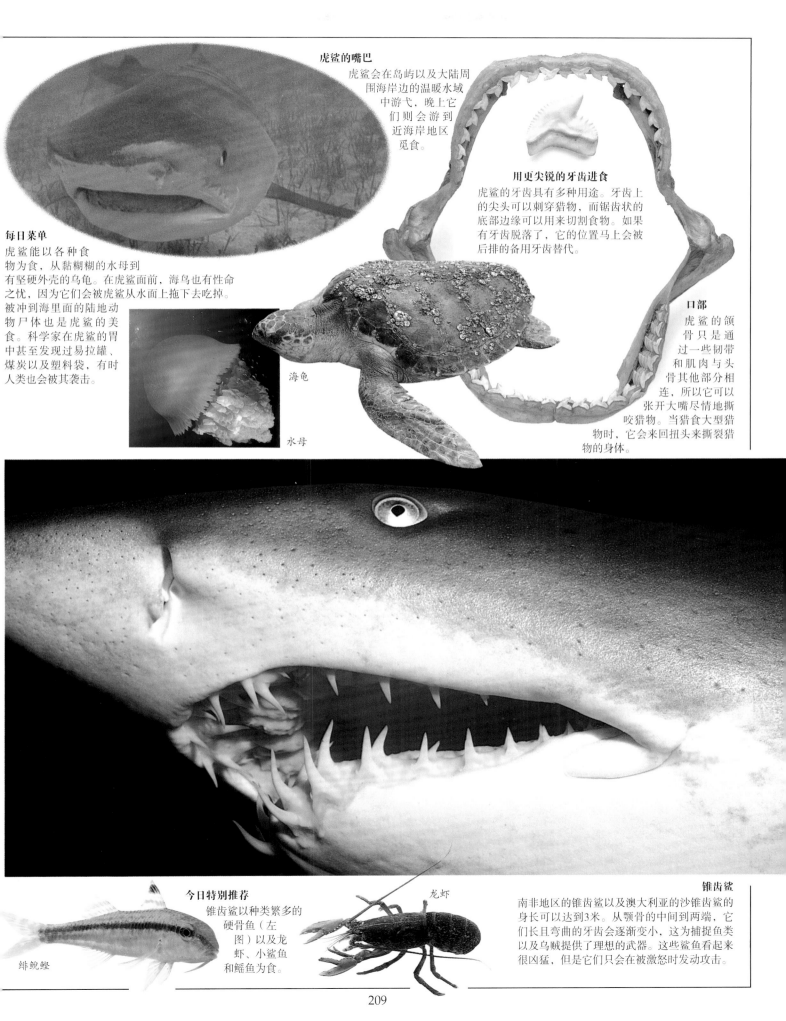

虎鲨的嘴巴
虎鲨会在岛屿以及大陆周围海岸边的温暖水域中游弋，晚上它们则会游到近海岸地区觅食。

用更尖锐的牙齿进食
虎鲨的牙齿具有多种用途。牙齿上的尖头可以刺穿猎物，而锯齿状的底部边缘可以用来切割食物。如果有牙齿脱落了，它的位置马上会被后排的备用牙齿替代。

每日菜单
虎鲨能以各种食物为食，从黏糊糊的水母到有坚硬外壳的乌龟。在虎鲨面前，海鸟也有性命之忧，因为它们会被虎鲨从水面上拖下去吃掉。被冲到海里面的陆地动物尸体也是虎鲨的美食。科学家在虎鲨的胃中甚至发现过易拉罐、煤炭以及塑料袋，有时人类也会被其袭击。

海龟

水母

口部
虎鲨的颌骨只是通过一些韧带和肌肉与头骨其他部分相连，所以它可以张开大嘴尽情地撕咬猎物。当猎食大型猎物时，它会来回扭头来撕裂猎物的身体。

龙虾

今日特别推荐
锥齿鲨以种类繁多的硬骨鱼（左图）以及龙虾、小鲨鱼和鳐鱼为食。

绯鲵鲣

锥齿鲨
南非地区的锥齿鲨以及澳大利亚的沙锥齿鲨的身长可以达到3米。从颚骨的中间到两端，它们长且弯曲的牙齿会逐渐变小，这为捕捉鱼类以及乌贼提供了理想的武器。这些鲨鱼看起来很凶猛，但是它们只会在被激怒时发动攻击。

朋友还是敌人

像大多数动物一样，鲨鱼也有很多体型较小的朋友和敌人，它们选择依靠鲨鱼生活或是寄生在鲨鱼的体内。鲫鱼受益于鲨鱼，因为鲨鱼可以让它们免费搭便车。通过头部的吸盘，鲫鱼能够贴在鲨鱼的身上，然后跟随着鲨鱼游动。另一种叫引水鱼的鱼类也会与鲨鱼同游。寄生生物以鲨鱼的皮肤、血液为食，有时甚至寄居在鲨鱼体内。这可能会引起鲨鱼的不适，但很少有寄生生物会将鲨鱼杀死。

清理牙齿
其他动物也有朋友。一只鸟在帮助鳄鱼清理牙齿的同时也会找到可口的美食。

爪子
这种19毫米长的桡足类动物将其锋利的爪子插进姥鲨的皮肤中。它以姥鲨的皮肤分泌物和血液为食。感染了这些寄生虫后，姥鲨会非常难受，甚至会从水中跃起以摆脱它们的骚扰。

爪
触角
头
胸甲
腹部

藤壶
这种看起来很奇怪的肿块就是藤壶，人们在岸边搁浅的鲨鱼身上找到了它们。在海洋中，藤壶的幼虫会依附在白斑角鲨或狗鲨的背鳍上，这种26毫米长的藤壶会用根部或茎部从鲨鱼体内吸取营养。

软壳
根部
从鲨鱼体内吸收营养的细根

雌性
雄性

依附
这些小型甲壳类或桡足类动物长有黏着爪垫，能够使自己黏在鲨鱼的鳍上。它们以鲨鱼的皮肤分泌物为食。

飘带
桡足类动物依附在这只灰鲭鲨的背鳍上（上图），它们会产卵并将卵囊挂在其身后。每只卵囊中都包含一堆盘形的卵。当卵被释放出去时，它们就可以孵化成桡足类幼体。这些桡足类幼体会在海面上漂移，经过最初前几个阶段的发育之后就依附于路过的鲨鱼身上。

黏在一起
被称作鲨鱼吸盘的鲫鱼（左图）生活在世界上的热带海洋中。每只鲫鱼的头部都长有一个脊状吸盘，它们会使用这种吸盘将自身黏在鲨鱼和鳐鱼的身上。当免费搭便车时，鲫鱼也会为它们的主人做一些事情，即吃掉其皮肤上的寄生虫。它们也会吃鲨鱼的残羹剩饭，有些甚至以鲨鱼分娩后的胎盘或胞衣为食（上图）。

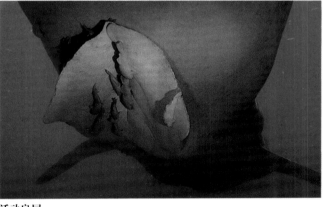

活动房屋

鲸鲨（最上图）的身体非常巨大，它们可以为大量的鮣鱼提供生存空间。一些鮣鱼会聚集在鲨鱼的嘴边，有些甚至游进鲨鱼的口腔和鳃中以寻找寄生虫，还有一些鮣鱼则在雌性鲨鱼（上图）的泄殖腔周围安家落户。

各种类型的蠕虫

鲨鱼的内脏中可能居住着成百上千只长约30厘米的绦虫，它们通过带刺的触须来吸收食物。绦虫尾端布满虫卵的部分被释放到海中，卵被桡足类吞到肚子中后就开始孵化。当一条硬骨鱼将桡足类动物吃掉，然后自己本身被鲨鱼吃掉之后，绦虫就到了鲨鱼的肚子中了。

嵌入眼球表面的锚状物

臂

头

躯干

卵囊

触手

头

身体

引水鱼

从太平洋来的黄金鲹与较大的鱼类相伴而游，这其中包括鲨鱼。虽然它们被称为引水鱼，但它们不会引导鲨鱼等大型鱼类找到食物来源。此外，它们可能会获得鲨鱼的保护，因为其他鱼类不喜欢靠近鲨鱼。引水鱼很敏捷，因此不会被鲨鱼吃掉。

眼睛间谍

这种奇怪的桡足类动物寄生在格陵兰鲨的眼睛中。这种寄生虫只有3.1厘米长，6米长的鲨鱼根本看不到它。它以眼睛表面的组织为食。

导航

大型船舶在引航艇的指导下进入海港，但鲨鱼是由自己导航的。

大白鲨

大白鲨是极具威慑力的捕食者，能够引发恐慌。这种可怕的鲨鱼能够达到6米多长、2吨多重。它是食肉鲨中体型最庞大的种类，能够吞食整个海狮。鲨鱼袭击人类的事件鲜有发生，一旦发生可能是因为鲨鱼误把人类看作了它经常捕食的海豹。一些海洋中的大白鲨非常稀少并且数量不断下降。人们通常在海豹群周围观察研究鲨鱼。人们认为大白鲨之间可能会互相交流，并用尾巴拍打海水以避开彼此。

在法国捕捉鲨鱼
这幅历史悠久的版画描绘了大白鲨在地中海沿岸被人类捕获的场景。这表明在一个世纪前，人类就对鲨鱼这种生物着迷了。不过，在这幅版画中有几处错误：画家给大白鲨安上了长尾鲨的尾巴、硬骨鱼的鳃盖和鳃裂。

背鳍

和第一背鳍相比，第二背鳍更小

腹鳍

大白鲨模型的前视图

长鼻子

游动的龙骨脊

尾鳍的上下叶几乎对称

相对较小的臀鳍

鳍脚

温热的血液
大白鲨以及它们的近亲灰鲭鲨、长尾鲨和鼠鲨都是温血动物，这就意味着它们能够保持自己的体温并使其高于周围水域的温度。这些鲨鱼的肌肉中有交织成复杂网状的血管，因此温热的血液在肌肉中流动时能够将热量传递给鳃周围的冰冷血液。体温较高意味着大白鲨有温热的肌肉，它们能游得更快，从而以极快的速度捕到猎物。温血也可能会帮助大白鲨更快地消化食物。科学家估计，大白鲨在饱餐一顿之后，三个月内都不需要再进食。

毛孔标示了洛仑兹壶腹的位置。洛仑兹壶腹是用来觉察猎物电场的感觉器官

五个鳃裂中的一个

尖锐的锯齿状牙齿

一头雄性大白鲨模型的整体侧视图

胸鳍

白色的指针

大白鲨的体色使得它在海中不易被察觉到，因此能够悄悄地接近猎物。从下往上看，这种鲨鱼白色的腹部与明亮的天空在水面的倒影十分协调。人们有时也称这种俊美的鲨鱼为"白色的指针"，它突出的鼻子使整个身体呈流线型。大白鲨的鼻子上通常有抓痕和伤疤，这可能是猎物或体形更庞大的鲨鱼反击时留下的。

咬住鱼饵

科学家、电影制片人和摄影师使用鱼饵吸引大白鲨。很少有大白鲨会在捕食猎物之前或是在捕食猎物的过程中将头探出水面。鲨鱼咬住鱼饵时，它的眼球在眼窝中向后转，露出眼白，这可以保护眼睛前面更重要的部分免遭抓伤。

给大白鲨做标记

美国鲨鱼研究科学家约翰·麦科斯克标记了一只游离澳大利亚海岸的大白鲨（上图）。声呐追踪器发现，这头大白鲨每小时可以游3千米，在3天内游了大约200千米（上图）。

接下页

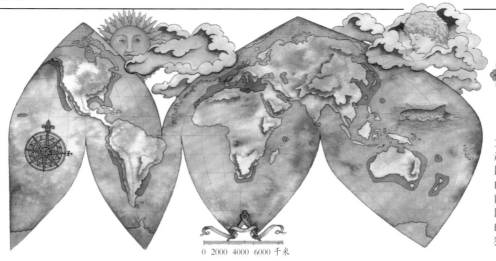

**大白鲨的
分布**

血盆大口

大白鲨的上颌骨向前凸起，鼻子上翘（右图），因此它一次能够咬下猎物的一大块肉。这只鲨鱼可能已经习惯了人类喂食，因为它的眼睛是向前看的，不像其他大白鲨攻击猎物那样眼睛向后翻转。

0 2000 4000 6000 千米

大白鲨吃什么

大白鲨生活在凉爽或温暖的海域中，这些海域沿美洲、北非和南非、地中海、日本、中国、韩国、澳大利亚和新西兰的海岸分布。有时它们也会出现在太平洋中部和大西洋的一些岛屿附近。人们经常在海豹群周围看到大白鲨，它们在那里捕食成年的和年幼的海豹。大白鲨袭击海豹时，会从水底悄悄地靠近海豹，咬它一口，然后离开一小会儿。由于猛攻的力量非常强大，大白鲨甚至会跳到空中。随着大白鲨的成长，它的饮食习惯也会发生变化。身长2～3米的幼年鲨鱼以鱼类为主食，而年龄稍大一点的鲨鱼会袭击更大的猎物，比如海豹和海狮。

大白鲨的食谱

大白鲨捕食的动物种类繁多，包括硬骨鱼、其他鲨鱼、一些海鸟和哺乳动物（比如海豹和鼠海豚），偶尔还会吃人。南非的企鹅被鲨鱼当作练习捕食的目标，但它们并不经常吃企鹅。大白鲨也是食腐动物，它们吃鲸鱼的尸体和其他死去的动物。

北美太平洋沿岸的大白鲨幼崽会以豹纹鲨为食。

食物链最顶层

老虎和大白鲨分别是陆地上和海洋中食物链最顶层的捕食者。它们成年后尽管可能会被人类杀死，但不会被其他的动物吃掉。然而，老虎和大白鲨一样有时也会吃人。

生活在北美太平洋沿岸的大白鲨幼崽会吃硬骨鱼，比如杜父鱼。

科学家还发现了南非斑嘴环企鹅的残骸，上面有大白鲨留下的撕咬痕迹。

成年的大白鲨吃加利福尼亚的海狮。

幼年海象是很容易被捕捉到的猎物。

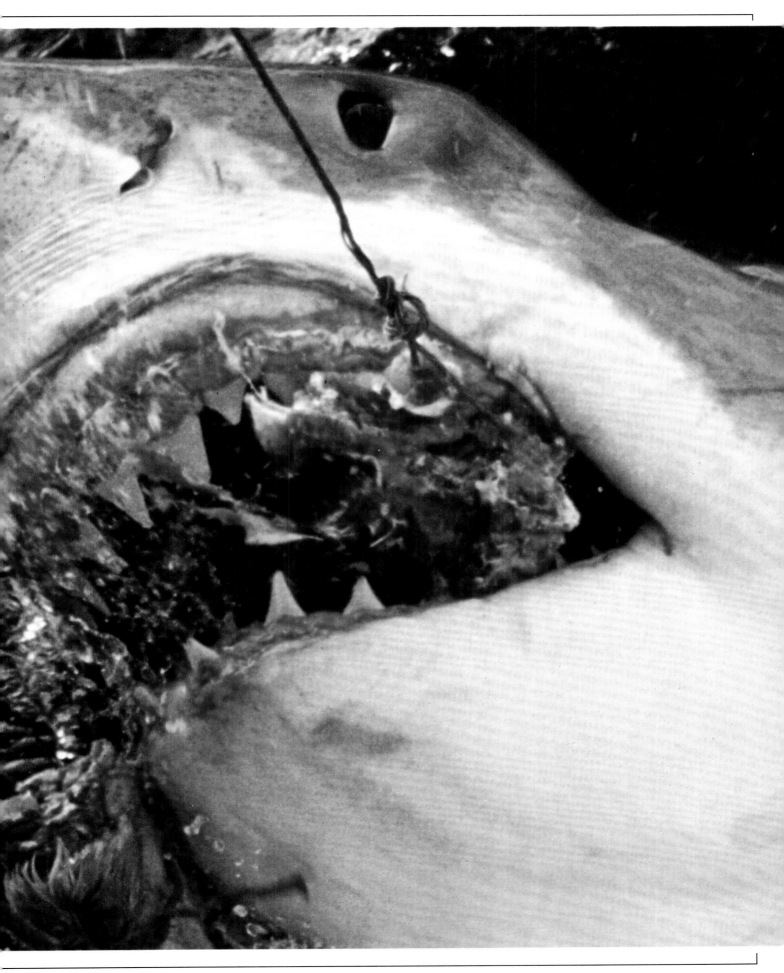

温和的大块头

座头鲸
鲸鲨是根据另一种海洋大块头——鲸鱼来命名的，但是鲸鱼并非鱼类，而是哺乳动物。

鲸鲨是世界上最大的鱼，至少能长到12米长、13.2吨重，大约和一头成年灰鲸一样大。这些温顺的鲨鱼是无害的，它们给潜泳者和潜水者带来的唯一危险是，尾巴前后摆动时有可能会不小心打到这些人或是用粗糙的皮肤将他们刮伤。这些巨大的鱼类通常在靠近海面的地方以每小时3千米的速度游动。它们生活在温暖的热带海域，那里食物供应充足，能够维持它们庞大的身躯，它们依靠从水中过滤食物为生。鲸鲨一次能生300只幼崽，这些幼崽从体内的卵中孵化而出。

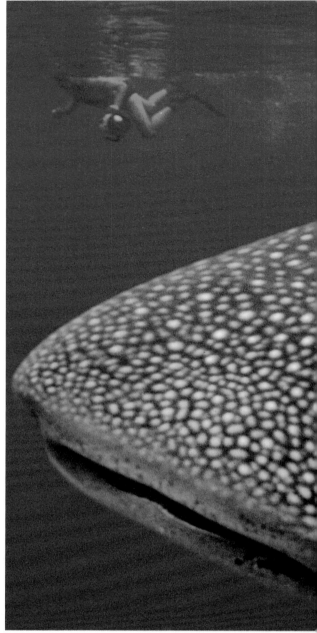

看牙医
人类使用牙齿咀嚼食物。如果他们的牙齿脱落了，就需要用假牙来代替。

不好用的牙齿
由于鲸鲨不会啃咬或咀嚼食物，所以它们并不需要那些像火柴头一样大的牙齿。

鲸鲨的分布

吞下一大口
尽管鲸鲨的身躯庞大，但是它们以浮游生物、小鱼和鱿鱼为食。鲸鲨用它们的大嘴舀起水，海水流过它们的鳃，从鳃裂溢出，然后食物会被鳃上面的过滤器拦住。这些过滤器是由一些网状组织构成的，这些组织靠软骨棒支撑。鲸鲨偶尔也吃鲭鱼和金枪鱼之类体型较大的鱼。它们的身体处于竖直状态时也能进食，有时甚至会将头探出水面，然后再沉入水中，进而将大量的鱼吸进口中。

白点竹鲨能
够长至约95厘
米长。

臀鳍

点纹斑竹鲨只能
长到1米多长。

铰口鲨能够长到3米长。

幸福的大家庭

尽管体型小得多，但是这四种鲨鱼
（白点竹鲨、点纹斑竹鲨、铰口鲨
和肩章鲨）和鲸鲨属于同一种群。
臀鳍以及正好位于眼睛前面的嘴巴
是它们共有的主要特征。在鼻子的
顶端还有两根触须，能够帮助它们
找到食物。不同于鲸鲨，这些体型
较小的鲨鱼都生活在海床上。

触须

肩章鲨长大后，只有1米多长。

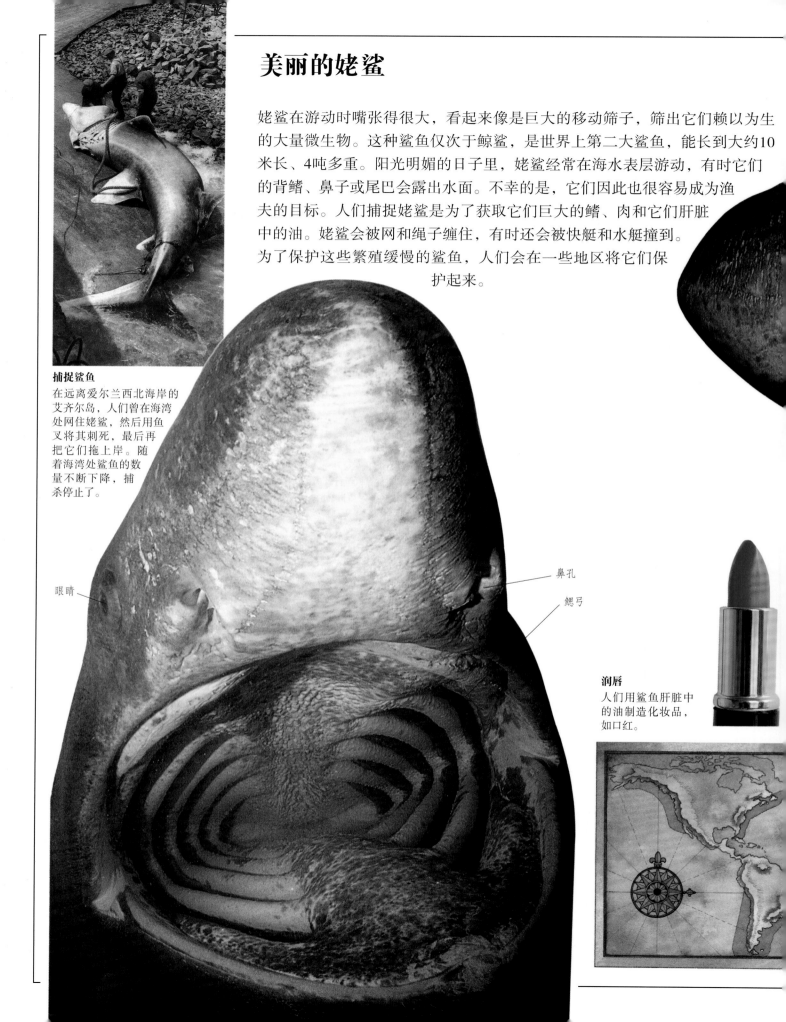

美丽的姥鲨

姥鲨在游动时嘴张得很大，看起来像是巨大的移动筛子，筛出它们赖以为生的大量微生物。这种鲨鱼仅次于鲸鲨，是世界上第二大鲨鱼，能长到大约10米长、4吨多重。阳光明媚的日子里，姥鲨经常在海水表层游动，有时它们的背鳍、鼻子或尾巴会露出水面。不幸的是，它们因此也很容易成为渔夫的目标。人们捕捉姥鲨是为了获取它们巨大的鳍、肉和它们肝脏中的油。姥鲨会被网和绳子缠住，有时还会被快艇和水艇撞到。为了保护这些繁殖缓慢的鲨鱼，人们会在一些地区将它们保护起来。

捕捉鲨鱼
在远离爱尔兰西北海岸的艾齐尔岛，人们曾在海湾处网住姥鲨，然后用鱼叉将其刺死，最后再把它们拖上岸。随着海湾处鲨鱼的数量不断下降，捕杀停止了。

眼睛

鼻孔

鳃弓

润唇
人们用鲨鱼肝脏中的油制造化妆品，如口红。

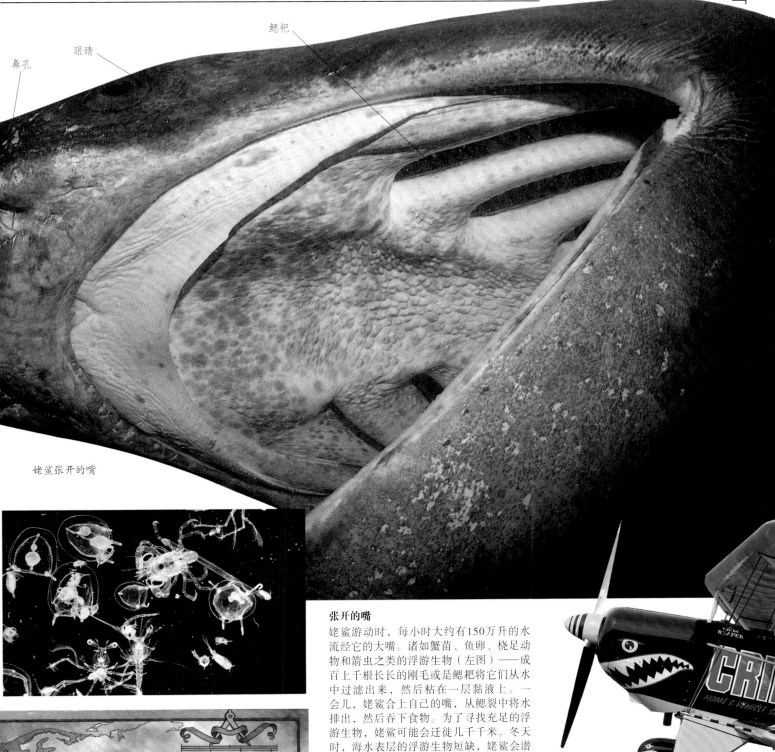

鼻孔 眼睛 鳃耙

姥鲨张开的嘴

张开的嘴

姥鲨游动时，每小时大约有150万升的水流经它的大嘴。诸如蟹苗、鱼卵、桡足动物和箭虫之类的浮游生物（左图）——成百上千根长长的刚毛或是鳃耙将它们从水中过滤出来，然后粘在一层黏液上。一会儿，姥鲨合上自己的嘴，从鳃裂中将水排出，然后吞下食物。为了寻找充足的浮游生物，姥鲨可能会迁徙几千千米。冬天时，海水表层的浮游生物短缺，姥鲨会潜到水下850米处去寻找大片的浮游生物。

0 2000 4000 6000 千米

姥鲨的分布

鲨鱼艺术来袭

这架双翼机在机首和轮胎的盖子上绘有引人注目的鲨鱼牙齿，以此来吸引注意力。鲨鱼的头像也被绘在战斗机上用以威慑敌人。

天使鲨

想象将一台蒸汽压路机从一头形状正常的鲨鱼身上碾过，最后呈现在我们面前的就是一只类似天使鲨的生物。这些怪异的、扁平的鲨鱼有极大的鳍，看起来就像是天使的翅膀。天使鲨大部分时间都在海床上休息或是潜伏着，等待鱼类或贝类接近它们的下颚。和其他鲨鱼一样，它们也能游泳，游动时会使用尾巴推动自己前进。全世界大约有20种天使鲨，其分布范围很广，从沿海的浅水区域到水下1000多米深的水域都可以发现它们的身影。

僧侣鱼
自16世纪以来，人们一直称天使鲨为"僧侣鱼"，因为这种鲨鱼的头部看起来像是僧侣斗篷的帽兜。

尾巴的下叶，也称尾鳍，比上叶长，这是天使鲨独一无二的特点

第二背鳍

腹鳍

第一背鳍

0　2000　4000　6000千米

天使鲨的分布

鳃裂

嘴

眼睛

呼吸孔

腹鳍

鳐鱼
鳐鱼身体扁平，胸鳍完全和头部相连，鳃裂位于身体的下面。

胸鳍

鳐鱼的底面

鳐鱼的正面

天使鲨
这种天使鲨能长到约2米长。在地中海、波罗的海、大西洋东部、英吉利海峡深至150米处都能找到天使鲨。和所有天使鲨一样，它的眼睛长在头部上方，所以它平躺在海床上时也能够看清物体。为了呼吸，它会用头顶的巨大呼吸孔吸水。与用嘴喝进去的水相比，通过呼吸孔吸进的水可能含有更少的淤泥。

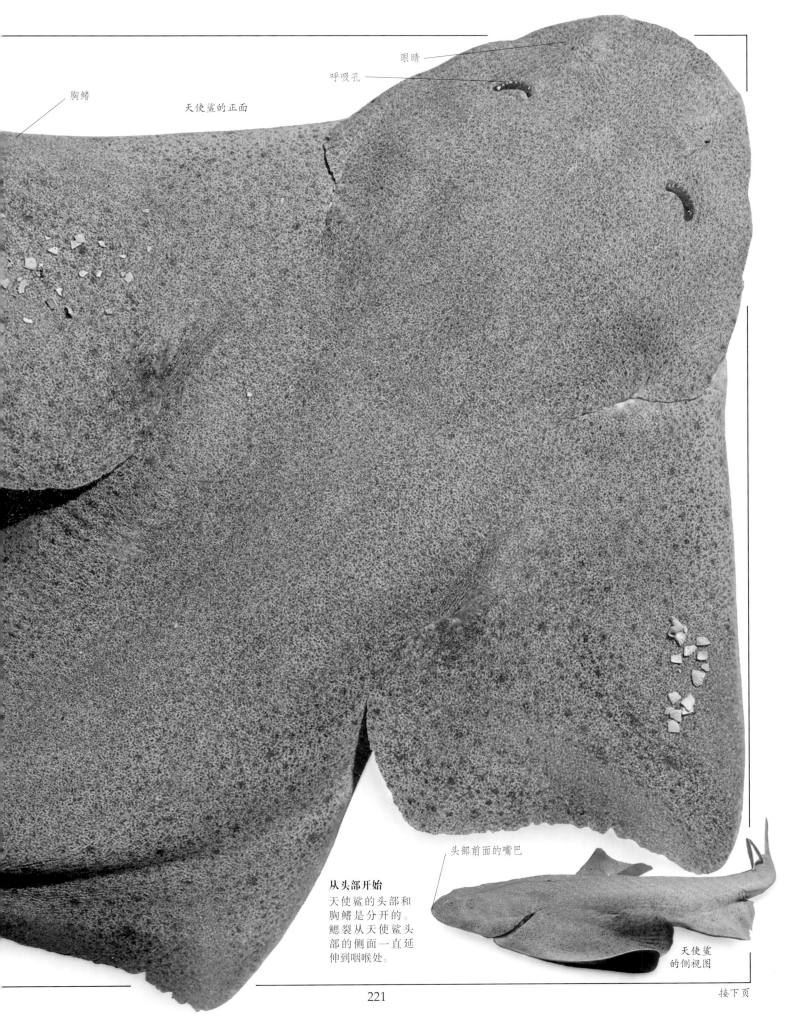

胸鳍

眼睛

呼吸孔

天使鲨的正面

从头部开始

天使鲨的头部和
胸鳍是分开的。
鳃裂从天使鲨头
部的侧面一直延
伸到咽喉处。

头部前面的嘴巴

天使鲨
的侧视图

接下页

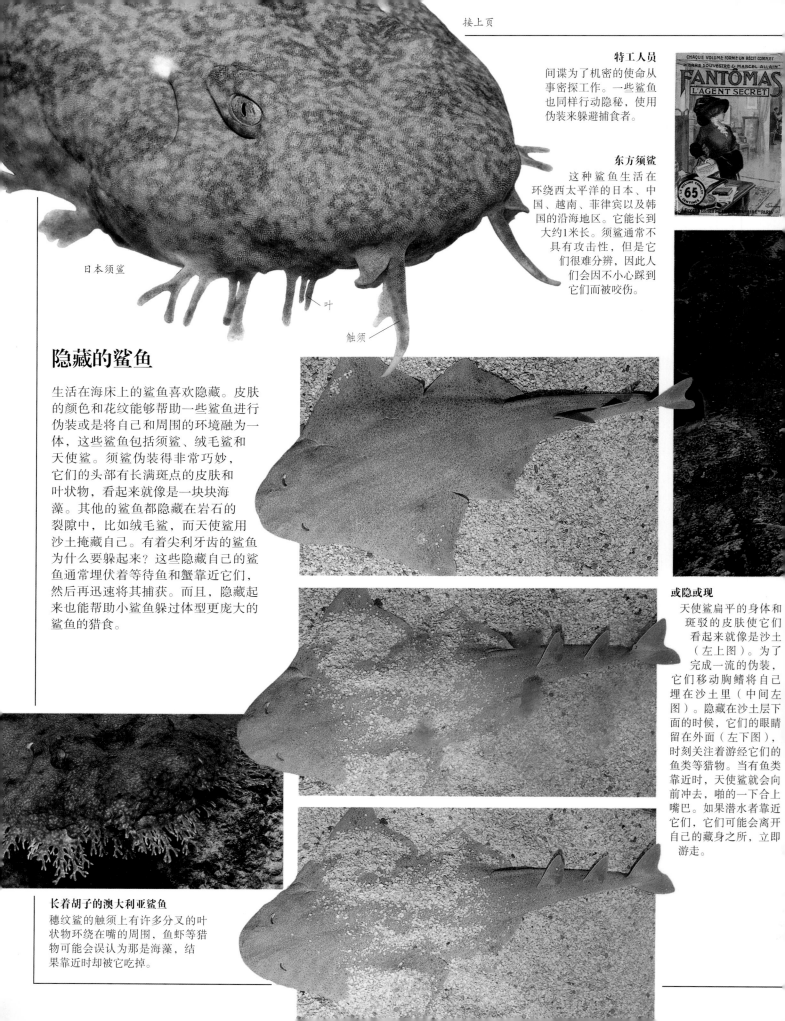

日本须鲨

叶

触须

特工人员
间谍为了机密的使命从事密探工作。一些鲨鱼也同样行动隐秘，使用伪装来躲避捕食者。

FANTÔMAS
L'AGENT SECRET

东方须鲨
这种鲨鱼生活在环绕西太平洋的日本、中国、越南、菲律宾以及韩国的沿海地区。它能长到大约1米长。须鲨通常不具有攻击性，但是它们很难分辨，因此人们会因不小心踩到它们而被咬伤。

隐藏的鲨鱼

生活在海床上的鲨鱼喜欢隐藏。皮肤的颜色和花纹能够帮助一些鲨鱼进行伪装或是将自己和周围的环境融为一体，这些鲨鱼包括须鲨、绒毛鲨和天使鲨。须鲨伪装得非常巧妙，它们的头部有长满斑点的皮肤和叶状物，看起来就像是一块块海藻。其他的鲨鱼都隐藏在岩石的裂隙中，比如绒毛鲨，而天使鲨用沙土掩藏自己。有着尖利牙齿的鲨鱼为什么要躲起来？这些隐藏自己的鲨鱼通常埋伏着等待鱼和蟹靠近它们，然后再迅速将其捕获。而且，隐藏起来也能帮助小鲨鱼躲过体型更庞大的鲨鱼的猎食。

或隐或现
天使鲨扁平的身体和斑驳的皮肤使它们看起来就像是沙土（左上图）。为了完成一流的伪装，它们移动胸鳍将自己埋在沙土里（中间左图）。隐藏在沙土层下面的时候，它们的眼睛留在外面（左下图），时刻关注着游经它们的鱼类等猎物。当有鱼类靠近时，天使鲨就会向前冲去，啪的一下合上嘴巴。如果潜水者靠近它们，它们可能会离开自己的藏身之所，立即游走。

长着胡子的澳大利亚鲨鱼
穗纹鲨的触须上有许多分叉的叶状物环绕在嘴的周围，鱼虾等猎物可能会误认为那是海藻，结果靠近时却被它吃掉。

面部照片
无论是从正面看（左上图）还是从侧面看（左下图），这种斑纹须鲨的外表与各种各样的天使鲨相比都有不同之处。无论从哪个方向看，须鲨的伪装都很成功。

捕食者可能看不见绒毛鲨，因为它伪装得很好。但是如果绒毛鲨受到攻击，它会吞下大量的水，使身体膨胀后将自己卡在岩石的缝隙里。

穗纹鲨在哪儿
须鲨大约有七种，其中这种头上长有叶或是穗状物的分支最多。它的触须在嘴部周围延伸，一直延伸到它的颏。

斑纹须鲨

触须

海床上的一生
须鲨大部分时间都隐藏在海床上的阴影中，甚至是岩石区的潮水潭中。它们身体扁平，头上长有眼睛和呼吸孔，和天使鲨一模一样。所有的须鲨都有臀鳍，它们嘴周围的叶状物是皮状的分泌物。须鲨圆圆的鼻子周围长了很多触须，看起来就像海藻的叶子。

叶

角鲨

多吹号角，熟能生巧。

角鲨背上靠近背鳍的地方长有两根体刺，看起来就像是小角，并因此而得名。这种鲨鱼也被称作"宽纹虎鲨"，因为它们眼睛之上有宽阔的额头和隆脊。额头的形状和臀鳍的存在使得角鲨不同于白斑角鲨，而白斑角鲨也有脊柱。角鲨共有九种，大多数不足1.5米长，全都生活在太平洋和印度洋浅水水域的海床上。角鲨游动时会慢慢拍打尾巴，依靠身体下面的胸鳍推动自己前进。因为角鲨游得较慢，潜水员有时会拉它们的尾巴来戏弄它们。不幸的是，人们有时会为了获取角鲨的刺而将其杀死，并将脊柱制作成首饰。

角鲨群

澳大利亚虎鲨通常共享海床上的同一块地方，白天它们在上面成群休憩。它们最喜欢的休息场所是洞穴里的沙地或岩石间的海峡，这些地方可能会帮助它们抵挡洋流。多达16只鲨鱼可能会共享一个休息场所。晚上它们活跃起来，寻找海胆、海星等食物。

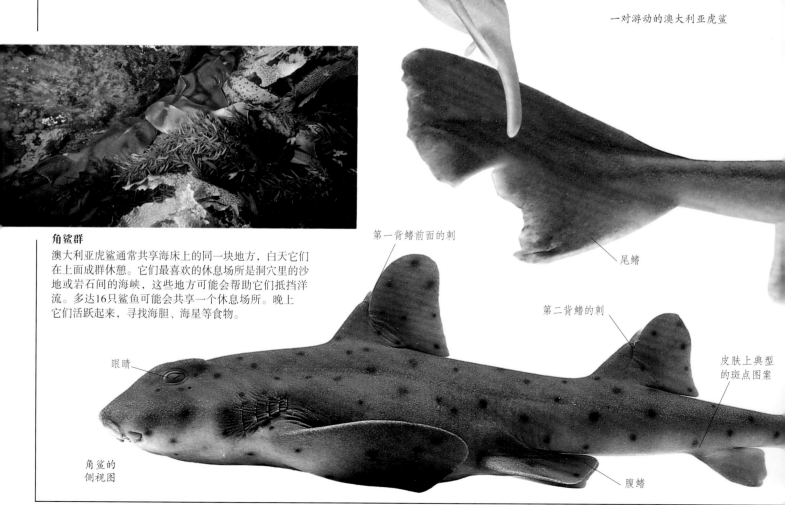

一对游动的澳大利亚虎鲨

腹鳍

第一背鳍前面的刺

尾鳍

第二背鳍的刺

皮肤上典型的斑点图案

眼睛

角鲨的侧视图

腹鳍

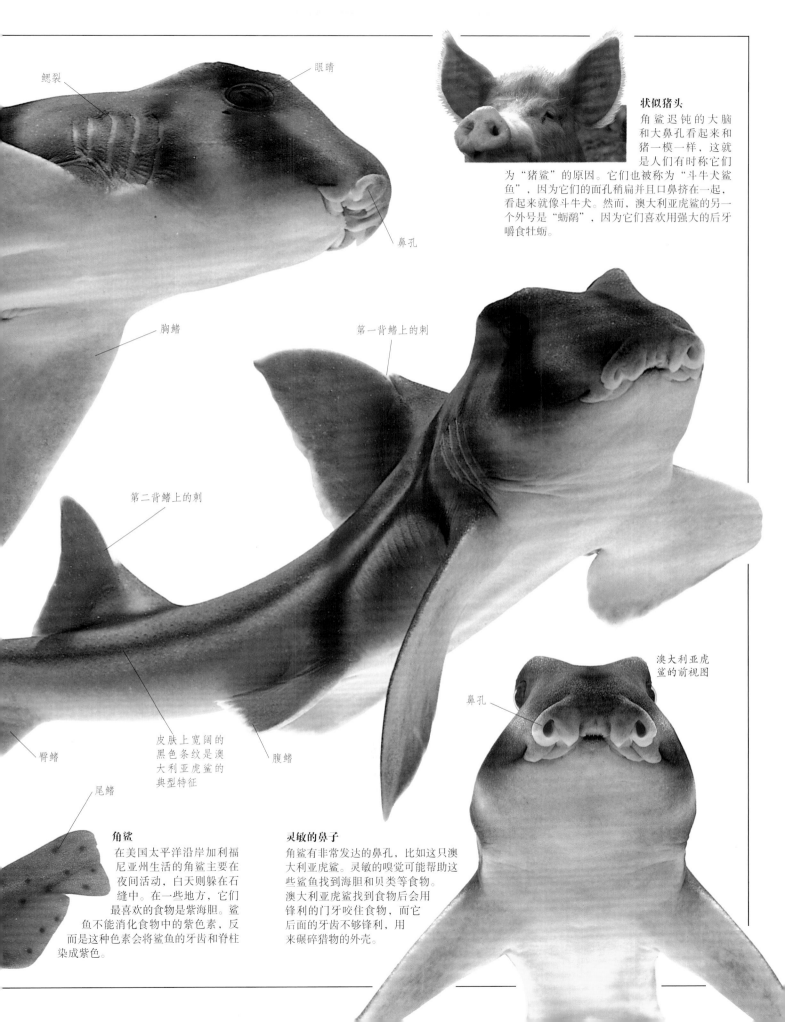

鳃裂

眼睛

鼻孔

状似猪头

角鲨迟钝的大脑和大鼻孔看起来和猪一模一样，这就是人们有时称它们为"猪鲨"的原因。它们也被称为"斗牛犬鲨鱼"，因为它们的面孔稍扁并且口鼻挤在一起，看起来就像斗牛犬。然而，澳大利亚虎鲨的另一个外号是"蛎鹬"，因为它们喜欢用强大的后牙嚼食牡蛎。

胸鳍

第一背鳍上的刺

第二背鳍上的刺

澳大利亚虎鲨的前视图

臀鳍

皮肤上宽阔的黑色条纹是澳大利亚虎鲨的典型特征

腹鳍

鼻孔

尾鳍

角鲨

在美国太平洋沿岸加利福尼亚州生活的角鲨主要在夜间活动，白天则躲在石缝中。在一些地方，它们最喜欢的食物是紫海胆。鲨鱼不能消化食物中的紫色素，反而是这种色素会将鲨鱼的牙齿和脊柱染成紫色。

灵敏的鼻子

角鲨有非常发达的鼻孔，比如这只澳大利亚虎鲨。灵敏的嗅觉可能帮助这些鲨鱼找到海胆和贝类等食物。澳大利亚虎鲨找到食物后会用锋利的门牙咬住食物，而它后面的牙齿不够锋利，用来碾碎猎物的外壳。

像锤子的头部

在所有鲨鱼中，双髻鲨的头型最奇怪。双髻鲨共有九种，包括头部突出物很小的窄头双髻鲨。有翼双髻鲨头部最宽，占了身体长度的一半。大多数双髻鲨生活在温带和热带沿海地区的温暖水域中。大群的双髻鲨聚集在海底状似山峰的地方,100只鲨鱼可能会结群游动。黄昏时它们独自觅食，在拂晓时则在同一地方重新集结。

双髻鲨的分布

窄头双髻鲨
有翼
双髻鲨

双髻鲨鲨群
在鲨鱼群中，雌性鲨鱼的数量比雄性鲨鱼多。但是人们并不清楚它们为什么要聚集在一起，因为这些庞大的食肉动物鲜有敌人。待在鲨鱼群中心的雌性鲨鱼之间相互撞击，这可能为雄性鲨鱼追求雌性鲨鱼提供了更好的机会。

两种不同的鲨鱼
将双髻鲨头部的形状（上图）与其他鲨鱼进行比较,比如翅鲨（下图），这是早期博物学家们非常感兴趣的事。

难以下咽
虽然刺魟的尾巴上武装了一根或很多根毒刺，但它们仍然是庞大的双髻鲨最喜欢的食物。双髻鲨似乎并不惧怕刺魟的毒刺，一条双髻鲨的口腔和食道里经常被扎着近万根刺魟的毒刺。

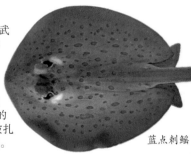

蓝点刺鳐

嘴

鳃裂

第一背鳍

一顶漂亮的帽子
窄头双髻鲨是双髻鲨中体型最小的种类，和庞大的双髻鲨相比，它们只能长到1.5米长，而双髻鲨能长到6米长。它们通常小群地一起游泳，有时也成百上千只在海面上聚集。

胸鳍

为什么是锤形的
没有人知道为什么双髻鲨的头部是锤形的，但是在游泳时，鲨鱼身体前面宽阔而扁平的头部给它提供了额外的升力。这两只双髻鲨（右图）略有不同，其中圆齿状（左图）那只的头部中间有一个凹痕，而平滑的那只则没有。

臀鳍　　腹鳍

双髻鲨的头部

双髻鲨独自游动时，会左右摆动自己的头，因为它们的眼睛长在头部的两端，所以视野非常开阔。它们宽阔的头部长有许多的洛仑兹壶腹，能够收集猎物所产生的微小电流。

双髻鲨

奇怪而奇妙

巨口鲨是世界上最非凡的鲨鱼之一，它有5米多长、680千克重。自1976年以来，人们发现的巨口鲨已超过35只，其中包括1990年在加利福尼亚州海岸生擒的一只。科学家将无线标签附在这只巨口鲨身上对其进行追踪。鲨鱼白天在水下135～150米处游动，以磷虾为食；日落后，它跟随食物源上升到距海平面12米的地方，之后再在黎明时下降到海洋深处。另一种奇怪的鲨鱼——剑吻鲛生活在深水中，人们很少看到活的剑吻鲛。其他的奥秘已经得到解决。以前没有人知道是什么原因导致了鲸鱼、海豚和海豹身上的圆盘形的咬痕，现在人们已经发现罪魁祸首是达摩鲨。深海中还有没有其他奇怪而奇妙的鲨鱼呢？

巨口鲨
对于嘴部有1米长的鲨鱼来说，这是一个很贴切的名字。这种鲨鱼巨大的嘴部周围有会发光的器官，可以把磷虾吸引到它的嘴里。第一只被发现的巨口鲨被缠在夏威夷一艘美国海军船的海锚上，等人们从200米深的海里将其拖上来时，它已经死了。

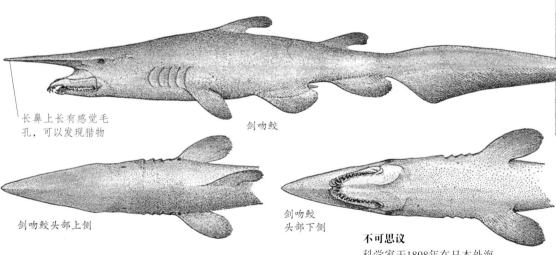

长鼻上长有感觉毛孔，可以发现猎物

剑吻鲛

剑吻鲛头部上侧

剑吻鲛
头部下侧

不可思议
科学家于1898年在日本外海首次发现了这些丑陋的鲨鱼。它躯体松弛，有3米多长。对于这些罕见的生活在水下1300多米深处的鲨鱼，人们了解得并不多。上图展示了其突出的下颚。

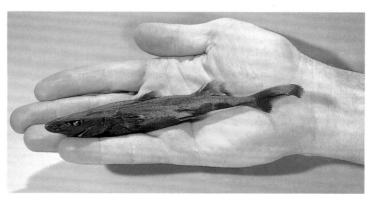

在黑暗中发光
这是一只灯笼乌鲨，生活在海洋黑暗的深处。因为它们能发光，或在黑暗中发光，所以被称为"灯笼乌鲨"。它们是世界上最小的鲨鱼，只能长到20厘米长。

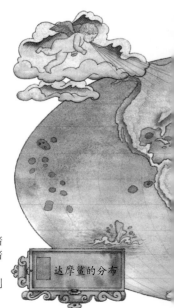

第一次发现巨口鲨的地方

达摩鲨的分布

咬一大口

对于身长只有0.5米的鲨鱼来说，达摩鲨的牙齿是很大的。常见的达摩鲨会使用牙齿从体型较大的鱼以及鲸鱼、海豹和海豚身上咬下大块的肉。它会等待这种大型动物靠近而不是去追逐它们。达摩鲨也会啃咬潜艇和海底电缆中的橡胶成分。

光之女神

达摩鲨的学名是Isistius brasiliensis，这个名字来自希腊的光明女神Isis。这些鲨鱼有许多发光器官，它们的腹部会在黑暗中发光。这可能会吸引鲸之类的猎物靠近自己，等到足够近了，它就咬住它们。

烦人的咬伤

海豹身上的伤口是达摩鲨咬进它的肉里之后留下的。

鲨鱼制品

恶作剧

这个猴子头是由墨西哥的阿兹特克人制作的。它通体由宝石制成，其中牙齿是用鲨鱼的牙齿做的。

几个世纪以来，世界各地的人们逮到鲨鱼后，会取下它们的牙齿和皮肤，制作成种类繁多的物品。鲨鱼的牙齿非常尖锐，因此早期的人能够用它们制造工具和武器。鲨鱼皮非常耐磨，可以用来做鞋子以及剑和匕首的把手或鞘。使用原始的工具捕捉鲨鱼既困难又危险，而且有关鲨鱼的故事和传说通常在水手和岛民间流传。在太平洋的一些岛屿上，人们把鲨鱼看作神灵，对它们顶礼膜拜。相比之下，欧洲关于鲨鱼的神话很少，但是它们却出现在博物学书籍中。

巨大且呈锯齿状的牙齿可能来自大白鲨

皇冠上的明珠

制成这款装饰项链的10颗牙齿可能来自毛利人在新西兰海岸捕捉到的大白鲨。现在专为游客制作的鲨鱼牙齿首饰，导致鲨鱼几乎成了濒危物种。

一双印度渔民的鞋子，是用鲨鱼皮做的。

鲨鱼皮

鲨鱼形状的黄金砝码，西非加纳

鲨鱼形状的铁皮玩具，马来西亚

鲨鱼牙齿

来自西太平洋基里巴斯的工具，顶端镶着鲨鱼牙齿，作为纹饰。

18世纪的雕花木鼓，来自太平洋中的夏威夷群岛，顶部覆盖着鲨鱼皮。

西南太平洋圣克鲁斯岛的木锉刀，外面覆盖着鲨鱼皮。

鲨鱼皮

太平洋中的瓦利斯群岛的刨丝器，外面裹着鲨鱼皮。

鲨鱼牙齿

格陵兰岛的木制刀（右图），刀刃是用鲨鱼牙齿做的。

鲨鱼皮

家中的鲨鱼制品

自远古时代开始，人们就使用鲨鱼的皮和牙齿制作各种家居用品。一些鲨鱼的皮非常粗糙，人们用它来磨碎食品（左图）；但如果把鲨鱼皮上的盾鳞除去，鲨鱼皮就变得非常柔软了，可以当作皮革使用，制作鞋和皮带，甚至是鼓（上图）。人们会用鲨鱼的牙齿制作刀、珠宝和工具。

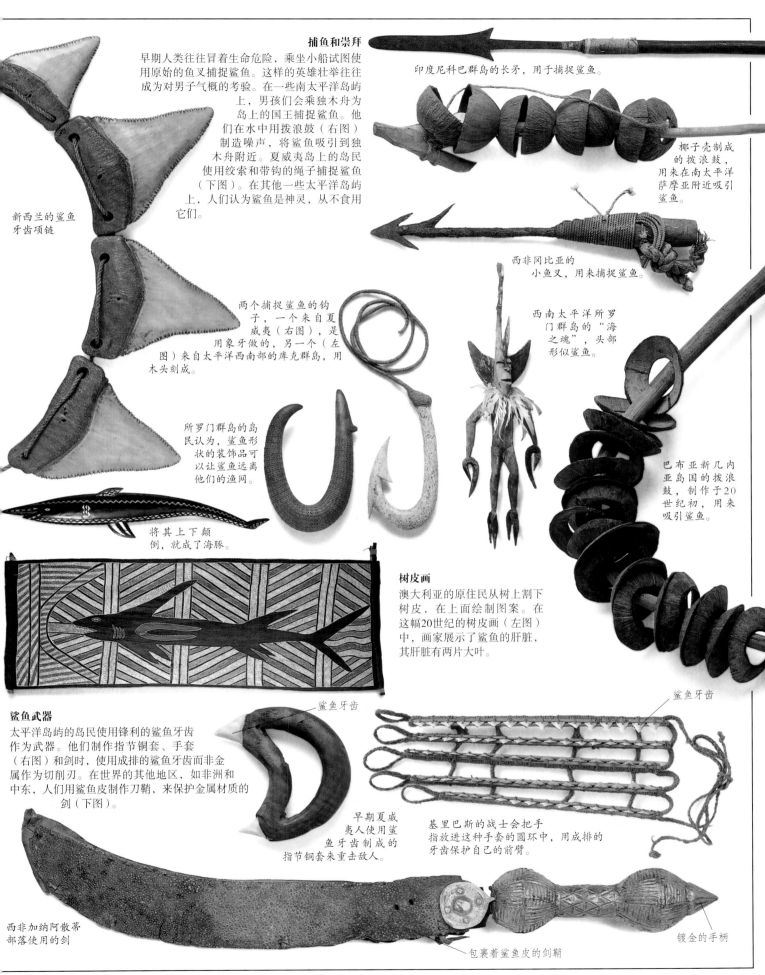

捕鱼和崇拜

早期人类往往冒着生命危险，乘坐小船试图使用原始的鱼叉捕捉鲨鱼。这样的英雄壮举往往成为对男子气概的考验。在一些南太平洋岛屿上，男孩们会乘独木舟为岛上的国王捕捉鲨鱼。他们在水中用拨浪鼓（右图）制造噪声，将鲨鱼吸引到独木舟附近。夏威夷岛上的岛民使用绞索和带钩的绳子捕捉鲨鱼（下图）。在其他一些太平洋岛屿上，人们认为鲨鱼是神灵，从不食用它们。

印度尼科巴群岛的长矛，用于捕捉鲨鱼。

新西兰的鲨鱼牙齿项链

椰子壳制成的拨浪鼓，用来在南太平洋萨摩亚附近吸引鲨鱼。

西非冈比亚的小鱼叉，用来捕捉鲨鱼。

两个捕捉鲨鱼的钩子，一个来自夏威夷（右图），是用象牙做的，另一个（左图）来自太平洋西南部的库克群岛，用木头刻成。

西南太平洋所罗门群岛的"海之魂"，头部形似鲨鱼。

所罗门群岛的岛民认为，鲨鱼形状的装饰品可以让鲨鱼远离他们的渔网。

将其上下颠倒，就成了海豚。

巴布亚新几内亚岛国的拨浪鼓，制作于20世纪初，用来吸引鲨鱼。

树皮画

澳大利亚的原住民从树上割下树皮，在上面绘制图案。在这幅20世纪的树皮画（左图）中，画家展示了鲨鱼的肝脏，其肝脏有两片大叶。

鲨鱼牙齿

鲨鱼武器

太平洋岛屿的岛民使用锋利的鲨鱼牙齿作为武器。他们制作指节铜套、手套（右图）和剑时，使用成排的鲨鱼牙齿而非金属作为切削刃。在世界的其他地区，如非洲和中东，人们用鲨鱼皮制作刀鞘，来保护金属材质的剑（下图）。

鲨鱼牙齿

早期夏威夷人使用鲨鱼牙齿制成的指节铜套来重击敌人。

基里巴斯的战士会把手指放进这种手套的圆环中，用成排的牙齿保护自己的前臂。

西非加纳阿散蒂部落使用的剑

镀金的手柄

包裹着鲨鱼皮的剑鞘

鲨鱼的攻击

大多数鲨鱼并不危险，也不靠近人类。每年世界上大约有50~79起鲨鱼袭击人类的记录，这其中最多有10起是致命的。人们更有可能死于车祸或溺水，而非被鲨鱼杀死。如果一片水域有鲨鱼，那么在这些情况下会很危险：海水是浑浊的，或是你把自己割伤，又或者诱饵已经投入水中。你应当留意当地的鲨鱼警告标志，并在专门设置了防鲨网的区域游泳。

海上袭击

从圭亚那魔鬼岛越狱的囚犯会遭到鲨鱼的攻击。

受伤的海象

加利福尼亚海岸的大白鲨喜欢狠狠地咬海象一口。与人不同的是，这些海豹含有大量的能量丰富的脂肪。鲨鱼通常从后面抓住它们的猎物。有时，在鲨鱼再次发动袭击之前，海象能够逃脱并逃到沙滩上。

大白鲨

自从《大白鲨》电影上映后，大白鲨就有了"嗜血杀手"的称号。它们会攻击并杀死人类，但这可能是因为它们误把人类看成了自己的猎物。在海象和海狮的繁殖地，冲浪的人很危险，因为大白鲨喜欢在这里猎取食物。

致命的鲨鱼袭击

在人们冲浪、游泳或潜水的地方，以及像大白鲨之类的大鲨鱼能够靠近的岸边，会发生最致命的鲨鱼袭击。从沉船或失事飞机中逃生的人也会遭受袭击。

每年平均有92人在澳大利亚海岸附近的海域溺水。

大约8个人死于潜水意外。

不到1人死于鲨鱼的攻击。

警告标志

为了避免被鲨鱼袭击，要注意这种类似澳大利亚警示标志的警示牌。鲨鱼会攻击在浅水中蹚水的人。

牛鲨

除了大白鲨和虎鲨外，牛鲨也是世界上最危险的鲨鱼之一。牛鲨生活在全世界的温暖水域中。它是极少数能生活在淡水中的鲨鱼之一，能在南美的亚马孙河和非洲的赞比西河中游得很远；它们还能进入湖泊。它们有3米长，大到足以对付一个人，而且对食物并不挑剔。

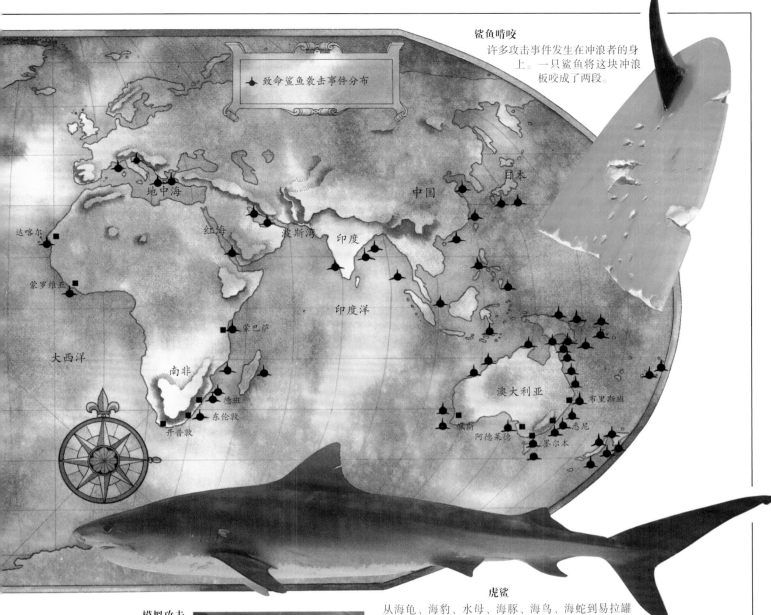

致命鲨鱼袭击事件分布

地中海

达喀尔
蒙罗维亚
红海
波斯湾
印度
中国
日本
印度洋
蒙巴萨
大西洋
南非
德班
东伦敦
开普敦
澳大利亚
布里斯班
悉尼
佩斯
阿德莱德
墨尔本

鲨鱼啃咬

许多攻击事件发生在冲浪者的身上。一只鲨鱼将这块冲浪板咬成了两段。

虎鲨

从海龟、海豹、水母、海豚、海鸟、海蛇到易拉罐之类的垃圾，虎鲨受到诱惑之后可能什么动物都吃，包括人，它们认为那可能是另一类食物。

模拟攻击

这项模拟实验表明，潜水服并不能保护人类免受鲨鱼的攻击，无论给潜水服染色还是绘上图案都不能吓退它们。

鲨鱼眼里的风景

在海豹和海狮的繁殖地，当冲浪者在冲浪板边缘摇晃他们的手臂或腿时，经常会发生袭击事件。鲨鱼有时会将冲浪者误看成海豹，因为从下往上看，两者的形状相似。

正常游动

灰礁鲨住在印度洋和太平洋的珊瑚礁附近，能长到约2.5米长。正常游动时，它们的背部会轻轻弯曲，胸鳍直接从身体两侧举起。

威胁的姿势

如果潜水员靠灰礁鲨太近或是惊吓到它，它可能会采用这种威胁的姿态：弓起背，并保持胸鳍向下。它也可能会呈8字形游动。如果潜水员没有慢慢地游走，鲨鱼可能就会攻击他。

被困的鲨鱼

我们没有简单的方法让鲨鱼远离我们划桨、游泳、冲浪或潜水的地方。防鲨围墙已经建成，但是因为成本太高，所以只能保护很小的范围。在南非和澳大利亚，人们在最受欢迎的海滩用网困住鲨鱼，但是这些网也捕捉和杀死了许多无害的鲨鱼、海豚、鳐鱼和海龟。鼓线（带钩的诱饵线）也被用来捕捉鲨鱼，和网相比，它捕获的无害动物更少。人们正在测试用电、磁和化学防护剂来驱赶鲨鱼。如果这些都失败了，那么反撞或猛击鲨鱼的鼻子可以阻止它的攻击。

救生员
澳大利亚救生员会时刻关注鲨鱼的行踪。如果在附近的海滩上发现了鲨鱼，鲨鱼警报就会响起，游泳的人会离开海水，这片沙滩将会被迫封闭。

约拿和不明生物图

约拿和不明生物
在圣经故事中，约拿被一种大型的海洋生物吞了下去。这可能是一条鲨鱼，而非鲸鱼。

鲨鱼盾
鲨鱼盾通过产生一个电场击退鲨鱼。它可能会使鲨鱼的鼻子发生痉挛。

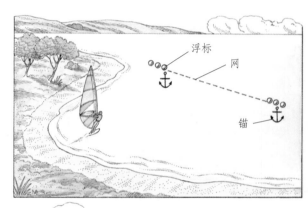

在袋子里
如果船只沉没或飞机坠毁后人们掉入海中，帮助他们的一个方法是给他们一个巨大的充气袋。因为待在大袋子里之后，鲨鱼看不见任何肢体，感觉不到任何电信号，也闻不到血液和身体废物的气味。

被困
困在澳大利亚海滩的网里的鲨鱼被拉上了岸。在20世纪30年代的17个月间，人们用这种方法捕捉了1500只鲨鱼。从那时起，鲨鱼的数量开始急剧下降。

用网罩住的海滩
用网将鲨鱼困在这个区域中，从而保护最受欢迎的海滩。这些网没有形成连续的屏障，所以鲨鱼可能会被困在网的两边。沉重的锚使网的底端沉在海底或是贴近海底，漂浮物使网的顶部漂浮在水中。网大约有200米长、6米高。人们几乎每天都会检查这些网并将死的海洋动物除去。3周后，网就需要更换，因为网上已经缠满了海藻和其他海洋生物，鲨鱼很容易就能看见并躲开它。

链型墙

这堵墙由相互连接的链条构成，环绕着澳大利亚的海滩，以防止鲨鱼进入。要保护数千米长的海滩，这种墙的成本太高，所以人们也尝试使用化学驱避剂来驱散鲨鱼，但是并不奏效。因为人体周围释放的任何物质进入海水后，都会随着海浪迅速消散。

受保护的海滩

使用海床上的空气软管释放气泡组成屏障的实验，已经得以实施。但是澳大利亚海滩上的鲨鱼网，似乎仍然能提供最好的保护。

无形的屏障

鲨鱼对电流非常敏感，这里正在测试一个无形的电屏障。当电流处于关闭状态时，柠檬鲨游了过去，但是当电流打开时，鲨鱼会转身躲开。能够产生电脉冲的电缆，甚至是便携式设备，会对鲨鱼起到威慑作用。

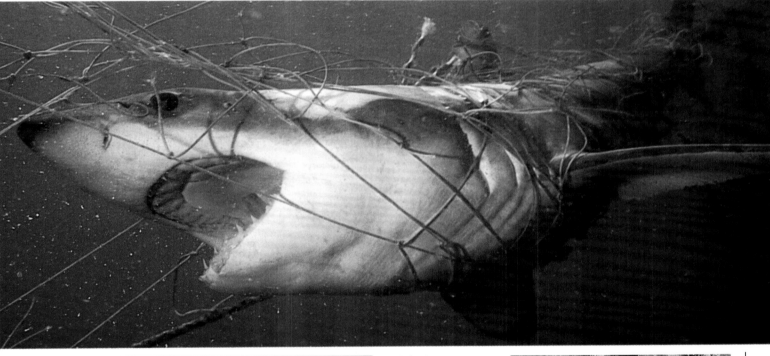

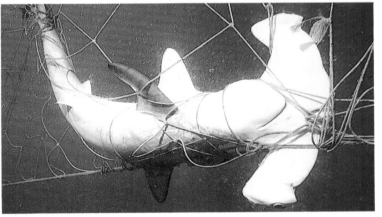

死亡之网

用于保护海滩的网，每年会杀死很多鲨鱼，比如大白鲨（上图）和双髻鲨（左图）。缠在网里的鲨鱼无法游泳，水流不能经过鳃部，所以会导致窒息。每年多达1400只鲨鱼和海豚被困在南非的网中，其中许多对人类无害。

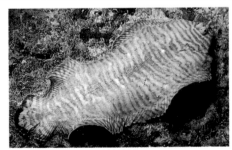

驱赶鲨鱼

美国科学家欧也妮·克拉克博士发现，红海的石纹豹鳎能够产生自己的鲨鱼驱赶物质。当石纹豹鳎受到攻击时，它会从皮肤毛孔中渗出乳白色的分泌物，迫使鲨鱼把它吐出来。

铁笼内外

潜水服

19世纪早期，人们潜水的时候会戴头盔或其他坚硬的帽子用来防卫，并通过伸出水面的管子在水下换气。当时经常流传关于巨型章鱼袭击人的故事。

和大型肉食性鲨鱼一起潜水十分危险。有些摄影师、电影制片人等为了接近鲨鱼，需要使用大型铁笼进行防御。有些鲨鱼，如大青鲨等，体型不大，危险性较小。潜水者在接近这些鲨鱼时穿锁子甲外衣就可以了。如果不小心被鲨鱼咬住，它的牙齿也咬不穿锁子甲，不过会在身上留下瘀痕。在笼内对鲨鱼进行拍摄或拍照时，也需要在水下安排潜水救生员，以防止拍摄人员被视野外的其他鲨鱼攻击。

1 铁笼下水
潜水船到达大白鲨经常出没的水域后，向水中抛撒鱼饵，使水面出现一层浮油。然后把铁笼放入水中。

2 等待大白鲨游来
为了防止铁笼下沉，铁笼两侧装有浮板。有时需要等几天才会有大白鲨接近。当鲨鱼出现的时候，为了确保安全，潜水员可以关上笼子上面的门。

3 在笼内看到的景象
马肉、金枪鱼等这些鱼饵会把鲨鱼吸引到铁笼附近。铁笼的栅栏很密，大白鲨咬不到摄影师，但被美食吸引而来的鲨鱼可能会啃咬铁笼或船只。

发亮的盔甲

瓦莱丽·泰勒是一名早期的电影制片人，她测试了锁子甲的防御效果。她在衣服的袖子里塞满了鱼肉，这只大青鲨（左图）便向她的胳膊咬去。但是也有可能发生意外情况。如果鲨鱼的牙齿被锁子甲卡住，它会奋力挣扎，这可能会把整个手套扯下来。

拍摄鲨鱼

澳大利亚的电影制片人罗恩·泰勒和瓦莱丽·泰勒夫妇以拍摄鲨鱼而闻名。罗恩·泰勒拍摄到一条白鳍礁鲨捕食的场景（右图），这时一条大青鲨恰好向摄像机游来（右下图）。

4 一只大白鲨游过

大白鲨如果向铁笼撞过去，潜水员可能会吓得腿脚发软。近距离观察，你就会知道这些不可思议的鲨鱼到底有多大。

研究鲨鱼

英国皇家海军舰艇"挑战者"号
19世纪时，这艘英国调查船载着数名自然学家在大西洋和印度洋上航行，收集包括鲨鱼在内的各种海洋生物。

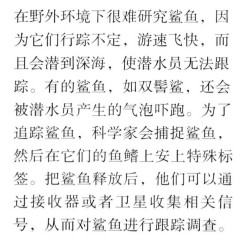

在野外环境下很难研究鲨鱼，因为它们行踪不定，游速飞快，而且会潜到深海，使潜水员无法跟踪。有的鲨鱼，如双髻鲨，还会被潜水员产生的气泡吓跑。为了追踪鲨鱼，科学家会捕捉鲨鱼，然后在它们的鱼鳍上安上特殊标签。把鲨鱼释放后，他们可以通过接收器或者卫星收集相关信号，从而对鲨鱼进行跟踪调查。

在捕获或者研究鲨鱼的时候，要十分小心，不能伤害它们。

卫星发射器
通过用卫星跟踪鲨鱼，科学家发现大白鲨每年都会游到很远的地方，有的甚至会游至印度洋。

数据存储

海底寻猎器，可记录鲨鱼的出现。

在灰鲭鲨的鱼鳍上安装一种测试它游动速度的推进器。

研究柠檬鲨
塞缪尔·格鲁伯博士研究巴哈马群岛的柠檬鲨已经有10年了。这种鲨鱼不需要边游泳边呼吸，所以它们可以在科学家进行研究的时候保持静止不动。在这个实验中，科学家向鲨鱼的身体中注入一种物质来检测它的生长速度。有些小柠檬鲨的背鳍上也有标记，长大后可以通过它们各自的代码来辨别。

鲨鱼的鼻子
美国科学家塞缪尔·格鲁伯博士在观察海水流经鲨鱼鼻孔的情景。科学家要十分小心，因为铰口鲨虽然通常很温顺，但也可能突然袭击人。

科学家的最爱

不管是在水族馆还是海里，柠檬鲨都是最容易观察的鲨鱼。一只小柠檬鲨（左图）在觅食。进食的时候，它会用力甩头，在水族馆里激起大片水花。

标记虎鲨

科学家在巴哈马群岛给一只小虎鲨做记号（最上图）。有时做完标记后鲨鱼需要重新适应环境，所以潜水员（上图）推着这只大虎鲨向前游，让水不断地流经它的腮部。

保持干燥

为了在水下不被浸湿，20世纪30年代，美国自然学家威廉·毕比教授曾用这种探海球潜至水下1000米处。鲨鱼被诱饵所吸引，它们可游到水下3600米处。

捕获皱鳃鲨

19世纪70年代，"挑战者"号远洋航行中，人们在日本的深海中捕到了这三种奇怪的鲨鱼。

皱鳃鲨

第六个鳃裂，大部分鲨鱼只有五个

标记鲨鱼

渔民可以帮助科学家们对鲨鱼进行测量、标记、释放，以研究鲨鱼的生长速度。从20世纪50年代开始，科学家们已经对数万只鲨鱼做了标记，范围包括美国、澳大利亚、英国和非洲等。这个记录的是一只雄性澳大利亚翅鲨的信息，1951年科学家第一次对它进行标记，1986年这只鲨鱼在距原地214千米的地方又被捕获，它的体长增长了17厘米。大青鲨是畅游海洋的高手。一只在纽约附近放生的大青鲨，16个月后游到了6000千米外的巴西。

澳大利亚证明和记录被捕鲨鱼信息的卡片

两个带有尼龙和塑料标签的澳大利亚涂抹器

回复地址

标签

顶端的金属刺穿鲨鱼的皮肤

大青鲨被标记、释放、再次捕捉的地点

英国康沃尔

西非

美国东海岸

鸟类环志
在鸟类的腿部系上特殊环带，这样就可以获得鸟类迁徙的信息。如果带有标记的鲨鱼后来又被捕到了，它也可以给科学家提供各种信息。

鱼饵

1 标记/释放鲨鱼
和大多数鲨鱼一样，大青鲨的嗅觉也十分敏锐。在船的一侧放一袋鱼饵，鱼饵在水面形成一层油膜，就能把远处的鲨鱼吸引过来。然后，把新鲜的鲭鱼挂到鲨鱼钩上，放到水下12～18米处。

2 上钩
大青鲨咬住了美味的鱼饵。

3 收线
慢慢收线，把鲨鱼带到船上。要小心避免伤到鲨鱼。

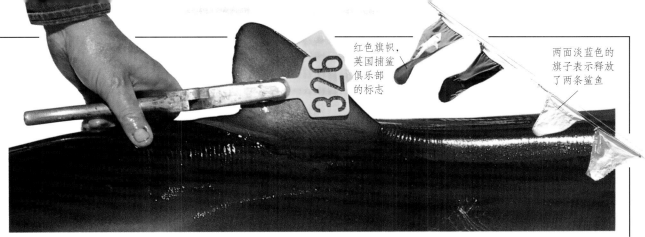

6 标记背鳍
标签是用重金属做的，抗腐蚀，这样塑料编号标签就不会丢失。标签的背面写有鲨鱼放生的地点，如果其他地方的渔民或者捕鱼者捕到了这条鱼，就可以与他们联系。

红色旗帜，英国捕鲨俱乐部的标志

两面淡蓝色的旗子表示释放了两条鲨鱼

7 放生
船长抓住鱼尾，把它小心地放回到大海中。一旦回到海里，鲨鱼便迅速地游走了。

5 标记鲨鱼
这只雌性大青鲨身长1.5米、重22.5千克。队长控制住鲨鱼，开始给它做标记。鲨鱼离开海水后只能存活几分钟，所以在背鳍做标记一定要迅速。要不停地向它身上泼水，使它维持呼吸。在做其他标记研究的时候，只要把它带到船附近就可以，不用带出水面，以免对其造成伤害。

4 挣扎的鲨鱼
队长开始把鲨鱼拖到船上，不过鲨鱼不停地挣扎，试图逃脱。

滥捕鲨鱼

人类捕获鲨鱼以获取鱼肉、鱼鳍、鱼皮以及鱼肝油，还有的人则纯粹为了享受钓鱼的乐趣。有时用长线和渔网捕鱼的时候会捕到鲨鱼。渔网拖上船之后，人们常常把死掉的鲨鱼扔回海里，只留下想要的鱼；有时也会割下鲨鱼鳍。为了防止游泳的时候遇到鲨鱼，人们每年也会捕杀鲨鱼。与硬骨鱼相比，鲨鱼成熟需要很长的时间，繁殖速度很慢，如果过度捕杀，它们可能永远也恢复不到之前的数量。现在，人们为了保护鲨鱼采取了很多措施，包括建立保护区、限制捕鱼量、设置禁渔期等。

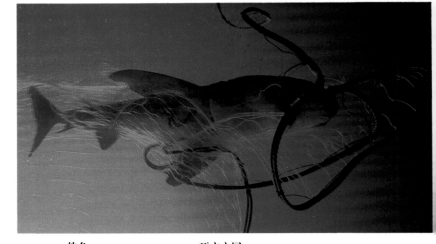

钓鱼
钓鱼是一项很流行的活动。鲨鱼游速快、强壮有力，对钓鱼者来说是很大的挑战。今天，很多钓鱼俱乐部已经开始注意保护鲨鱼了，有的还限制了捕获的鲨鱼的大小。

死亡之网
流网有15米深、数千米长，人们用它来捕鱼。这些网编织得很精密，鱼类很容易落入网中。很多鲨鱼，如远洋白鳍鲨等，往往也会和海龟、海豚等一同落网。

捕杀大白鲨
对很多钓鱼者来说，大白鲨是他们的终极战利品。人们畏惧大白鲨，所以猎杀它们。但这些凶险的肉食者对于维持海洋生态平衡十分重要。很多国家禁止猎杀大白鲨，在那里大白鲨属保护动物。国际上的鲨鱼贸易，如鲨鱼牙齿、颚骨的买卖等也是受到控制的。

运动还是屠杀?
这名猎人的船上挂满了鲨鱼的颚骨，以展示他的战果。

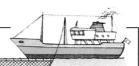

流网

挣扎的长尾鲨

在太平洋和印度洋地区，人们大量捕杀长尾鲨（左图）。他们用长丝线和刺网捕鲨。把长尾鲨钓上岸是很危险的，而且有时它会挥动强有力的尾巴，这更增加了它的危险性。

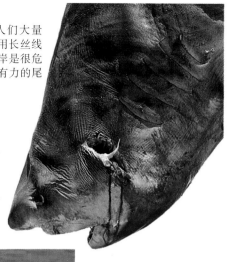

虎鲨的悲剧

这只虎鲨（右图）在美国佛罗里达州的一次捕鱼竞赛中被捕杀了。捕杀鲨鱼的竞赛活动在过去十分流行，但现在有的钓鱼者为了保护鲨鱼，会在捕到鲨鱼后做上标记，然后放生。

为谋生而捕鲨

在发展中国家，人们捕杀鲨鱼以获取鱼肉，补充蛋白质。在其他国家，鲨鱼则是饭店里的高档美食。不论我们吃不吃鲨鱼，捕鲨行为都应受到控制，否则这些美丽的生物就会从海洋中消失了。

切割鱼肉

干鱼翅

在一些国家，鲨鱼的鱼鳍可以用来做精致的美食，比如鱼翅汤等。鱼肉需要在短时间内完成交易，否则就要进行再加工以保鲜。对于鱼鳍，人们可以对其进行干燥处理，以便于市场交易。

风干鲨鱼翅

割鱼鳍

这些太平洋上的日本渔民用流网捕到了鲨鱼，他们正在割取鱼鳍，之后再把没有鳍的鲨鱼扔回海里。很多不同种类的鲨鱼都被割去了鱼鳍，有时回到海里后，它们会过很长时间才会死去。没有了鳍，它们不能正常游动，可能就被其他鲨鱼吃掉了。

鲨鱼的用途和滥捕

鲨鱼牙齿
这些垂饰都是用大白鲨的牙齿做的。人们常常误认为佩戴鲨鱼牙项链会让自己看起来和大白鲨一样强悍。

对人们来说，鲨鱼身体的每个部位几乎都有价值。粗糙的鱼皮可以制成皮革，牙齿可以做成珠宝，颚骨加工后是纪念品，鱼骨是一种饲料，鱼翅可以做汤，鱼肉可以吃，鱼肝油在工业、医药、化妆品中都有广泛用途。如果人们对野生动物过度开发，捕杀速度超过动物的繁殖速度，野生动物的数量便会骤减。对鲨鱼来说也是如此。

我们对鲨鱼的了解少之又少，很难界定一个明确的、可以合理捕杀的数量。现在，人们捕鲨主要是为了获取鱼肉和鱼翅，而且随着人口的增加，捕鲨的数量很可能还会继续上升。

拿破仑和鲨鱼
水手非常害怕鲨鱼。这张图画的是拿破仑在船上观看鲨鱼被杀的场景。他当时已经被流放，这艘船要将他送到大西洋上偏远的圣赫勒拿岛。

便于抓握
这把剑的手柄处包裹着一层粗糙的鲨鱼皮，这样剑手可以牢牢地握住剑。

在作战时，即使手柄处溅上了鲜血，战士也能握住剑。

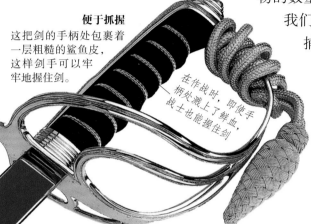

这是英国皇家炮兵军官的军剑，手柄处包裹的鲨鱼皮染了色。

黑色绳丝下是粗糙的鳐鱼鱼皮

日本武士刀
这是一把19世纪的剑，曾属于一名日本格斗武士。它的手柄上包了一层未磨光的鳐鱼鱼皮，刀鞘是用抛光的鳐鱼皮做成的。

漆皮鳐鱼鱼皮刀鞘

弧形的象牙手柄

波斯匕首
这把19世纪波斯匕首的刀鞘上包裹着鳐鱼鱼皮，上面绘制着花朵图案。

吉祥盒子
这是一个20世纪早期的韩国矩形盒柜，外表是质地良好的鲨鱼皮革。鲨革是一种粗糙的、未经抛光的鲨鱼皮，它是一种研磨材料，可以用来制造砂纸、打磨木头。

每扇门的外面都印有双喜图案

鲨鱼的残骸
这两只双髻鲨是在墨西哥西部的巴哈半岛被捕到的。在贫困地区，人们捕鲨基本上是为了获取鱼肉，鱼皮则用来制作皮革制品，如钱夹、皮带等。

鲨鱼和薯条

在英国的炸鱼薯条店里，很多都用白斑角鲨的鱼肉来做原材料。过去人们不喜欢吃鲨鱼肉，因为他们认为这是死去水手的尸体。不幸的是，现在鲨鱼鱼排正作为饭店的一道精致菜肴逐渐兴起。

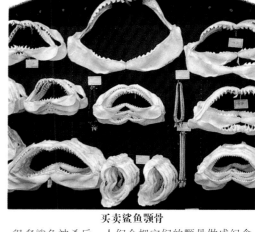

买卖鲨鱼颚骨

很多鲨鱼被杀后，人们会把它们的颚骨做成纪念品，卖给游客。大型鲨鱼的颚骨，比如大白鲨的颚骨可以高价售出。现在在南非地区，已经禁止买卖大白鲨颚骨了。

无头尸体

这条鲨鱼是在钓鱼竞赛中被捕的。人们把它的头砍下来，获得颚骨。鲨鱼颚是很流行的奖杯，这和猎人的做法很像，他们常常展示自己猎获的鹿头和鹿角，并以此为傲。

鲨鱼的鱼肝油胶囊

在有些国家，人们认为鲨鱼的肝油可以包治百病。鱼肝油有多种成分，如维生素A等。但这种维生素可以人工合成。

抛光、漆皮的鳐鱼鱼皮

一些鲨鱼鱼肝油胶囊

东方美食——鱼翅汤

鱼翅汤

有的人认为，用鱼翅中的软骨纤维做汤是种美味佳肴。他们将鲨鱼翅进行干燥处理，然后浸泡、反复水煮，提取出其中的胶状纤维，之后再将其他材料加入里面，让鱼翅汤更加美味。

护肤品

很多昂贵的护肤霜里都有鲨鱼油脂的成分，它有防止皱纹出现、延缓衰老的功效。但用天然植物油制成的护肤品同样有这种功能。

拯救鲨鱼

人们对鲨鱼的印象很不好，认为它们是嗜血杀手。但实际上，威胁到人类安全的鲨鱼寥寥可数，鲨鱼袭击人的概率也极小。我们应该对鲨鱼给予更多的关注，由于过度捕杀，它们的现状已经岌岌可危了。对生态环境的破坏也造成了鲨鱼数量的减少。例如在美国佛罗里达州，柠檬鲨的幼鲨需要在红树林沼泽中生长，但人类对这片区域的破坏使幼鲨失去了天然的温床。人类需要去主动了解鲨鱼才能改变对鲨鱼的看法。

对鲨鱼的狂爱

这是英格兰牛津附近的一座夸张的雕塑，屋顶上有一条蓝色鲨鱼。这表达了一些人对鲨鱼的疯狂喜爱。

在水族馆描绘不同的鲨鱼

水族箱的景观

尽管隔着玻璃，但鲨鱼游到你面前的时候仍然让人感觉很刺激。有的鲨鱼不能在水族馆放养。最易人工放养的是小型鲨鱼，如星鲨。不过现在水族馆的水箱越来越大，养鲨的技术也越来越高，很多稀有的鲨鱼种类也可以用来展览参观了。日本冲绳美丽的海水族馆里有鲸鲨，美国加州的蒙特雷湾水族馆有时会有大白鲨的幼鲨。

和鲨鱼面对面，水族馆的人员正在给鲨鱼喂食。

为鳐鱼和虹鱼的卵囊作记录

和鲨鱼一样，某些鳐鱼和虹鱼的生存也受到了威胁。"鲨鱼希望"是英国的动物保护组织，它采用一种简单的方法，让人们协同监控英国周边海岸虹鱼和鳐鱼的状况。虹鱼和鳐鱼的卵囊常常被冲刷到海岸上，人们通过记录这些信息，可以为寻找鳐鱼和虹鱼的繁育区域提供线索。

学习鲨鱼知识

加入海洋生物的保护组织中去。看有关野生动物和鲨鱼的书籍杂志，从中了解鲨鱼的知识。也可以观看有关介绍海洋生物的电视节目，这些节目不像电影《大白鲨》一样恐怖。可以做志愿者，帮助海洋生物学家调查研究。关于鲨鱼，还有太多的未知。

这幅素描画的是一条典型的真鲨，它的身体呈流线型，游速很快，这与它的肉食习性相符

这是一条典型的鲭鲨，它比真鲨强壮

给鲨鱼画素描非常有趣，而且也会受益。

收集鲨鱼资料

获取鲨鱼的资料有多种方式，可以参观水族馆记录鲨鱼信息、描摹鲨鱼或者为鲨鱼拍照，可以比较鲨鱼不同的体色、皮肤纹理和体型，最后建立一个有价值的关于鲨鱼信息的文件夹。只要去了解，任何人都可以对鲨鱼有更深的认识。

记录下你对鲨鱼的观察，建立有价值的信息文档

彩色蜡笔

铅笔

带着幼崽的金狮狨猴

鱼翅汤

铠甲蝮蛇标本

镶嵌好的牡鹿头

考拉

用于修剪树木的电锯

正常的游隼蛋

滴滴涕（DDT）中毒
的游隼蛋

用于追捕鲨鱼的电子追踪器

保护穿行乌龟的
警示标志

亚历山大鸟翼凤蝶

濒危动物

Endangered Animals

野生动物的生存状况正遭受严重威胁，是命中注定？

加州秃鹰

受到威胁的野生动物

对于动物来说，野外生活危险重重。它们随时都会遭受天敌的袭击，还得努力觅食以维持生存。可是，人类使这一境况变得更加恶劣。人类为了自身的发展而改变世界，破坏了动物赖以生存的自然栖息地，建造了城市、道路和农场。动物们无家可归，还可能因为人类随意丢弃的垃圾而中毒，因此许多物种濒临灭绝。

数量暴跌
高鼻羚羊（赛加羚羊）是生活在中亚的一种稀有羚羊，它的鼻子特别大。许多高鼻羚羊的草原栖息地已成为农田。因其螺旋状的角是一种药材，猎人也会猎杀它们。

过多、过快
对渔民而言，蓝鳍金枪鱼是浮动的金矿。一条成年鱼可重达800千克，足以做25,000个寿司。但是，每年的过度捕捞使得能够产卵的金枪鱼越来越少。

改变土地用途
野生动物面临的最大威胁是人类对其自然栖息地的破坏。几个世纪以来，世界上大部分森林都遭到了破坏，如今三分之二的耕地都曾经是遍布野生动植物的森林。这片亚马孙热带雨林四周如今被大豆田包围着。

消失却未被遗忘
英语中有个成语"as dead as a dodo"，意思是"像渡渡鸟一样死翘翘"，表示那些永远消失的东西。渡渡鸟不能飞行，在地面上筑巢，只生活在印度洋上的毛里求斯岛。它是已知第一批由人类导致灭绝的动物之一。

明星动物
这些游客正在印度北部的伦滕波尔国家公园观赏老虎。像老虎这样的濒危物种已经成为动物保护的强烈象征。

无一安全
珍稀动物是最先面临灭绝危险的物种，它们可能很轻易地就会彻底消亡。然而，常见物种的数量可能也在急剧下降，同样需要保护。

做正确的事情
阿西西的圣方济各是12世纪的修道士，有很多关于他如何关心动物的故事，他这样做是因为他相信这是正确之事。今天的野生动物保护者也是出于类似的原因来保护那些濒临灭绝的动物。

动物保护工作
非洲白犀牛一度受到严重威胁，偷猎者为获取它们的角而猎杀它们。如今，野生白犀牛大约有18,000头。一些保护措施，诸如设立犀牛的安全区、禁止采购和销售犀牛角等，使南部白犀牛的数量有所增加。然而，现在人们担心，北部白犀牛在野外已经灭绝了。

什么是物种

一个物种的所有个体一旦死亡，就再也无法逆转了。野生动物保护者若想确定一种动物是否面临危险或濒临灭绝，就得统计出全球该物种所有个体的数目。那么，什么是物种呢？物种是由外形特征相似、生活习性相同的动物组成的群体。除此之外，它们之间还有另一个更为重要的联系—— 一个个体只有与同类物种中的个体进行交配才能成功繁衍后代。

高音蝙蝠

普通蝙蝠

类似外观，不同物种
有时区分两个物种并非易事。直到1999年，欧洲的蝙蝠还被认作是一个物种。但科学家们发现，其中一些蝙蝠是高音蝙蝠。高音蝙蝠只在种群内部彼此交配，从不与叫声更为低沉的邻近物种交配。尽管外观类似，但它们交配时分成两个群体，因而是两个物种——普通蝙蝠和高音蝙蝠。

亚洲狮

远房表亲
狮子主要分布于非洲，但在欧洲和亚洲部分地区也生活过。亚洲狮与他们的非洲亲戚属于同一物种，但几百年来两个群体或亚种之间一直没有进行交配。因此，现在的亚洲狮看起来体型较小，鬃毛也较为稀疏。

"Avium"在拉丁语里是"鸟"的意思

TABULA II.

AVIUM *capita & artus.*

1. ACCIPITRIS roftrum uncinatum cum denticulo maxillæ superioris;
   e *Falcone.*

2. PICÆ roftrum cultratum;
   e *Corvo.*

3. ANSERIS roftrum denticulatum;
   ex *Anate.*

4. SCOLOPACIS roftrum cylindricum gibbo maxillæ inferioris;
   e *Numenio.*

5. GALLINÆ roftrum cum maxilla super imbricata;
   e *Gallo.*

6. PASSERIS roftrum conicum;
   e *Fringilla..*

7. Pes FISSUS digitis folutis;
   e *Paffere;*

8. Pes SEMIPALMATUS;
   e *Scolopace.*

9. Pes PALMATUS;
   ex *Anfere;*

10. Pes digitis duobus anticis, totidemque cis; e *Pico.*

11. RECTRICES *Caudæ* 1. 2. 3. 4. 5. 12. 11. 10. 9. 8.

12. REMIGES *Alæ* 1. 2. 3. 4. 5. 6. 9. 10. 11. 12. 13. 14. 15, 16.

名称的奥秘
在不同的语言里，同种动物可能会被冠以不同的名称。为了避免混淆，每个物种的科学名称都由两部分组成。例如，绿头鸭的学名是"Anas platyrhynchos"。该命名方法是瑞典科学家卡尔·林奈于18世纪50年代设计的。上图所示的是林奈的《自然系统》一书，于1735年首次出版。

卡尔·林奈

海洋深处

人们很少见到某些动物的活体，因为它们生活在海洋深处。例如，关于巨型乌贼的描述首次出现在1925年，那时人们在抹香鲸的胃里发现了两根巨大的触手。2007年，人们抓到了一只这种巨型乌贼，它是人们抓到的第一个成体。

人们根据动物的相似性，比如鸟爪的形状，将它们分为不同的种群

标本的作用

在识别动物时，有时即使是动物专家也难免会困惑。之后，他们必须参照发现者对该物种的描述。描述包括图纸，通常也有保存的"类型标本"。这个广口瓶里是铠甲蝮蛇标本，它是源于东南亚的一种危险的树蛇。

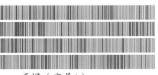

弄蝶（变异1）

弄蝶（变异2）

利用基因判断物种

基因条形码是区分新物种的最新方法。这项技术是将动物之间的短链DNA（包含动物基因的物质）进行比对。通过DNA条形码，科学家了解到，这两只外形相似的蓝色弄蝶虽然同为弄蝶属，但其实是来自两个不同的物种。

我认识你吗？

通常情况下，同一物种的外观相似，它们通过彼此的外观来识别对方。生物学家也借此识别物种。例如，这只蜥蜴是一种绿色安乐蜥，它通过移动喉咙口的粉红色皮瓣，来吸引同物种的其他成员。

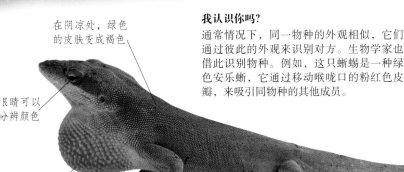

在阴凉处，绿色的皮肤变成褐色

眼睛可以分辨颜色

喉瓣进进出出

适者生存

每个物种都有自己独特的生活习性。长颈鹿和疣猪都生活在非洲大草原上，但这两类物种适应生存环境的方式却不尽相同。长颈鹿通过伸长脖子来吃树梢上的叶子，而疣猪则屈起前腿吃草。1859年，就地球上的生命是如何进化成不同物种这一问题，英国自然学家查尔斯·达尔文作出了阐释。他指出，进化过程遵循"适者生存"的法则。最适应环境的动物存活下来，繁衍不息；而弱者则因不适应环境逐渐灭绝。达尔文将其称为"自然选择"，即自然决定了哪些种群能发展壮大。

极端的进化

所有物种都是在生物学家称为小生境或生态位的空间里进化的。生态位描述了动物的栖息地、食物，以及交配方式和躲避危险的办法。有些动物在自己的生态位进化出了稀奇古怪的适应力。例如，人们发现指猴只生活在马达加斯加岛上。由于这个岛上没有啄木鸟，指猴就填补了这个生态位。

生命之树

达尔文的伟大发现就在于看到了新物种是如何从其他物种进化而来的。他说，外观相似的物种一定是从同一祖先进化而来的，比如马和斑马。1837年，达尔文绘出了这棵树的草图，用以展示不断进化的物种是如何分支的，原因就在于它们以不同的方式适应不同的栖息地。

从翼前凸出的
拇指爪尖

长耳蝙蝠

羽毛使翅膀更大、
更轻、更灵活

丹顶鹤

二次进化

进化由同一物种代与代之间遗传物质
（DNA）的微小变化构成。随着时间的推移，
日积月累的差异最终会促使一个新物种的出现。进化有时
会多次发生，应对同样的问题。例如，蝙蝠和鸟类都可以
飞，但它们的翅膀却是以不同方式进化的。鸟类是从有羽毛
的恐龙进化而来的，而蝙蝠是恐龙灭绝之后进化出来的能飞
的哺乳动物。

历史的警告

在19世纪，英国自然学家阿尔弗
雷德·拉塞尔·华莱士研究了马
来西亚和印度尼西亚的动物。他
在进化方面的看法与朋友达尔文
如出一辙。他意识到，一旦物种
的栖息地遭到破坏，该物种也就
濒临灭绝了。

家的感觉

寄生虫是寄生在其他动物身上（甚至体
内）的动物，后者被称为寄主（也称为宿
主）。大多数寄生虫只依赖单一的寄主进
化，在其他物种上则无法生存。当某个物
种灭绝，其专有寄生虫也会随之消失。

大耳朵有助于听到
其他考拉的呼喊

长而弯曲的喙可以
用于啄出昆虫

杂食与否

像大鼠、小鼠和浣熊这样的动物都属
于杂食动物，它们以各种食物为食，
并且几乎在任何地方都可以找到食
物。但有的动物截然相反。考拉只
生活在澳大利亚，只以某些桉树
树叶为食，没有这种树叶它们
就无法存活。这样的动物往往
最有可能濒临灭绝。

达尔文的灵感

通过研究东太平洋加拉帕戈
斯群岛的动物，查尔斯·达尔
文产生了许多关于自然选择理
论的想法。可是如今这些动物
中的许多物种都濒临灭绝，包
括这只费洛雷纳岛嘲鸫。

生物多样性

人们无法确定地球上究竟存在多少种动物。到目前为止，科学家们已经列出了150万个物种，但是许多人认为总数应该接近3000万。生物多样性源于数十亿年的进化。从深邃的海底到炎热的沙漠，地球上的每个角落几乎都有动物存在。这样的多样性使得自然界变得十分脆弱，因为稀有动物极易面临灭绝的危险。与此同时，生物多样性也使得野生动物对环境更具适应力。

拥挤的森林
热带雨林无疑是地球上最拥挤的地方。已知的动物物种，有三分之二生活在热带雨林里。在这样的栖息地中，有很多地方适于生存，从树的顶端一直延伸到森林地表的灌木丛。

动物王国
这些五颜六色的珊瑚看似海洋植物，但实际上是水母的一种微小的亲缘动物。数以百万计的珊瑚在巨大的群体之中生活，它们的碳酸钙质骨骼会连在一起。每层珊瑚死亡之后，在遗留的灰质骨骼上又会有新的珊瑚生长。随着时间的推移，珊瑚逐渐形成了复杂的珊瑚礁系统，从而为许多种鱼、虾、章鱼和海蛇提供了住所。

珊瑚鱼在珊瑚之间寻找食物

珊瑚形状各异，有的有植物状的分枝

生活区域

不同的气候和地貌，为整个地球的地表创造了大量的栖息地。冰冻的两极覆盖着冰雪或苔原，而多雨的热带地区生长着湿热的森林。这张地图将地球分为11个区域，即生物群落区。每个生物群落区都生活着能够适应那里环境的动物。

- 草原
- 沙漠
- 热带森林
- 温带森林
- 针叶林
- 苔原
- 山脉
- 冰盖
- 湖泊、河流和湿地
- 开阔的海洋
- 珊瑚礁
- 城市地区

北冰洋
北美洲 欧洲 亚洲
大西洋 太平洋
非洲
太平洋 印度洋
南美洲
大西洋 大洋洲
南极洲

数字的力量

世界上最大的动物都是哺乳动物，但地球却未被大象、熊或鲸所主宰。相反，地球被昆虫和其他微小的、肉眼难以辨认的物种所覆盖。哺乳动物和昆虫种类的比例至少是1：200，某些差距甚至更大。

哺乳动物5,488种

鸟类9,990种

爬行动物8,734种

昆虫950,000种

鱼30,700种

炎热的栖息地

在一些异乎寻常的地方也有动物生活。这些螃蟹、贝类生活在海洋深处的火山口上。那里没有海藻或其他植物可吃，动物用细菌代之以食。滚烫沸腾的火山泉往海水中注入了化学物质，细菌就是从中获得能量的。

用标签标明物种

动物库

分类学是鉴定物种的科学。分类学家在博物馆工作，研究从世界各地收集来的动物。这个托盘里的象鼻虫标本收藏在英国伦敦的自然历史博物馆里。该博物馆搜集的动物是世界上最全的。数以百万计的标本摆满了陈列柜和搁板架，如果将它们一字排开，长度可达3千米。

生物链

动物不是孤立存在的，它们的一举一动都会影响到周围的动植物，而对于生态系统的研究就叫作生态学。由共同生活、相互影响的生物所组成的共生生物群叫作生态系统。生态学家主要探索这些自然共生生物群的内部联系。其中，最密切的联系就是食物链。食物链连在一起就形成了食物网。如果食物网中的一种动物濒临灭绝，这一生态系统的其他部分就会受到影响。

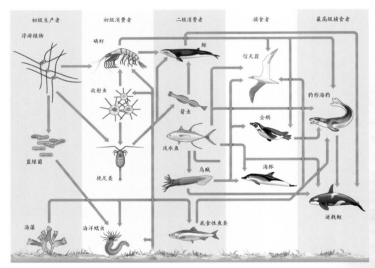

生存因素

生态学家根据影响动植物生存的因素来研究生态系统。其中，主要因素是食物供应和来自食肉动物的威胁。其他因素包括气候、季节和植物的土壤条件等。这只果蝠的笼子里悬挂着西瓜块，所以它可以像在野外一样觅食。

初级生产者　初级消费者　二级消费者　捕食者　最高级捕食者

浮游植物　磷虾　鲸　信天翁　豹形海豹
放射虫　箭虫　企鹅
蓝绿菌　浅水鱼　海豚
桡足类　乌贼
海藻　海洋蠕虫　底栖性鱼类　逆戟鲸

复杂的群落

一些最为复杂的食物网是在海洋中发现的。如同在陆地上一样，食物网的底端通常是植物和细菌，它们利用阳光中的能源来生产食物。它们是生产者，小动物或初级消费者以它们为食。然后，较大的动物会捕食这些初级消费者和一些杂食性动物。食物网一直延伸至顶端的食肉动物。

数量增减

这只猞猁马上就要抓到一只美洲兔了。整个冬天猞猁会捕食很多野兔，在春天的时候生出幼崽。可是由于野兔数量的下降，猞猁幼崽的食物会减少，一些幼崽就会饿死。由于现在捕食野兔的猞猁数量减少了，野兔数量相对就增长了。在一个健康的生态系统中，这些变化是正常的，并会随着时间的推移互相平衡。

数量爆炸

有些动物的数量会有突然的变化，蝗虫就是个很好的例子。通常成年蝗虫是纯绿色的蚱蜢，然而随着数量的增加，它们就会成熟为带翅膀的黑色或黄色的成虫。有时数十亿只蝗虫聚集在一起，可在几分钟内摧毁一片农作物，一天之内吃光10万吨的食物。

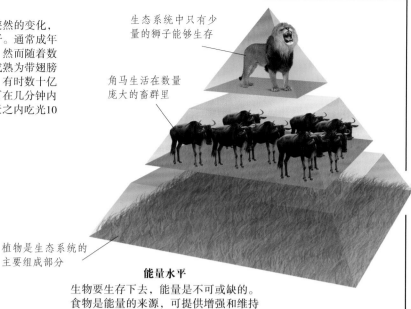

生态系统中只有少量的狮子能够生存

角马生活在数量庞大的畜群里

植物是生态系统的主要组成部分

生活空间

为了获取所需的食物，生态系统的不同成员需要的空间也大小不一。像浣熊这样的动物必须觅食，但由于它是杂食性动物，因此活动范围只需1千米左右。然而，为捕获充足的猎物，这群苍狼却必须在近200平方千米的范围内寻觅。

能量水平

生物要生存下去，能量是不可或缺的。食物是能量的来源，可提供增强和维持身体所需的养料和原料。在食物链的每个阶段，为了维持体温都会消耗一些能量，因此提供给食物链下一级动物的养料就更少一些。因此，在通常情况下，越靠近食物链顶部，动物数量越少。

259

E	灭绝
EW	野外灭绝
CR	极危
EN	濒危
VC	易危
NT	近危
LC	无危

红名单
约有700种动物被列为已灭绝物种，对于它们，人类无能为力。极危动物尚有极少的个体生存在野外。濒危物种尽管数量相对较多，但处境仍然危险。易危物种如果不加以保护，将会很快成为濒危动物。近危物种尚未处于危险之中，但不久之后可能会。同时，无危物种目前来看似乎比较安全——但也仅就目前而言。

评估动物濒危状况

世界上每个角落都有濒临灭绝的动物，各国自然资源保护者相互协作，共同致力于拯救野生动物的工作。至少有35,000种动物需要人们加以保护，但是哪些物种的处境最危险呢？国际自然保护联盟（IUCN）将濒临灭绝的动植物以及菌类列入目录中。每年，它都会公示列有濒危动物名称的红名单。这是帮助我们了解哪些动物是濒危物种的最好指南。

红名单标志

长期观察
每年人们都会了解到更多关于地球上野生动植物生存状态的信息，所以红名单会不断更新。到目前为止，专家们已经评估了47,000个物种，其中大部分已被列入红名单，而受到种群数量减少甚至灭绝威胁的物种数量每年都不断增加。至少有150万个物种有待评估。

专家在工作
国际自然保护联盟依靠数百位专家来提供有关不同的濒危动物的信息。海马保护项目是由一个国际自然保护小组发起的，主要是来保护海马及它们的亲缘物种，比如尖嘴鱼和海龙。

发现好消息
红名单并不仅仅带给我们坏消息。很多年来，非洲象一直属于易危动物，偷猎者为获取象牙而捕杀这种巨型动物。1996年，大象被列为濒危动物。然而经过多年的努力，保护计划最终开始奏效，到2008年，非洲象被重新归为近危物种。

数据背后

濒危动物并非仅指数量少的物种。尽管海洋里生活着成千上万的绿甲海龟，但它们却被列为濒危动物。由于龟类生存年限很长，所以在某段时间里其数量会很多。然而，雌海龟每年产卵数量却极少。如果乌龟不能繁殖，那么这类物种定会遭受灭顶之灾。

保护名录编制

红名单的内容并不完善。比如，每一种哺乳动物和鸟类都得到准确的核实，但仅有0.5%的昆虫纲和无脊椎动物在红名单上列出。比如亚历山大鸟翼蝶，这是世界上最大的蝴蝶，其翼展长约31厘米。

雄性鸟翼蝶的翅膀五彩斑斓

亚历山大鸟翼蝶

帮助外来者

即使某种动物在一个地方很稀有，但如果它在别处十分普遍的话，也不会得到保护。葡萄牙亚速尔群岛上的红腹灰雀起初是亚欧大陆红腹灰雀的子群。尽管在圣米格尔岛上生存的红腹灰雀仅有几百只，但它们并未得到保护。2000年，它被收入红名单。

冷战

稀有动物的生存威胁可能成为政治冲突的主题。25年前，国际自然保护联盟将北极熊列为易危物种，但是美加两国政府提出异议。部分原因是生活在北极地区的一些人是以捕猎北极熊为生的。现在，在加拿大捕猎北极熊仍是合法的。

鸟的环志有助于辨别鸟的品种及进行相关研究

观察活动中的动物

找到保护濒危动物的最好方法通常不难。然而，某类物种数量不断减少，其原因并不总是很明晰。动物保护在很大程度上依赖于科学家对动物野外生活习性的研究。例如，海獭生活在北美太平洋沿岸的海藻林里，以海胆为食。人类为了获得水獭毛皮而大量捕杀它们，导致其数量减少。这导致了海胆数量的增加，它们开始食用更多的海藻，从而使海藻林死亡，这也影响到了利用水下森林作为藏身之处来躲避鲨鱼侵害的海狮。海藻林也是抵御暴风雨的一道天然屏障。

近距离接触

研究动物的第一步就是观察。英国动物学家珍妮·古道尔在坦桑尼亚居住了25年来研究黑猩猩。她发现黑猩猩会制作简单的工具来获取食物，她的观察揭示了许多关于猿类社会分工的知识。

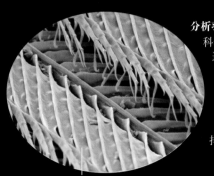

分析羽毛

科学家们通过研究一根羽毛就可以找到这只鸟的栖息地。人们发现，世界不同地区特定类型的碳原子和氮原子总量是存在差异的。这些原子存在于一切生物体内，包括鸟类的食物中。这根羽毛边沿的原子，是根据那部分羽毛生长时鸟类的觅食地点排列的。

分支蛋白质纤维形成羽毛倒钩。

生物调查样方

研究弱小动物的数量需要极大的耐心，可能在一个很小的区域里会生活着成百上千种不同的动物。通过利用样方法，生物学家会准确地定位这些动物的生活区域。这是一个1平方米的方格，研究者将其分成由多个正方形组成的样方。

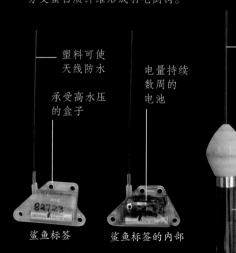

- 塑料可使天线防水
- 承受高水压的盒子
- 电量持续数周的电池
- 天线通过卫星传输数据
- 有浮子的鲨鱼标签
- 浮子使标签在水中保持直立状态

鲨鱼标签　　　鲨鱼标签的内部

水下标签

每年，长距离迁徙的鸟类、鱼及鲸的身上也许会有人类安装的用于记录其行程的无线标签。这里所显示的标签是专为巨型鲨鱼设计的，其内部的电子装置可以连续不断地测量鲨鱼所处的水位、水温和光照强度。人们对标签进行编程设置，从而使其在某一特定日期从鲨鱼身上脱离，然后漂浮到水面上，被传送给研究人员。

智能相机

人们并非总能观察到野生动物，尤其是夜行动物。而科学家们用相机来"捕获"动物。他们设置相机陷阱来抓拍这些夜行动物的图像。这些陷阱有运动传感器，当动物经过时会激活相机。这是相机陷阱拍摄的一只濒临灭绝的雪豹。

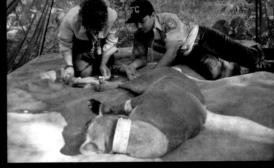

正是它

人们并非总能轻而易举地辨别同一物种下不同动物个体之间的差异。研究人员不断探寻鉴别动物个体的方式，这样他们就可以记录动物的寿命长短、踪迹以及与其交配的动物。鲸鲨的脊背上存在着许多块由斑点组成的特殊图案，但肉眼无法将这些图案区分开来，因此研究人员利用美国国家航空航天局（NASA）开发的软件来记录每头鲸背上的斑点。

基因联系

对稀有动物而言，与优良的配偶进行交配繁殖是至关重要的。然而由于周围同类数量很少，这使得它们极易与近亲交配，从而导致后代身体羸弱。图中，管理人员正在从一头被催眠的佛罗里达山豹身上采集血液样本。

新发现

有时实地调查研究会帮助我们发现新物种。灰脸象鼩是一种生活在坦桑尼亚森林里的哺乳动物，2008年人们借助相机陷阱拍到了这一只。

走向灭亡

地球史上漫漫生命长河里，动物走上灭绝之路并不稀奇。它们中的大部分如今已经灭亡。我们是通过化石了解到这些动物的，历经数百万年，它们的骨头和身体其他部分硬化的遗骸被保存在岩石里。大约在150年前，科学家们开始研究化石，人们才知道一个物种会完全消亡。然而，人类也会造成生物非自然灭绝。有时候人们有意这样做，比如人们在1980年消灭天花病毒。人们对动物不计后果的所作所为将有可能导致动物走向灭绝。

岩石里的线索

人们曾认为，地下埋藏的巨石头骨和骨头属于传说中的龙或其他怪兽。随后，在19世纪40年代，化石勘测者开始发现完整的骨骼。这些骨骼表明一些化石动物属于巨型爬行动物。这是一副蛇颈龙的骨架，它是恐龙的亲缘物种，大约两亿年前在海洋中猎食。

股骨进化成了可以游泳的鳍

从壳中伸出的脖子可以够到高大的灌木丛的叶子

孤独的乔治

每个岛屿上都有巨型陆龟的亚种。在平塔岛上发现的巨型陆龟亚种只剩下了最后一名成员——孤独的乔治。科学家们认为平塔岛上的一些龟被人转移到了其他岛屿，他们至今仍然在寻找雌龟。但乔治可以等待，它现在只有80岁，应该还能再活70年。

最后一只旅鸽玛莎

走向灭绝

数百万只旅鸽曾经成群飞越北美地区，但当人类开始捕食它们后，这种景象便不复存在了。19世纪，旅鸽遭受到来自欧洲的疾病的侵害，到1870年这些旅鸽数量急剧下降。1900年，人们看到了最后一只野生旅鸽。1914年9月1日，最后一只圈养的旅鸽玛莎在辛辛那提动物园死亡。

失去栖息地

今天濒危动物被迫挤在越来越狭小的生存空间里。也许在世界某个地方它们会完全消失，人们称之为区域性灭绝。现在，大多数猎豹生活在非洲，但即使在那里它们也是濒危物种。也有一小部分生活在伊朗的沙漠里，但在亚洲及其他地区猎豹已经灭绝。1947年，最后一只野生印度猎豹遭到了猎杀。

一只训练有素的猎豹

笼子里的生活

为了防止最稀有的动物在其自然栖息地无法生存，人们将其安全地饲养在动物园里。自2000年以来，人们在野外就再没发现巴西斯皮克斯金刚鹦鹉的踪迹了。这一物种现存不到100只，全都生活在动物园里。

长翼羽类似现代鸟类的羽毛

羽翼上伸出的指头用来攀爬

与现代鸟类不同，嘴里有牙齿

生存

自然灭绝的物种并非都永远消失了。每一个新的物种必然会从旧的物种进化而来。旧物种灭绝时，它会依赖新的子代生存，科学家称此为假灭绝。据此推断，一种两条腿的兽脚类肉食恐龙就是假灭绝，因为它们已经进化成了鸟类。

死而复生

一些科学家认为，我们可以使用基因技术使灭绝的物种复活。如果他们能够收集到某类灭绝物种的所有基因，也许就能够克隆出那类物种。这只叫作迪玛的猛犸象幼崽，千百年来被保存在俄罗斯北极圈内的冰冻苔原地区。有一天，人们也许会把它的基因移植到母象的卵子内，让这只大象生出一只克隆的迪玛。

发现于山上

南秧鸡是一种不会飞的食草鸟类，曾生活在新西兰各地，但在1898年被宣布灭绝。但在1948年，人们在高山地带发现了大约100只南秧鸡，那时它们幸存的数量较多。现在南秧鸡仍然很稀有。

失而复现

研究自然世界带给我们的并不总是坏消息。时常会有惊人的发现，包括重新发现人们认为已经灭绝的物种。有时甚至会出现人们认为在几百万年以前就已经灭绝的动物。科学家称之为拉撒路效应——源于基督教关于一个人死而复生的故事。尽管现在我们对许多物种已经灭绝的"事实"深信不疑，但总有一天我们会发现，曾经消失的动物重新出现在世界的某个角落。

腔棘鱼

活化石

通过研究化石，科学家们知道，像爬行动物和哺乳动物等陆地动物都是由多骨、叶鳍的鱼进化而来的。这些叶鳍进化成了陆地动物的腿。1938年，人们在印度洋里用渔网捕获了一只腔棘鱼，它拥有和远古亲戚一样的叶鳍，甚至可以在海床的岩石缝隙中爬行。

揭秘新物种

研究人员有时会发现，曾鉴别为同一物种的二者，实际上是两个不同的物种。这种情况曾在2006年发生过，跳岩企鹅更名为北跳岩企鹅和南跳岩企鹅两个物种。北跳岩企鹅头部的羽毛较长，且只居住在大西洋和印度洋的一些岛屿上。

将皮肤褶皱或垂肉摊开来，以此吸引雌性

山怪

1990年，一个猎人穿越了位于牙买加首都金斯敦附近的希尔夏尔山脉，他认为自己捕获了一条龙。这个生物原来是一只巨大的陆鬣蜥，20世纪40年代人们已宣布它灭绝。也许这是地球上最稀有的蜥蜴。

北跳岩企鹅

隐藏的生物

一些动物爱好者认为有一些不寻常的物种仍未被人们发现。这些人自称为隐形生物学家。许多隐藏的动物只出现在神话里。隐形动物学家认为，这些传说都是记录真实存在过的动物的古文献。著名的隐藏物种包括喜马拉雅山脉的雪人和苏格兰的尼斯湖水怪。

雄鸟头上的红色羽冠

象牙喙啄木鸟的填充标本

背部的白色条纹形呈一个三角形

消失的啄木鸟

人们认为，象牙喙啄木鸟是美国最大的啄木鸟。该物种可能已经灭绝。冠红啄木鸟是一种体形较小、更为常见的美国鸟类，与象牙喙啄木鸟看起来非常相像。

时空隧道

2005年，人们在东南亚老挝境内的山区丛林里发现了老挝岩鼠。起初，这种啮齿动物使科学家们困惑不解，因为它看起来既像松鼠又像老鼠。后来人们发现该物种是一种叫作硅藻鼠类啮齿动物族群中唯一的幸存者。

繁荣与萧条

地球上的物种数量不会一成不变。过去通过研究不同时期的化石，科学家们已经了解到，几百万年以来物种数量逐渐增加。但有时大批物种会突然被消灭，人们称这种彻底摧毁的情况为大规模物种灭绝。这是由环境的突变引起的。35亿年以来，物种大规模灭绝速度极为快速和惊人，超过四分之三的动物在几千年里走向灭亡，也许速度还会更快。

生命的迸发

在5亿年前的寒武纪时期，几乎所有的动物群体都得以进化。人们将这次生物种类增多的现象称为寒武纪大爆发。从那时起，在不同时期，总会有某些特定动物占据统治地位。寒武纪以后，一种名为三叶虫的盾皮海洋生物普遍存在。在恐龙时代，爬行动物主宰着地球。

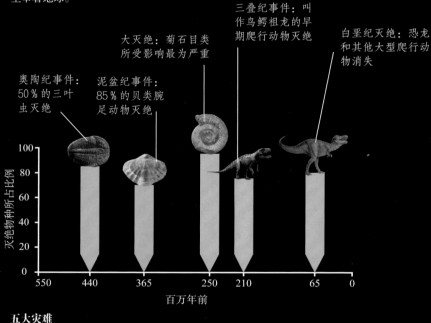

奥陶纪事件：50％的三叶虫灭绝

泥盆纪事件：85％的贝类腕足动物灭绝

大灭绝：菊石目类所受影响最为严重

三叠纪事件：叫作鸟鳄祖龙的早期爬行动物灭绝

白垩纪灭绝：恐龙和其他大型爬行动物消失

灭绝物种所占比例（纵轴：0、20、40、60、80、100）

百万年前（横轴：550、440、365、250、210、65、0）

五大灾难

自寒武纪以来，地球上发生过多次大规模物种灭绝事件，其中有五次灾难最为突出。奥陶纪事件是五大灾难之一，造成85％的物种灭绝。泥盆纪事件摧毁了70％的物种，其中包括许多古老的鱼类。接下来的一次大规模物种灭绝发生在二叠纪末。人们称之为大灭绝，它导致了96％的物种灭绝。三叠纪事件发生在4000万年后，其造成的结果相对而言没有那么严重，全球变暖或许是原因之一。最近的一次大规模物种灭绝发生在6500万年以前，那时恐龙全部灭绝。

大灭绝

人类所知的最严重的一次大规模物种灭绝发生在2.5亿年前。几乎地球上的所有生物都灭绝了。没人知道是何原因引起的。其中一种可能性是，在西伯利亚境内曾发生过大型火山喷发运动，火山所喷出的熔岩覆盖在陆地上，这改变了数千年以来地球上的气候条件及动物的生存环境。

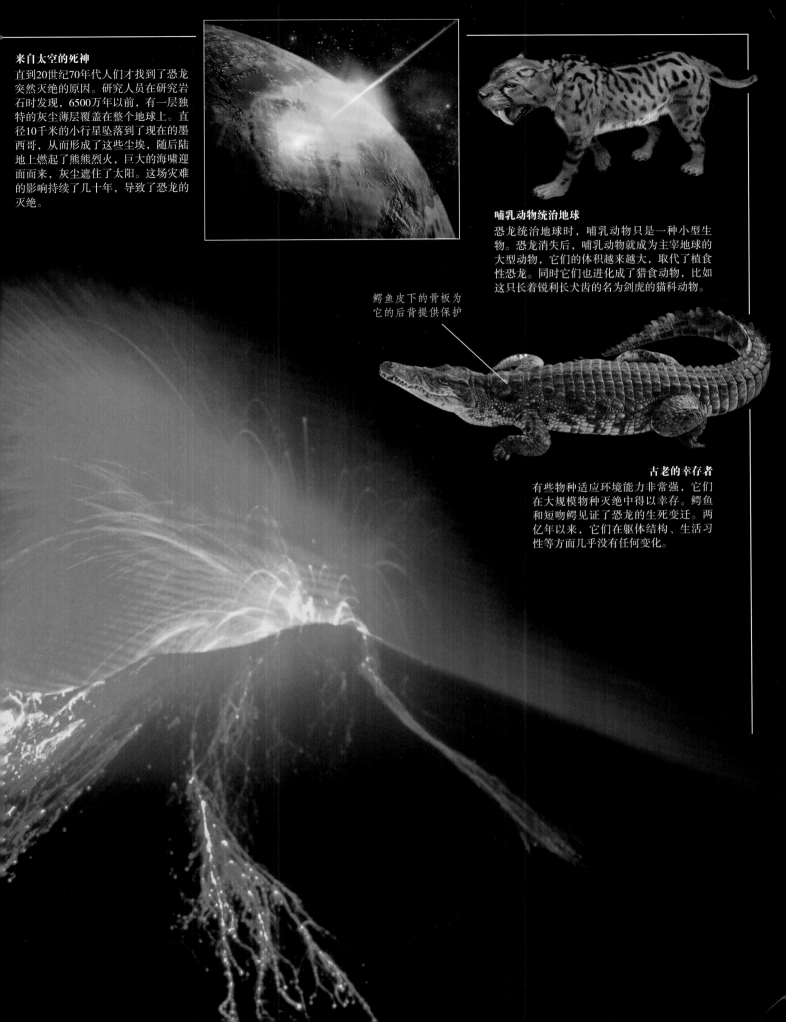

来自太空的死神

直到20世纪70年代人们才找到了恐龙突然灭绝的原因。研究人员在研究岩石时发现，6500万年以前，有一层独特的灰尘薄层覆盖在整个地球上。直径10千米的小行星坠落到了现在的墨西哥，从而形成了这些尘埃，随后陆地上燃起了熊熊烈火，巨大的海啸迎面而来，灰尘遮住了太阳。这场灾难的影响持续了几十年，导致了恐龙的灭绝。

哺乳动物统治地球

恐龙统治地球时，哺乳动物只是一种小型生物。恐龙消失后，哺乳动物就成为主宰地球的大型动物，它们的体积越来越大，取代了植食性恐龙。同时它们也进化成了猎食动物，比如这只长着锐利长犬齿的名为剑虎的猫科动物。

鳄鱼皮下的骨板为它的后背提供保护

古老的幸存者

有些物种适应环境能力非常强，它们在大规模物种灭绝中得以幸存。鳄鱼和短吻鳄见证了恐龙的生死变迁。两亿年以来，它们在躯体结构、生活习性等方面几乎没有任何变化。

人类的崛起

人类是唯一能够在地球各大洲上生活的物种。约9万年以前，现代人类走出非洲，进入欧洲境内，约4万年前抵达大洋洲，约14,000年前到达美洲。人类最后到达的大陆是南极洲，并于1957年在那里建立了第一个永久基地。与地球年龄相比，人类的迁移速度是极其迅速的。如果把地球发展史比作一个历年，地球在1月1日开始形成，而人类是直到12月31日晚上11时45分才出现的。

大猩猩头骨　　　　直立人头骨　　　　智人头骨

裸猿
和现代人类亲缘关系最近的动物是黑猩猩和大猩猩。人类是由800万年前生活在丛林中的猿进化而来的。现代人种（智人）历经数百万年不断进化。大约10万年前，智人开始进化。约3万年前，现代人类创造出岩石壁画及动物和人的雕塑。

1999年，时任联合国秘书长科菲·安南抱着地球上的第60亿位公民。

数量增长
许多动物的数量都在下降，人类的数量却在日益增长。18世纪50年代，人口数量增长幅度达到最高水平，那时人类学会大规模种植粮食，清理动物的栖息地来修建城市和农场。1万年前，地球上仅有100万人口，到19世纪初人口数量大约达到了10亿。据人口专家预测，到2040年地球上的人口可能达到90亿。

世界人口（数以十亿计）

6
5
4
3
2
1
0

1　200　400　600　800　1000　1200　1400　1600　1800　2000
年

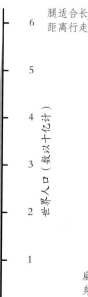

颅骨保护着包含有1000亿个神经细胞的大脑

白齿小，不像植食性猿的白齿那样巨大

胸腔保护心脏和肺

臂比爬树猿的更短

扁平的骨盆使其能用两条腿行走

行走时，手可以自由地拿东西

拇指可以够到其他手指头，并且可以抓取东西

腿适合长距离行走

成功的秘诀
人类这个物种如此成功的原因何在？与其他动物相比，我们跑得不快，身体不够强壮，但有一件事我们可以做得更好——利用智力。

扁平脚趾可以使身体保持平衡

自我毁灭

有时人类会完全破坏生存环境，从而导致无法生存。太平洋上的复活节岛因其神秘的雕像（约建于600年前）而闻名遐迩。后来，岛上的居民开始砍伐树木来烧火或造船。几个世纪后，由于没有树木的保护，土壤被风吹走了，这使得耕作变得很困难，岛上很多人饿死，社会结构随之瓦解。

物种灭绝的原因

人类是杂食动物，也就是说我们能吃各种食物。过去极可能是人类的狩猎活动使动物加速灭绝。例如，大约1000年前，毛利人踏上新西兰的土地后开始猎杀巨型恐鸟。到了16世纪这种巨型恐鸟因而灭绝。哈斯特鹰是一种捕食恐鸟的巨大猛禽，由于其猎物的消失它同样灭绝了。

系帆的桅杆

波利尼西亚航海
独木舟模型

双层船体能保持
木筏的稳定性

有顶棚的区域可以
为人们提供遮蔽

巨型恐鸟

新视野

约1600年前，波利尼西亚人乘着独木舟从东南亚出发，向太平洋的岛屿驶去。他们的航行距离很长，并在途中观测到了星辰、波浪和候鸟迁徙的路径。可悲的是，他们所到之处，使原本生活在那里的独一无二的野生动植物都遭到了灭顶之灾。

活得更久

人口数量激增不仅是因为新生人口增多。死亡人数也在减少，尤其是儿童。在史前时代，人们能活到30岁就已经很幸运了。目前，成年人平均寿命为66岁，在发达国家人们的寿命会更长。

农业的影响

在人类历史大部分时期，人们都是靠狩猎和采集植物果实来生存的。有些人将野生小麦和大麦草的种子或谷粒收集起来，将它们磨成面粉。约1万年前，生活在中东的人们向人类文明前进了一大步——他们学会了耕作。农民们不再四处寻找食物，而是在一个地方定居下来。农业使人们得以创建自己的生态系统，但是野生动物被迫离开家园，并且在此过程中往往成为濒危物种。

作物袭击者
不仅仅只有人类吃粮食，像亚洲象等野生动物会经常侵袭农场，践踏农作物。它们之所以这样做，是因为没有足够的野生栖息地为它们提供食物。然而，农民要靠农作物为生，所以他们会驱赶这些觅食动物，有时甚至会杀死它们。

刀耕火种
最简单的开垦土地的方法是伐林烧木。数千年来，传统的农业耕作方式一直是刀耕火种。植物燃烧后的灰烬使土壤变得肥沃。

作物喷粉
农民喷洒杀虫剂来保护农作物。杀虫剂是一种有毒的化学物质，它们可以杀死害虫，但不会影响农作物。然而，这些化学物质会随害虫进入食物链。当较大的动物吃了这些害虫后，毒素就会在它们的体内积聚。

杀虫剂从喷嘴喷洒出来

从土壤到灰尘

大部分农用家畜是食草的哺乳动物，它们过去常在野外四处寻觅食物。然而，农民们会设法饲养很多家畜，其数量往往会超过当地植被的承受能力。植物的根系可以固着土壤，在干旱地区，放牧牲畜吃掉了大量的植被，土壤就会分解成灰尘，最终使土地变成沙漠。

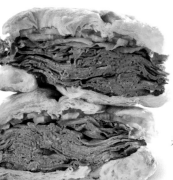

食肉付出的代价

饲养家畜占用的土地面积比农田还要大。三分之二的农田用于放牧。如果用营养丰富的饲料喂养家畜，它们会长得很快。在美国，70%的粮食用来喂养家畜。饲养家畜的用水量是种植庄稼的100倍。

熏牛肉三明治

人们把对虾冻起来运往世界各地。

奢侈品的价格

在一些富裕国家的超市里摆满了来自世界各地的食物。在一些国家，由于农场工人的工资很低，食物生产成本比较低廉。新的农业技术可以促进高档食品的大规模生产，但这是以牺牲环境为代价的。

严苛的法案有助于保护青蛙等"猎物"

环保农场

有些动物从农业中受益。牛背鹭常跟随在放牧牲畜后，吃牲畜从水草中惊飞出来的昆虫和蠕虫。

挤出去

一些动物会成为濒危物种，是由于农业的发展灭绝了它们的猎物。黑足雪貂以草原犬鼠为食。当草原变成牧场后，农民用毒气杀死草原犬鼠。没有了草原犬鼠，黑足雪貂也几近灭绝。现在在野外生活的黑足雪貂仅有1000只。

没有蜜蜂的世界

没有人喜欢被蜜蜂骚扰，但我们生活中可以没有它们吗？蜜蜂，尤其是酿蜜的蜜蜂，对于果蔬的供应至关重要。蜜蜂在花朵之间忙碌地飞来飞去，传播花粉的过程就叫作授粉。花粉使植物受精，生长出种子和果实。然而，蜜蜂的数量正在急剧下降。在世界的某些地区，野生蜜蜂已经消失，甚至蜂农们都发现他们的蜂群也在死亡，但没人知道原因。

一臂之力

想一下你最喜欢的水果或蔬菜。榛子、草莓、洋葱、苹果……其实这里列出的所有农产品只有依靠蜜蜂才能生长。水果和坚果中都含有植物的种子，种子到第二年会长成果实。据专家计算，每年蜜蜂给农作物授粉后的收成，价值高达数十亿美元。

花粉粒粘在蜜蜂的身体上

蜜蜂能够用触角上的感觉器官来闻花朵的香味和品尝花粉

忙碌的农场工人

一直以来，农民们都知道庄稼和蜜蜂之间的联系。人类的养蜂历史迄今至少有5000年之久了。蜜蜂们保管着它们的蜂蜜，同时也较好地维持了蜂巢周边地区的繁茂。这是一个位于罗马尼亚的移动蜂房，里面住着数百万只蜜蜂，在工人们将其移至附近的农场之前，它们会在田地里工作几个星期。

欢迎访客

鲜花和蜜蜂相互依赖，是一种共生关系。鲜花为蜜蜂提供食物，而蜜蜂又在采蜜过程中传授花粉，使植物得以繁衍。蜜蜂喜欢那些带有小块田地的农场，这些田地四周围着野花丛生的树篱，整个夏天都为蜜蜂提供食物。

蜂群崩溃

最近几年里，蜜蜂大量死亡，工蜂数量不足，难以找到足够的食物以及照顾蜜蜂幼虫。科学家们称此现象为蜂群崩坏症候群（CCD）。一些科学家认为，杀虫剂、气候变化或手机辐射导致了蜜蜂死亡。另外一种可能性是与一种病毒有关，该病毒不会使蜜蜂生病，但会使蜂群中的成员不能在一起工作。

健康蜂房里的成年蜜蜂

受蜂群崩坏症候群影响，蜂房里的成年蜜蜂较少。

在飞行过程中，拍打翅膀的速度达每秒200次

紧急通知

养蜂酿蜜是一个重要的行业，而蜂群崩坏症候群毁掉了很多商机。这个问题具有突发性和普遍性。在一些地方，短短几年时间里就有一半的蜂巢消失了。在蜜蜂成为濒危物种之前，世界各地的农民都在呼吁科学家们研究这个问题。

给蜜蜂一个机会，增加投资！

Give BEES A CHANCE INCREASE FUNDING!

给予我们援助

除了蜜蜂和其他昆虫外，蝙蝠和鸟类也食用花蜜和传授花粉，尤其是在世界上的温暖地区。这只较小的长鼻蝙蝠以生长在亚利桑那州的龙舌兰为食，它用长舌头来舔花蜜。现在它已成为濒危物种，因为人们在龙舌兰开花前就会将其收割，用来制作食物和饮料。

蝙蝠授粉的花朵呈漏斗状且具有强烈的气味

排挤在外

2008年，人类成为生活在城市的主要物种。这是人类历史上城市人口数量首次大于农村人口。城市面积只占陆地面积的3%，却拥有30亿人，他们对环境影响巨大。城市居民不种植庄稼，粮食需要从农场甚至可能是从遥远的国家运过来。城市需要持续的水源、燃料和电力的供应，而这个供应往往来自城市外围。城市也需要清理垃圾，欧洲普通城市居民在短短一年的时间里会制造500千克垃圾。城市的发展对许多动物产生了不利影响。随着城市不断地吞并周围的乡村，动物被迫离开了它们的自然栖息地。

锐减的森林

巴西海岸生长着一种非常特殊的热带森林，人们称之为大西洋沿岸森林。它是几种小型猴子的栖息地，其中包括金狮狨猴这一极度濒危物种。然而，为了建造巴西最大的城市——圣保罗和里约热内卢，人们砍伐了大量的森林，如今只剩下了十分之一。

水泥丛林

通常情况下，人们很难分清城市和农村的界限。一些城市不断扩大，已经与周边城市连接起来了。有几十个大城市人口超过了一千万。大城市改变了气候。混凝土和钢筋建筑吸收热量，使城市气温高于周边乡村地区。烟雾和废气结合形成一种非自然雾，即烟雾，烟雾会引起呼吸困难，导致人类和野生动物死亡。

震撼与威慑
农村地区桥塔上的高压电线纵横交错，为城镇和城市输送电力。鸟类伫立在一根电线上是安全的，但如果它们同时碰到两根电线，就会触电死亡。风力涡轮机也会影响鸟类。有时涡轮机建在山顶上，而大型鸟类在迁徙之前会聚集在一块在气流中向上飞翔。

处之泰然
即使在城市里，有些动物仍寻找到了生存的途径。老鼠生活在下水道里，以垃圾为食，而鸽子找到什么就吃什么。这些动物是杂食性动物。但一些非杂食性动物在城市里也能很好地生存。这只隼发现摩天大楼窗外的壁架上是个筑巢的好地方。

黑夜还是白天
日落之后，地球不再黑暗。这张地球的地图是在夜间利用卫星图像拍摄的，它显示出城市的灯光能够确保地球上大部分地区全天保持光明。这些灯光迷惑了动物，它们不知道这是一天的结束还是开始。

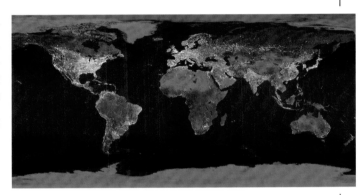

海牛皮肤上的伤疤是由一艘船的螺旋桨造成的

水下的威胁
许多沿海城市都有足够大的海港来停泊货轮。船舶发动机的噪声干扰了鲸和海豚等海洋哺乳动物。它们可能会错误地向上潜游，或太靠近海岸而被困在潮流中。大多数会死亡。佛罗里达州周围的海牛在浅水里寻找食物，有时它们会被旅游快艇撞死。

保护穿行乌龟的警示标志

交通事故
每年数以百万计的动物死在车轮之下。松鼠、浣熊等小型动物是主要受害者，但有时体积较大的动物也会遇害。每年在美国的马路上有超过25万只鹿丧生。

遭到破坏的地貌

自然栖息地内部非常平衡。不论外部因素引起的变化有多小，在此栖居的动物都会受到一定影响。地球上少有未遭到人类活动影响的栖息地，动物灭绝的主要原因也正在于此。人类破坏栖息地的方法可分为两类。一类是他们清理了大面积的荒野，只留下了一些点缀在农田间、城市周围的零散区域里或岛屿上。这个问题被称为生境破碎化。另一类是生境退化，也就是人类破坏那里的自然平衡，使那里动物的生活更加艰难。

缩小的家园
扬子鳄比他们的美国表亲要小得多，并且数量更为稀少。这些扬子鳄曾生活在中国东部长江流域的广袤湿地里。现在它们的栖息地已经严重退化，只能在农田的泥泞水池或沟渠中生存，已经不到150只了。

许多被称为附生植物的小植物可能生长在热带雨林的树上。

被困在树上
长臂猿受生境破碎化的影响尤为严重。这些东南亚猿依靠它们强健的长臂在树枝间游摆。它们不能在空旷的陆地上行走很长的距离，这意味着成群的长臂猿被困于森林的零散区域中。

依靠多样性
未经人类开发的栖息地比受人类活动影响的栖息地里的植物种类更丰富，这也就意味着有更多的动物物种。丰富的植物种为许多小生物提供了家园。如果没有这些植物，昆虫就无法生存。专家认为，每当热带雨林中的一种植物灭绝，12个昆虫物种就会随之消失。

即将无家可归

大平原是一个横贯北美中部地区的干旱草原。仅在200年前，大草原上有数以百万计的野牛（右图）和长得极像羚羊的叉角羚。如今，这些独特的北美动物仅剩下几千只了。

新生森林

在森林里，如果一棵树被砍走或倒下，这个空隙里很快就会长出速生的灌木或小乔木。长出来的灌木丛叫作次生林。假以时日，大片的次生林就会与成熟林融为一体。次生林里的植物比成熟栖息地的植物要少，吼猴这样的动物很少出现在次生林里。

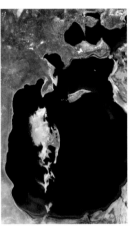 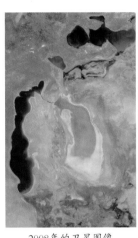

1989年的卫星图像　　　　2008年的卫星图像

水资源短缺

20世纪60年代，中亚地区的咸海是世界第四大湖泊。而现今，咸海的大部分地区已经变成沙漠了。几乎所有曾经汇入该湖泊的河流都被人类改道去浇灌其他地方的棉花地了。随着面积的减少，咸海中水的盐度逐渐增加，现有水域中只剩四种原有的鱼类。

移动的生活

迁徙动物途中会在许多栖息地停留，每一次停留对它们来说都十分重要。白鹤在西伯利亚过夏天，而在伊朗、中国和印度的湿地度过冬季。但是自2002年以来，鸟儿们就无法迁至印度，2005年只有四只白鹤飞到了伊朗。

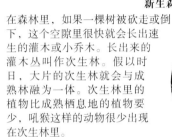

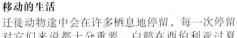

价值何在

现在地球上几乎很少有人类尚未开发的地方。大部分原始荒野都是在极地地区。然而，人们一直寻找在这些荒原地区的生财之道，如在南极洲或阿拉斯加的荒野钻油或采矿。1998年，南极议定书规定任何破坏南极栖息地的行为都是违法的。

气候变化

地球上的气候从来不是一成不变的。几百万年来，不同时期的气候变化造就了酷热的沙漠、潮湿的森林或者大面积覆盖地球的冰原。这些自然变化已经导致了许多动物灭绝，但是现在似乎人类也在改变着气候。人类向大气中排放二氧化碳及其他污染气体导致了地球变暖。如果全球气温升高3.5℃，会引起包括人类在内的70%的物种大面积死亡。

贴近身体
的短翅

阿尔达布拉秧鸡

海平面上升
随着气温升高，洋面逐渐升高。融化的极地冰盖也增加了海洋水量。海平面升高会给生活在低洼岛屿里的动物带来灾难，如印度洋中的阿尔达布拉岛很可能会沉到水下。到那时，上涨的海水就会彻底毁灭这个岛上独特的野生动物阿尔达布拉秧鸡。

迫在眉睫的问题
全球变暖不仅仅使得地球的温度升高。大气中滞留的多余热量也会导致极端气候。暴风雨会更猛烈，干旱的持续时间会更长。近几年，世界上许多因少雨而完全干透的森林都被猛烈的野火毁掉了。

消失的冰雪

北极熊是为在冰冻的北冰洋上狩猎而生的动物。它们的白色皮毛使人类不易在冰原上发现它们。北极熊通常在冰盖边缘捕食海豹和海鸟。然而，全球变暖使得海冰逐年加速融化。这迫使北极熊不得不到陆地上捕食。现在，北极熊被确定为濒危动物。如果北冰洋的冰全部融化，北极熊就会灭绝。

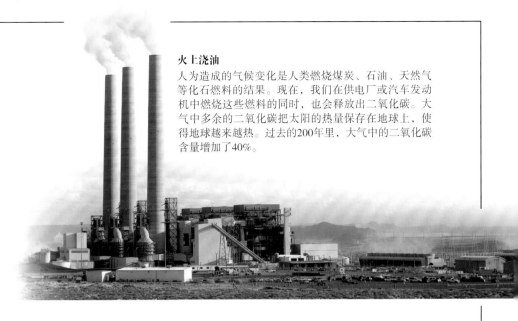

火上浇油

人为造成的气候变化是人类燃烧煤炭、石油、天然气等化石燃料的结果。现在，我们在供电厂或汽车发动机中燃烧这些燃料的同时，也会释放出二氧化碳。大气中多余的二氧化碳把太阳的热量保存在地球上，使得地球越来越热。过去的200年里，大气中的二氧化碳含量增加了40%。

脱色的珊瑚
变成了白色

苎胥在一朵
花上觅食。

变化的风景

一些动物栖居地的变化见证了气候变化的影响。阿波罗绢蝶栖居在欧洲寒冷的高山草甸地区。气候变化导致草甸面积缩小，阿波罗绢因此也被列为易危物种。然而，生活在更暖的地区让苎胥的情况却比先前有所好转。气候变暖使得苎胥能全年生活在北欧的某些地区。

酸雨来袭

大气中二氧化碳含量的上升也影响着海洋。二氧化碳溶于水后形成碳酸。海洋温度越高，酸度也越高。珊瑚生长在温暖的水域，但是海洋温度和酸度的不断提高导致了许多珊瑚礁死亡。现在，印度洋中90%的珊瑚都已脱色。

与气候变化作斗争

气候变化问题已得到大多数政府机构的认同。关于解决这一问题的方法，人们有很多想法。最重要的是找到不用燃烧化石燃料就能产生能量的新方法。美国前副总统阿尔·戈尔是敦促各国达成国际协议的主要倡导者。

全球性两栖动物减少

两栖动物是最古老的陆地脊椎动物，它们由生活在大约3.75亿年前的鱼类进化而来。现在有近6000种两栖动物，其中的三分之一正面临灭绝，这使得它们成为地球上最为濒危的物种。两栖类动物生活在水中和陆地上，而它们的两个栖息地目前都受到了污染。很多人认为两栖动物正在消失，因为它们遭受到了环境破坏的双重打击。全球两栖动物数量下降是给其他动物群体的警示，什么样的未来在等着它们？

为防止身体变干，必须保持皮肤湿润

水，到处都是水
大多数两栖类动物必须返回水中进行交配和产卵。有的把卵产在池塘里，而有的产在雨坑里甚至是叶子上的小水洼里。在世界上一些温暖潮湿的地方，青蛙一年四季都会产卵，但每次产出的卵数量很少。在较冷的地区，青蛙会集中在一个季节繁殖，每次产出大量的卵。

腹部薄薄的皮肤吸收大部分的水

哥斯达黎加的红眼树蛙

每个卵外都有一层有保护作用的胶状物

黏黏的趾垫能让脚粘在平面上

无肺蝾螈
无肺蝾螈几乎都住在北美和中美洲潮湿的森林里。这些两栖动物没有肺，用皮肤吸收氧气呼吸。许多蝾螈并不像其他两栖动物一样在水中出生，它们将卵产在陆地上。然而，蝾螈栖居的森林正遭到迅速清除，大约200种无肺蝾螈因此面临灭顶之灾。

密切接触

青蛙可以通过皮肤呼吸。它们的皮肤很薄，咽喉黏膜尤其薄。其他化学物质可以通过皮肤进入体内并在体内循环，青蛙还可以用皮肤来分辨味道。即使是很少量的污染物也会很容易进入青蛙体内，这可能是全球青蛙数量减少的另一原因。

真菌来袭

两栖类动物面临的另一问题是一种致命的真菌——壶菌，它寄生在两栖动物的皮肤上，使得它们疼痛不堪，以至于不能移动身体觅食或躲避袭击。人们认为这种真菌来自非洲，并在世界各地传播开来。现在，几乎世界上任何地方的两栖类动物都在遭受此类真菌的攻击。

生长在蝾螈皮肤里的壶菌的显微图像

皮肤上的褶皱能增加从水中吸收的氧气量

最大的两栖动物

中国大鲵是现存最大的两栖动物。它可长至1.8米，生活在山涧中，捕食鱼和青蛙。中国大鲵是天生的稀有物种，也极度濒危，因为它的肉可食用并且可用于传统中药。

蟾蜍隧道

青蛙和蟾蜍通常会返回它们的孵化池进行繁殖。它们会嗅出其孵化池的位置，并不惜一切代价在繁殖季节到达那里。如果池塘在路对面，移动缓慢的青蛙就会跳过去。在此过程中，很多青蛙都会在车轮下丧生。为了保护像绿蟾蜍这样的稀有两栖动物，公路建设者有时会为它们的安全穿行建造路下隧道。

危机重重的河流

水是生命之源。陆生动物依靠降水、高山融雪和融冰的淡水维持生命。水以溪流和河流的形式穿越陆地，在汇入海洋的途中形成了一个可以改变栖息地环境的错综复杂的网络。河流对人类来说也极为重要，地球上人口最密集的地区都是基于大河发展起来的。人类抽调河水、污染水域、改变河道、修建水坝，所有这一切都威胁着生活在那里的水生动物。

淡水豚

有几种海豚经常从海洋游回河流，但有三种很特殊，仅生活在淡水河中，从未离开过它们所在的河流。亚河豚生活在亚马孙河流域，南亚淡水豚生活在恒河、雅鲁藏布江和印度河里，而白鳍豚（上图）则生活在中国的长江中。所有的淡水豚都濒临灭绝，但白鳍豚可能已经在野外灭绝了。

灌溉农作物

人类用河水把干涸的土地变成郁郁葱葱的田野。美国西部地区的大多数农作物灌溉用水和城市供给用水都是来自科罗拉多河。用水泵把水抽到干涸的地方带来的不良后果是土壤中会析出盐分，这对农作物的生长十分不利。

在河上筑堤

长吻鳄是生活在南亚的食鱼鳄目动物。它们的腿很短，不便爬行。如今野外仅有大约200只长吻鳄了。旱季，人们为灌溉作物将长吻鳄所在河流的水抽干了，渔民们偶尔能用渔网捕到被坝水冲走的鳄鱼幼崽。河边的沙子因施工需要被挖空，这意味着长吻鳄的栖息地也越来越少了。

泥泞的水域

一条健康的河流能携带有益的营养物质流入大海。然而，砍伐河流周围的森林是极具破坏性的。树根能固着土壤，吸收水分。树木被伐后，松散的泥土汇入河中，阻塞下游河流，造成水生植物及以其为生的动物死亡。森林采伐也会造成洪水泛滥。

无路回家

鲑鱼要经历从海洋到内陆这一史诗般的旅程后才能交配产卵。它们要回到自己的孵化地。如果鲑鱼无法到达它们的产卵地，它们就会在寻找回路的旅途中死亡。

成年雄性大鳄鱼长而窄的鼻子末端有一个隆起

蚌生长在铰合的贝壳里

过滤

蚌会将食物从水中过滤出来，所以水中所含的一切杂质都会通过它们的身体。濒危淡水珍珠蚌这样的淡水物种往往最先受到污染的影响。而河流建坝后水深增加，会覆盖蚌曾经生活的浅滩，因此，贝类也是最为濒危的动物群体之一。

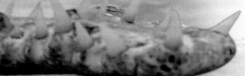

泵和垃圾场

许多河流被用作垃圾场。污水和其他废物被水泵送入河中，然后从那里流向下游。污染物包括化学毒物或危险性较小的物质。活在其下黑暗世界中的鱼类和其他动物的生活极其困难。

受污染的世界

正常的游隼蛋　　滴滴涕中毒的游隼蛋

人类与其他动物的区别之一是人类能造成污染。垃圾散落在深海海底，危险的人造化学品冻结在南极冰原中。最具毁坏性的是能杀死植物、导致动物健康问题的有毒化学物质。工业活动向大气中排放过量的二氧化碳，这种气体积聚过多就变成了污染物。控制污染是拯救濒危动物的关键。

破碎的蛋
20世纪50年代，人们使用一种叫滴滴涕（DDT）的化学物质杀灭害虫。这种杀虫剂十分有效，一旦喷洒就能在土壤中停留数周，最终随着雨水或地下水被冲走，并进入食物链。鸟类是主要受害者。滴滴涕使鸟蛋变得脆弱，在孵出小鸟之前鸟蛋就碎掉了。

敏锐的视力使它们在水里也能看清楚

空中之光
光与噪声也能造成污染。光污染能迷惑夜行性动物。例如，沙滩上孵化出的海龟幼崽能根据水中反射的月光找到返回海洋的路。但是，如果看到岸上的人造光源，它们会迷失方向，很多幼崽无法到达海水中。

塑料并非完美无缺
塑料不会像木材或纸张等自然物质一样腐烂。泛太平洋垃圾带中的塑料有几百万吨之多，塑胶碎片对动物来说十分危险。这只信天翁雏鸟已经死了，因为亲鸟误把塑料垃圾当成食物不断地喂给它。

救援人员在等待涨潮时保持鲸的皮肤湿润

噪声太大
噪声污染是海洋中的一个特殊问题。声音在水中能传播到很远的地方，鲸这样的动物就是通过唱歌彼此沟通的。其他动物通过海岸和海床反射的回音找到它们的路。船舶发动机的声音和潜艇的声呐可能迷惑了这条领航鲸，使它困在澳大利亚海岸上。

消失的秃鹰

秃鹰被视为珍贵的天然清洁工。它们能将牛尸清理干净。然而，在过去20年里，印度的三种秃鹰几乎都灭绝了。起因是给生病的家畜使用的止痛药双氯芬酸。该药物循环到秃鹰的体内，能杀死它们。

通风道

生物学家发现无数微小的动物都会随风移动。不仅有汽车挡风玻璃上压扁的小虫，还有蓟马、蚜虫和气球蜘蛛等微小的昆虫。可悲的是，由于烟雾和其他空气污染，这些空中浮游生物的数量越来越少了。在许多国家，挡风玻璃上小虫四溅的现象早已成为过去的事了。

水油不相容

海面浮油是重大污染灾难之一。漂浮在海洋表面的厚油层能阻碍光线传播，并导致氧气无法溶解于水中。浮油下的动物都为了生存而苦苦挣扎。浮油还会损害海鸟的羽毛，使它们无法飞翔与觅食，许多海鸟因此死亡。浮油很难清理，尤其在它们被冲上岸后。石油污染对沿海栖息地的影响能持续几十年。

石油粘在鸟的羽毛上并剥下了羽毛的防水层

贩卖野生动物

史前，人类和任何其他食肉动物一样进行捕猎。他们必须努力捕猎，如果没有猎物，他们就会饿死。后来，人们把猎杀动物当作娱乐，检验自己与其他凶猛的食肉动物之间的差距。狩猎也成了一个产业，皮草、兽角以及其他珍奇动物产品被销往世界各地。现在，大多数国家的法律都禁止猎捕稀有动物，但可悲的是，偷猎者仍然捕杀濒危物种并将其以高价出售。

从主鹿角上分生出的角枝

战利品狩猎
猎人喜欢把猎物当作战利品来炫耀，一些打猎者常常找寻最大最危险的猎物。过去，富裕的猎人会到非洲猎杀狮子、大象和羚羊，现在，游客仍需支付大笔费用才能在非洲打猎。只要狩猎活动控制得当，大型狩猎有助于支付一些自然保护区的费用。

猎人站在一堆野牛头骨上

大屠杀
人类到达北美洲以前，那儿的野牛大约有100万只。欧洲殖民者到达美国大平原后开始大肆屠宰野牛。截至1890年，存活下来的野牛只有1000头左右。现在仅存15000头野牛，但只有少数像它们的祖先那样生活在野外。

挂在墙上的牡鹿战利品

禁止出售动物产品

在亚洲，稀有动物的身体部位能在一些传统医学中做药用成分。虽然很少有证据能表明这些药物有何益处，但这些药品的需求量却很高。大多数国家都禁止濒危动物身体任何部分的交易。

在尼日利亚拉各斯出售的穿山甲（右图）和羚羊幼崽

不计代价的奢华

鱼子酱即鲟鱼卵，是极其奢华的食品。最为稀有和昂贵的鱼子酱是从6米长的白鲟身上提取出来的。要想收获鱼子酱，渔民必须赶在雌鱼产卵前将它们捕获，这导致鲟鱼数量急剧下降，因此在大多数地方已经禁止猎捕该鱼。然而，1千克的白鲟鱼子酱能卖1万英镑，所以很多渔民都违反禁令。

新鲜鱼子酱

野味

尽管有国际法律和保护计划，人们仍无法保护动物免受一种威胁，即人们会食用当地的野生动物。野味在非洲中西部地区最为常见，这也是极危的黑猩猩和大猩猩所面临的主要威胁。

动物奴隶

动物也会被活着出售。马戏团经常有动物展览，但现在却很少看见像老虎和熊这样的濒危物种。东欧和南亚经常会有熊跳舞的演出，虽然这一残忍做法正在逐渐减少，但在一些地方仍然存在。

懒熊被迫表演。

笼中的生活

饲养奇异宠物的人可能看似是动物爱好者，但这些不寻常的动物却经常是从野外捕获而来的。许多动物在去往世界各地商店的漫漫长途中丧命。即使购买濒危动物做宠物也是违法的。有人在巴西的热带雨林中非法收集这些濒危的金黄锥尾鹦鹉。

濒危的鲨鱼

鲨鱼是最恐怖的动物之一。其实，鲨鱼攻击人类的事件是非常罕见的，可一旦发生，场面极其恐怖，因为这种巨兽会突然从深海中跃出。然而，我们对鲨鱼的恐惧已经让我们忘记了许多鲨鱼物种还是极危物种。鲨鱼（和它们的亲缘动物——鳐）构成了最古老的动物群体之一。3.7亿年以来，人类一直都在猎杀它们，现今大约一半的鲨鱼和鳐鱼物种都濒临灭绝。

汤中的鲨鱼

鱼翅汤在东亚地区颇受欢迎。每年，仅为获得鱼翅，渔民就能捕获3800万只鲨鱼。许多时候，渔民将鲨鱼的三个主要鱼鳍切下来后就把鲨鱼重新抛回水中。无鳍的鲨鱼仍会存活，但同样会因无法游动而沉入海底终至死亡。

牢固的卷轴

大鲨鱼钩

坚固的钓竿

与鲨鱼搏斗

一些将捕鱼当作刺激的渔民喜欢捕捉他们能找到的最大、最危险的鱼，因此他们每年会捕杀50万只鲨鱼。诱使他们这样做的部分原因是他们上岸后能拍照炫耀其捕捉到鲨鱼的尺寸。然而，越来越多的码头禁止人们从船上卸载死鲨鱼。

死亡之网

渔网是鲨鱼的一大威胁。每年都有数百万的鲨鱼意外地被缠在渔网中。被困的鲨鱼全因无法正常呼吸而死亡。许多海水浴场也安有防鲨网。但当鲨鱼看清这些障碍时为时已晚。未来，防鲨网可能会配有电子报警装置。

*被困在南美海岸防
鲨网里的灰色真鲨*

濒危的巨物

鲸鲨是世界上最大的鱼类。它的体长能与公共汽车的长度相当。鲸鲨是极危鲨鱼物种之一。2002年，法律禁止捕捉鲸鲨，但渔民有时仍为了高收入而贩卖鲸鲨鱼翅。贸易禁令颁布之前，像日本这家水族馆一样的大型水族馆会捕捉鲸鲨。但是，水箱中的鲸鲨无法存活很长时间。

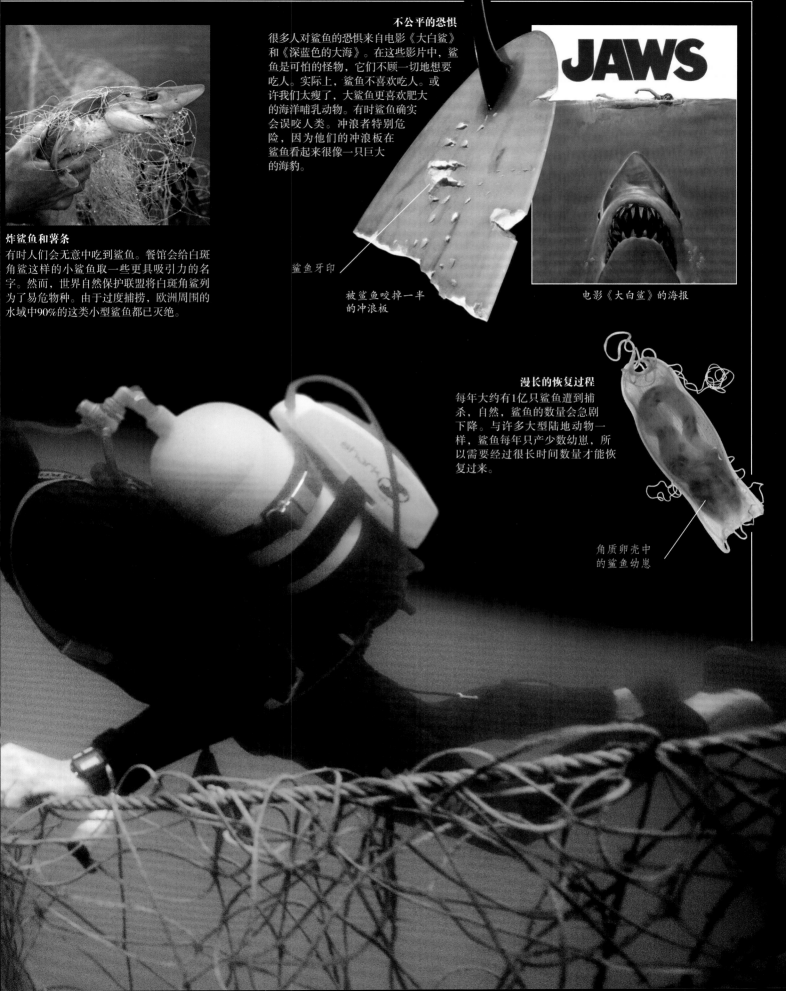

炸鲨鱼和薯条

有时人们会无意中吃到鲨鱼。餐馆会给白斑角鲨这样的小鲨鱼取一些更具吸引力的名字。然而，世界自然保护联盟将白斑角鲨列为了易危物种。由于过度捕捞，欧洲周围的水域中90%的这类小型鲨鱼都已灭绝。

不公平的恐惧

很多人对鲨鱼的恐惧来自电影《大白鲨》和《深蓝色的大海》。在这些影片中，鲨鱼是可怕的怪物，它们不顾一切地想要吃人。实际上，鲨鱼不喜欢吃人。或许我们太瘦了，大鲨鱼更喜欢肥大的海洋哺乳动物。有时鲨鱼确实会误咬人类。冲浪者特别危险，因为他们的冲浪板在鲨鱼看起来很像一只巨大的海豹。

鲨鱼牙印

被鲨鱼咬掉一半的冲浪板

电影《大白鲨》的海报

漫长的恢复过程

每年大约有1亿只鲨鱼遭到捕杀，自然，鲨鱼的数量会急剧下降。与许多大型陆地动物一样，鲨鱼每年只产少数幼崽，所以需要经过很长时间数量才能恢复过来。

角质卵壳中的鲨鱼幼崽

外来入侵者

隔离是进化的动力之一。当一个动物群落与其亲缘动物隔离开来，该动物群落可能会进化为一个新的物种。沙漠、山脉和海洋等天然屏障把地球分割成许多相对独立的区域。但是，在人类开始全球探索并建起穿越地球天然屏障的贸易路线后，这一切都改变了。动物与探险家和商人们一起踏上旅程。一旦这些外来入侵者到达新陆地，它们很快便能占上风，使得本地的土著物种不得不为生存苦苦挣扎。这种现象在长期与世隔绝的孤岛上尤为明显。

黑鼠或船鼠

不受欢迎的乘客
大鼠和小鼠一直都在寻找食物残渣，好奇心驱使着它们去各种地方——船上、货物集装箱里，甚至是飞机上。在它们向世界各地扩散的过程中，杀死了许多原住物种。第一种因它们而灭绝的物种是古巴兔子。在哥伦布发现该岛几年后，古巴兔子就因被带到该地的老鼠而灭绝。

消失的狼群
埃塞俄比亚狼是最稀有的犬科物种，现存仅400只，生活在埃塞俄比亚的山区中，靠捕食生活在高山草甸洞穴中的老鼠为生。狼最大的威胁来自驯养的家犬。这些家犬向它们传播了狂犬病，已经使得狼群主要栖居地巴勒州三分之二的狼丧命。一些幸存者与它们家养的表亲杂交，生下了狼狗，使得狼更加濒临灭绝。

松鼠之战
仅在一个世纪之前，不列颠群岛上最常见的松鼠种类是红色的，它们有着硕大蓬乱的耳朵。现在，来自北美橡树林的灰松鼠已经取而代之了。它们把红松鼠赶出了它们的主要取食地点。现在，灰松鼠一直向东蔓延到整个欧洲大陆。

追踪蜇人虫

红火蚁是最不友好的外来入侵物种之一。当一只红火蚁咬到你时，可能会有另外一百多只蚂蚁即将加入攻击的队列里来。在过去的80年里，舶来红火蚁已经随着货船从巴西扩散到了美国南部、澳大利亚以及菲律宾等国家和地区。

在维多利亚湖里抓到的重达80千克的尼罗河鲈鱼

捕鱼者

非洲的维多利亚湖面积巨大，湖中的500种鱼类大部分属于慈鲷科，它们能形成一个物种群。然而，湖中的生物多样性目前正面临威胁。1954年，人们将尼罗河鲈鱼引入了湖中。这种大的狩猎鱼以慈鲷科鱼类为食，大约有200种慈鲷科鱼种已经灭绝。

猫咬住了鸟的脖子

杀手猫蒂宝

新西兰，有一个以鸟类为主导的独特的野生群落。许多鸟不会飞，这使它们很容易被过去1000年间人类带来的食肉型哺乳动物捕获。19世纪稀有的斯蒂芬岛鹪鹩由于遭到数百只野猫的捕杀而灭绝。

山羊与蛇的对抗

圆岛是印度洋上的一个多岩石的小岛，那里生活着世界上最为稀有的蛇类之一。现在圆岛上仅有大约1000条龙骨大小的蟒蛇。这是因为农民砍掉了岛上的树林，还带来成群的山羊在岛上饲养，这些食草动物的入侵吃掉了大多数曾庇护蟒蛇的灌木丛。

港口处可装载一个卡车上的集装箱

遍及世界各地

现今世界的联系比以往更加紧密。巨型船舶将满载货物的集装箱运往世界各地。或许你周围的许多物品都是通过这种方式运来的——可能有些动物就会搭着便车而来。

反击

曾经，人们并未认识到自己的所作所为会破坏自然环境。狩猎是无法控制的风潮，甚至自然主义者也会通过收集他们杀害的动物做成的标本来研究自然。后来，一些国家的态度开始慢慢改变。早在1889年的英国，为抗议用野生鸟类的羽毛装饰帽子，人们成立了皇家鸟类保护协会。在非洲，专家们注意到，由于过度捕杀，哺乳动物的数量正在下降，1903年，他们成立了国际动植物保护慈善会。尽管环保行动进展缓慢，但是20世纪以后越来越多的人开始意识到环保问题的重要性。

大型猎物
19世纪末和20世纪初，富裕的猎人周游世界以捕杀最大最凶猛的猎物。这张照片是当时未来的英国国王乔治五世与其在1906年访问印度期间猎到的一只老虎和两只豹子的合影。现今，大多数国家不仅禁止狩猎濒危动物，还严格控制其他狩猎活动。

书面警告
1962年，美国作家雷切尔·卡森出版了《寂静的春天》一书。标题暗示了如不控制人类破坏自然的种种行径，终有一天所有野生动物都将灭绝。在卡森解释农民使用的化学物质如何破坏自然之前，很多人都认为高科技农业是有百利而无一害的。《寂静的春天》改变了这一切，使更多人意识到保护环境的重要性。

从死象身上
偷取的象牙

民众的支持

在20世纪70年代，保护环境成为一个政治议题。1970年4月22日是第一个地球日，现今全球数以百万计的人都会庆祝这一节日。当时也有许多抗议者，他们试图说服政府解决环境问题。菲律宾的环保人士对本国电厂和矿山产生的污染提出抗议。

被偷猎者杀死的黑犀牛的角

武装响应

1975年，《濒危野生动植物国际贸易公约（CITES）》在全球范围内禁止销售濒危动物。然而，这一禁令对保护最为稀有的动物收效甚微。政府的唯一选择就是用武力保证该禁令的实施。

绿色和平组织的快艇正在阻止猎人用捕鲸叉捕杀鲨鱼

绿色战士

对一些人来说，抗议是远远不够的。20世纪70年代，旨在采取直接行动来拯救野生物种的绿色和平组织成立。经过绿色和平组织及其他活动家的不懈努力，1986年颁布了禁止捕鲸的法律。

意见分歧

在如何保护濒危动物这一问题上仍有分歧。有人说，在世界范围内禁止狩猎是拯救譬如非洲大象这样的大型动物的唯一出路。还有人说，只有在不能用其他方式来保护动物时才需要实施禁令。这堆偷猎而来的象牙在肯尼亚被烧毁时，南非的护林员抱怨说，这简直太浪费了，本来可以把象牙卖掉为保护环境的项目筹集资金的。

让人们知晓

许多动物爱好者在现实生活中从未见过老虎或犀牛。他们能接触这些珍稀动物的最近距离是从电视上看到它们。像宾迪·欧文（右图）及她的已故父亲史蒂夫这样的荧幕红人会向我们介绍野生动物面临的威胁，制片人也一直在努力更好地捕捉到惊人美景和天籁之音。

拯救栖息地

只有濒危动物的自然栖息地受到保护，免遭破坏，它们才能在野外生存下来。19世纪末，一些政府开始通过建立自然保护区来保护动物的栖息地。世界上第一个这种自然保护区是位于美国西部的黄石公园。大多数自然保护区内禁止开矿、伐木、捕猎、垂钓以及其他掠取自然资源的活动。保护区内需要有护林员监管游客并确保这些禁令得以遵守。像黄石公园这样的自然保护区是不允许人类居住的，但是一些国家公园内仍有村庄。管理一个国家公园需平衡好稀有野生动物的需要和人类居民及游客的利益关系。

明星效应

印度尼西亚苏门答腊岛的哈拉潘热带雨林保护区中栖息着马来犀鸟。这些大鸟有个特殊的习性——雌鸟下蛋后就会被囚禁在公鸟用泥垒砌的鸟巢里。犀鸟是哈拉潘自然保护区的标志，也是苏门答腊的象征。人们会花很多时间来拯救这些"旗舰"物种，他们的工作对整个生态系统都是有利的。

拥挤的家园

世界上有6000个国家公园，最大的一个位于格陵兰岛，占地约100万平方千米。要建立一个国家公园，当局可能会用围墙围起一块地区，防止偷猎者和家畜进入，但也不会让大型野生哺乳动物从这个区域离开。非洲大草原保护区内，圈禁起来的都是能毁坏农田和庄庄的动物。但是保护区内的动物会过度拥挤。象群会撞倒树木，食草动物会破坏土地。为了控制它们的数量，公园护林员需要转移甚至杀死一些动物。

不仅为了蜥蜴

1980年，人们建起了一个国家公园以保护科摩多龙。这是世界上最大的蜥蜴品种，只栖息在印度尼西亚的几个小岛上。科莫多国家公园覆盖了整个科莫多岛和两个其他的小岛，已经成为世界上观赏珊瑚和濒危海洋物种的最佳之地，在岛上你能看到很多濒危动物。

铁丝网后

大约60年前，韩朝战争结束，双方达成一致协议，同意将本国民众迁出边境地区。从那以后只有动物到过这个非军事区，其中不乏濒危物种。而在朝鲜非军事区以外，亚洲黑熊已经因人类的猎杀而灭绝了。

鲸的路径

2007年，这条航径原来是往来马萨诸塞州波士顿港的货船所使用的，在调查人员发现这片水域中有濒危的露脊鲸后，他们就把货船航线修改了。

非洲纳米比亚艾淘沙国家公园里的长颈鹿、斑马和羚羊在小池塘边饮水。

修剪和砍伐树木用的燃油电锯

管理生态环境

西欧一些地区的林区曾是定期修剪的矮林。像夜莺和夜鹰这样的动物非常适宜在矮林里生活。人们继续使用电锯这样的现代工具为野生动物谋福祉。护林员用非自然的方式管理自然保护区，如控制湿地水位及为鸟类提供巢箱。

变色龙的肤色酷似枯叶

无价的庇护所

马萨拉国家公园覆盖了马达加斯加东北部的一个半岛。这个公园是许多珍稀动物的避难所，有包括濒危红色翎颌狐猴在内的多种狐猴，也有罕见的番茄蛙。公园里栖息着微型侏儒变色龙，是世界上最小的爬行动物。

关于猴子

绢毛猴和狨猴是生活在南美洲的小型猴子。由于森林栖息地遭到砍伐，许多都濒临灭绝。但有几个物种正接受放归项目的拯救。参加放归项目的绢毛猴和绒猴都在树上饲养，以便使其放归之后能适应摇曳的树枝。

人工繁殖

要拯救一些野生的濒危动物为时已晚。由于栖息地遭到了严重破坏，它们无法在那里继续生存，因此对它们来说，动物园或野生动物园便成了唯一安全的地方。但这些物种不能永远待在围篱后面。有些物种正被送回野外，这种做法称为"放归"。然而，专家们发现放归并非易事。适应了动物园生活的动物们无法长久地独立生存下去，必须依靠人类来教会它们如何在野外生存。

天生野性

人们有时会将濒危动物临时圈养起来。可能它们需要药物治疗或它们是一些失去了父母的幼崽。这只幼狮在非洲纳米比亚的一个自然保护区长大，他日人们也会将其放回到野外。

熊猫野餐

这八只"奥运熊猫"宝宝是从四川省卧龙大熊猫研究中心的16只大熊猫中挑选出来，为2008年北京奥运会添彩的。虽然人们多次尝试在动物园中繁殖濒临灭绝的大熊猫，但由于圈养的大熊猫极少交配而收效甚微。近年来，兽医一直在使用生育治疗的方法使圈养大熊猫怀孕，熊猫的数量才得以缓慢上升。

大羚羊行动

阿拉伯大羚羊是一种曾生活在整个中东地区的羚羊,却因人类狩猎几乎惨遭灭绝。然而,在1972年,最古老的圈养繁殖计划之一——大羚羊行动拉开了序幕。现今共有6 000只阿拉伯大羚羊,其中有1 000只生活在野外。

追随领导者

许多候鸟生来就不知道秋季迁徙时该飞向哪里。幼鸟第一次飞行时,会跟随自己的父母一同前行并学习路线。然而,自然资源保护论者却不得不为那些被放归的鸟类引路。在秋季,他们使用超轻小型飞机带领北美最为濒危鸟种——美洲鹤的幼鸟从加拿大飞到温暖的佛罗里达州。

类似草原斑马的深色鼻口

后腰部的条纹褪色了

饲养员将大熊猫最喜欢的竹笋递给它

养殖可起死回生

曾生活于南非的斑驴现已灭绝。斑驴较其他斑马而言条纹较少,人们认为它是一个独立的物种。然而对保存的斑驴皮进行的基因测试却表明,斑驴是一种非常活跃的草原斑马。

18世纪斑驴插图

搬家

拯救濒危物种并非一定要将其从野外迁移。某些情况下,人们可以将物种移到一个安全的栖息地。鸮鹦鹉是一种巨大的不会飞的鹦鹉,虽然现在仅存124只,但它们栖居的小岛目前看来似乎是安全的。

加州秃鹰

人们会看见秃鹰翱翔于加州南部山区的上空，这是秃鹰保护工作的一大成果。这些食腐鸟在整个地面上搜寻动物尸体。它们曾居住在美国整个西南部地区，但因人类迁入而受到严重影响。1937年，这种鸟类在加州以外灭绝。只有一小群在洛杉矶山区幸存下来。但随着这座城市不断发展，这些鸟类在继续消亡。到20世纪80年代中期，只有不到10只野生秃鹰存活下来。

木偶父母
20世纪80年代，人们将秃鹰置于动物园中饲养，这样它们以后就能被重新放回到野外。雌性秃鹰产蛋后，动物管理员就把蛋拿走，它很快会再次产蛋。当蛋孵化出幼雏来，动物管理员会用人工方法哺育幼雏。

———— 长达3米的翼展在北美众多鸟类中居首位

天线从秃鹰标签上接收无线电信号

数量递增
1992年，该物种在野外灭绝7年后，作为秃鹰复兴计划的一部分，自然资源保护主义者将第一批人工繁殖的秃鹰放归野外。他们在每一个放归的秃鹰翅膀上附了数字标签，这样在秃鹰飞翔的时候，他们就可以从地面进行识别。截至2010年，共有322只加州秃鹰存活，其中172只生存在野外。

无线电追踪
自然资源保护论者在放归的秃鹰身上安装了无线电标签。这种设备可以帮助科学家追踪各种鸟类的运动轨迹，但不会干扰其飞行。团队也可使用无线电标签追踪并捕捉鸟类，在将其再次释放之前对其进行定期的血液检查和健康检查。

非常及时

人们很早以前就发现加州秃鹰正在消亡。但直到20世纪80年代，美国政府才决定拯救秃鹰。到1987年，整个秃鹰物种就只剩27只，且全部生活在动物园中。过去30年中，美国在每只秃鹰身上平均花费10万美元，才使其逐渐增加到了如今的数量。

标签上的数字可用于识别秃鹰

一只加州秃鹰在优胜美地国家公园著名的半圆顶上空翱翔

加州象征

加州秃鹰出现在2005年发行的25美分硬币上，以纪念1850年美国加利福尼亚州的成立。硬币上还印有约翰·缪尔，他帮助建立了优胜美地国家公园，并创建了重要的环保志愿组织——塞拉俱乐部。

采集指纹

必须禁止圈养秃鹰的近亲繁殖，否则很有可能出现遗传缺陷。加利福尼亚州圣地亚哥动物园的科学家们做出了所有鸟类的遗传指纹。这些指纹可以帮助饲养员尽可能地将秃鹰混合繁殖，这样它们就有机会生产出健康的幼雏。

野外孵化

秃鹰救援计划在将秃鹰放归野外方面成绩显著，但如果这些动物园出生的鸟类不会自己育雏，那这计划则毫无价值。放归的秃鹰开始在岩架上的巢穴中产蛋；2003年，近年来第一只野生秃鹰幼雏孵化出来了。

基层保护

政府可以通过建立自然保护区和国家公园来保护濒危野生动物，但如果忽略了当地人的需求，他们的努力就可能会适得其反。为了建造极好的肯尼亚和坦桑尼亚保护区，当地居民（如马赛人）被禁止在自己传统的场地放牧。遭到阻止的人可能会失去他们的生计，所以在许多自然保护区的边缘仍然存在偷猎和破坏栖息地的行为。20世纪80年代以来，保护工作转变为与当地社区合作。当地居民也可就所谓的"基层保护"采取行动。

与农民合作

美洲虎是南美洲最大的猫科动物，也是最凶猛的食肉动物之一。很多人会为了保护他们的牛群而射杀美洲虎。然而，巴西新的保护计划是与农民合作来保护大型猫科动物。农民已经发现，允许食蚁兽和鹿等其他野生动物到牧场上生活，会给美洲虎提供其他猎物。

改变立场

这可能听起来很愚蠢，但偷猎者也可能会当猎场看守人，成为保护野生动物的人。许多偷猎者已在国家公园获得了就业机会，这样的前偷猎者善于跟踪稀有动物，也知道狩猎者什么时候可能会进行袭击。

传统的生活方式

千百年来，在热带雨林生活的人从未危及过任何动物。但随着森林的消失，当地人的传统生活方式受到了威胁。近年来，一些国家的原住民已经赢得了支配自己土地的权利。在许多情况下，当地人选择保护他们的土地，包括其栖息地和野生动物。亚诺马米是巴西亚马孙热带雨林中亚诺马米部落的积极分子，他使全世界注意到了亚马孙地区的部落人所面临的难题。

宗教拯救

宗教教导人们尊重所有生物，一些宗教机构就是保护中心。这些亚洲钳嘴鹳住在泰国曼谷帕隆寺的庭院里。50年前，鹳在泰国很罕见，这座庙是唯一的聚集区。偷猎者威胁要消灭这最后的鹳群，因此1970年该寺庙被定为一个自然保护区。

物有所值

人们通过保护栖息地赚钱，再将这些钱用于保护工作。越来越多的农民不再砍伐热带雨林来种植咖啡，而是建造了咖啡种植园。高大的树木通常会提供一些水果作物，种植园可能为雨林多达三分之二的鸟类提供住所。种植园也生产坚果、蜂蜜和香蕉。

遮光种植的咖啡豆

趁早开始

保护运动仍处于早期。40多岁的人成年之后才认真考虑环境问题。今天，孩子们在学校学习生态学及生态保护。这些学生正提取河水样品检测水生生物和河流污染。

生态旅游

有一个野生动物的节日叫狩猎旅行。然而，大批的游客可能会损坏他们首先见到的东西，例如珊瑚礁会被游客们踩坏。而生态旅游的目的是在不造成伤害的前提下向游客展示大自然的奇观，所得的钱则用于环境保护。

Friend-a-GORILLA

与亲属生活在一起

照料濒危动物如今得到了普遍的认同，但即便如此，环保工作也不是一帆风顺的。他们面临着一个几乎不可能完成的任务，那就是保护大猩猩。大猩猩是人类的近亲，也是最知名的非洲动物，但它们正在为生存拼死挣扎。现存的两个物种是西部低地大猩猩和东部大猩猩。在刚果民主共和国东部、卢旺达和乌干达的森林中，东部大猩猩的数量不到2000只。虽然西部低地大猩猩的数量要多很多（估计有9万只），但这个物种的处境也同样危险。

大猩猩在线

保护团体利用互联网来帮助拯救濒临灭绝的大猩猩。"和大猩猩交朋友"活动使用在线社交网络寻找人收养濒危山地大猩猩，并为其捐款。山地大猩猩是东部大猩猩一个极度濒危的亚种，它们居住在高处云雾缭绕的森林里的小片区域。

研究大猩猩

黛安·福西是一位美国科学家，她与卢旺达的山地大猩猩一起生活了18年。她学会了如何与大猩猩沟通，并与一些山地大猩猩成了朋友，尤其是她命名为狄继特的一只大猩猩。福西在1985年被谋杀，但她的工作对保护卢旺达的大猩猩依然有帮助。

没有金刚

人们往往对大猩猩有错误的看法。大猩猩体积很大，雄性的猩猩跟成人一样高，体重却是成人的两倍。但它们以树叶和水果为食，生性温和。然而大猩猩也是非常强大的。雄性大猩猩通过捶打自己的胸给其他猩猩发出信号。这也是一个警告，那就是人们不应该太靠近它们。

美国自然历史博物馆的
雄性大猩猩模型

战区的生活

生活在非洲东部的大猩猩十分不幸，因为那里战乱不断。在过去的20年中，数以十万计的人在战斗中丧生，还有数百万人成为难民，被迫逃离自己的家园。一些难民涌入了卢旺达和刚果边境一带的野生动物保护区，那里栖居有380只山地大猩猩，数量是整个亚种的一半。可悲的是，新来者杀害了其中几只大猩猩。

大猩猩肉

并非所有人都希望大猩猩活着。偷猎者仍然射杀大猩猩并将其尸体高价出售。头和手是作为收藏品出售，但最贵重的要数大猩猩肉，可能是因为它很稀有。这四只东部大猩猩在刚果的热带雨林被猎杀，但是对于那些缺乏保护的西部低地大猩猩来说，偷猎则是更大的威胁。

来自游客的帮助

旅游业是大猩猩最好的希望之一。导游带领野生动物爱好者进入森林深处去研究野生大猩猩，游客为这个地区带来了就业机会和资金。乌干达的布温迪森林是大猩猩旅游的一个地方，在过去的十年中，那里大猩猩的数量有所上升。

致命的遭遇

在所有动物物种中，大猩猩是与人类亲缘关系最近的。人类和大猩猩的基因约有98%是一致的。可悲的是，这种密切关系使得大猩猩处于极大的危险之中。埃博拉病毒引起了非洲大陆上罕见的疾病，使感染的人死亡过半。现在看来，它似乎已经蔓延到了大猩猩身上。

未来

我们很容易忽视我们赖以生存的自然界。水、食物、燃料，甚至空气都来自地球生命系统或生物圈。但是，这个自然生态系统压力重重。我们今天的淡水使用量是1970年的两倍之多，但仍然有许多人缺水。地球上只有四分之一的土地用于耕地，更多的土地正被开垦。某些海域，90%以上的鱼已经被捕杀食用。由于人类活动，动物现在濒临灭绝的速度是过去的一千倍，而且未来这一速度还会加快。

人类星球
世界一些地区的人口正在增长，而其他国家的人口基本上趋于稳定了。人口数量一旦达到某个点就可能会停止增长，但确切的时间不得而知。地球的环境苦苦支撑着今天的人口数量。

红名单标志

决定权在我们手中
法国画家蒂埃里·毕什与国际自然保护联盟共同发布消息说，人类可以拯救濒危动物并建立一种不以牺牲环境为代价的生活方式。他画了巨大的濒危动物黑犀牛的墙画，又增加了一个鼠标光标和一个"删除"按钮。这幅画告诉我们，我们有能力拯救野生动物，只需决定做或不做。

美者生存
保护方案一般集中于人们最为关注的濒危动物，如大猩猩和其他类人猿，抑或是给人印象深刻的动物，像老虎、大象和鲸。也会选择拯救长得最可爱的动物，像这只睁大了眼睛的小浣熊。小一些的动物可能会被忽略，比如蛇、昆虫和贝类。

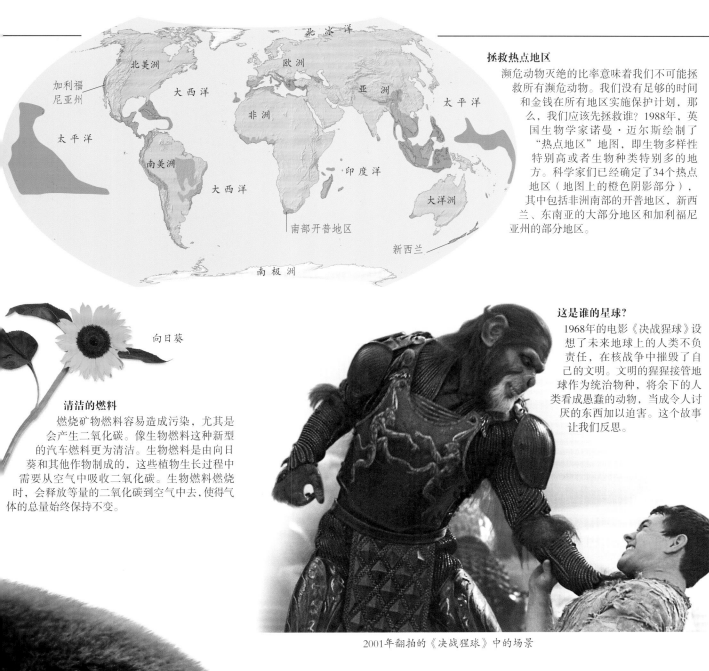

拯救热点地区

濒危动物灭绝的比率意味着我们不可能拯救所有濒危动物。我们没有足够的时间和金钱在所有地区实施保护计划，那么，我们应该先拯救谁？1988年，英国生物学家诺曼·迈尔斯绘制了"热点地区"地图，即生物多样性特别高或者生物种类特别多的地方。科学家们已经确定了34个热点地区（地图上的橙色阴影部分），其中包括非洲南部的开普地区，新西兰、东南亚的大部分地区和加利福尼亚州的部分地区。

向日葵

清洁的燃料

燃烧矿物燃料容易造成污染，尤其是会产生二氧化碳。像生物燃料这种新型的汽车燃料更为清洁。生物燃料是由向日葵和其他作物制成的，这些植物生长过程中需要从空气中吸收二氧化碳。生物燃料燃烧时，会释放等量的二氧化碳到空气中去，使得气体的总量始终保持不变。

这是谁的星球？

1968年的电影《决战猩球》设想了未来地球上的人类不负责任，在核战争中摧毁了自己的文明。文明的猩猩接管地球作为统治物种，将余下的人类看成愚蠢的动物，当成令人讨厌的东西加以迫害。这个故事让我们反思。

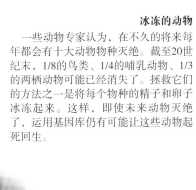

2001年翻拍的《决战猩球》中的场景

冰冻的动物

一些动物专家认为，在不久的将来每年都会有十大动物物种灭绝。截至20世纪末，1/8的鸟类、1/4的哺乳动物、1/3的两栖动物可能已经消失了。拯救它们的方法之一是将每个物种的精子和卵子冰冻起来。这样，即使未来动物灭绝了，运用基因库仍有可能让这些动物起死回生。

研究员检查存储在一个液氮容器内的熊猫精子。

处境危险的物种

虽然现在动物面临的许多问题是由人类的生活方式引起的，但是人类对自然世界的影响已经持续了很长时间。早期人类可能目睹了许多奇怪的动物的灭绝过程，如巨型袋鼠和洞狮。一般认为，是人类造成了这些史前动物的灭绝，但气候变化和疾病也是部分原因。

丧失栖息地

外来物种

狩猎

其他

动物灭绝的途径
人类造成动物灭绝的方式主要有三种：破坏动物栖息地、狩猎和在大陆之间传播有害生物。此图显示了1600年以来动物灭绝的原因：1/4的动物由于遭到捕杀而灭绝；1/3由于它们的森林或其他栖息地遭到破坏而灭绝；近40%由于引进外来物种而灭绝。

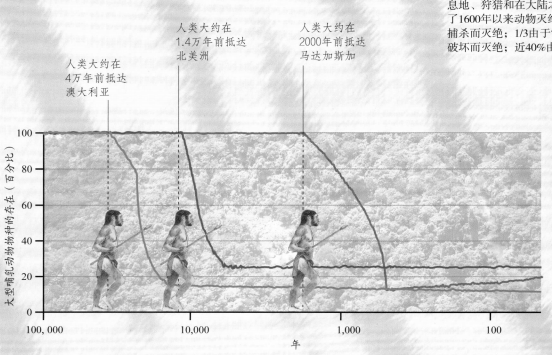

人类大约在4万年前抵达澳大利亚

人类大约在1.4万年前抵达北美洲

人类大约在2000年前抵达马达加斯加

大型哺乳动物物种的存在（百分比）

100,000   10,000   1,000   100
年

人类的影响
人类到达一个新地方不久后，大型哺乳动物的数量就急剧下降。主要可能是由于人类狩猎，但北美气候的变化可能也造成了多种动物的死亡。但最近几个世纪以来，由于人们引进家畜和害虫物种，哺乳动物的数量有所上升。

红色表示危险
令人悲伤的是，专家对生物多样性的了解越多，就会发现越多的濒危动物。下图显示了主要的脊椎动物群，红色部分表示这些濒危物种所占的比例。然而，科学家们对于这个问题的了解只有一个大致的概念，至今只调查了大约10%的鱼类和爬行类物种。

爬行动物	鱼类	哺乳动物	两栖动物
物种评估=1677	物种评估=4443	物种评估=5490	物种评估=6285
濒危物种=469	濒危物种=1414	濒危物种=1142	濒危物种=1895

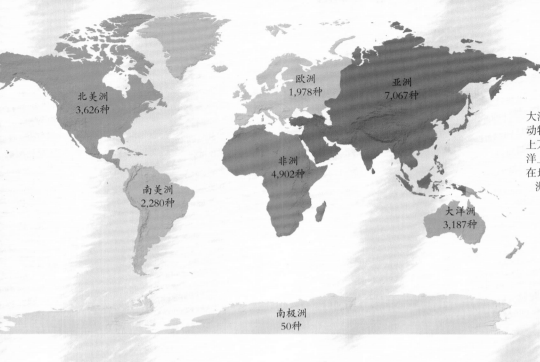

世界通览

这张地图显示了每个大陆的濒危动物数量。从地图中可以看到，作为最大的洲，亚洲濒危动物的数量最多。然而，为什么大洋洲（最小的洲）也有这么多濒危动物呢？这可能是因为大洋洲有成千上万的岛屿，星罗棋布地分散在太平洋上，其中不少岛屿是濒危物种的所在地。所列濒危动物最少的是南极洲，因为那里生活的动物很少。

北美洲
3,626种

欧洲
1,978种

亚洲
7,067种

非洲
4,902种

南美洲
2,280种

大洋洲
3,187种

南极洲
50种

消失的森林

最近一个冰河时代结束至今，人类已经砍伐了地球上近一半的森林。8000年来，世界上1/3的森林被采伐，其中主要是欧洲和亚洲的树木。仅过去150年间，就有近14%的森林消失。剩下2/3的森林是次生林，即被砍伐后重新生长的森林。只有1/5的林地是未经人类开发过的原始森林。热带雨林的消失导致了数以千计的动物濒临灭绝。

过去的8000年中，地球上的森林覆盖率减少了47%

剩余森林中31%是次生林

现在仅存22%的原始森林

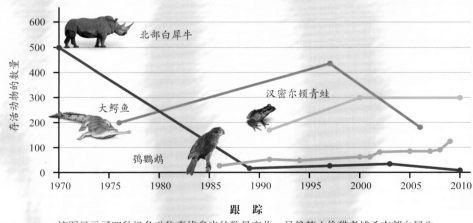

存活动物的数量

北部白犀牛

大鳄鱼

汉密尔顿青蛙

鸮鹦鹉

跟　踪

该图显示了四种极危动物喜忧参半的数量变化。虽然禁止偷猎者捕杀南部白犀牛，但是刚果地区的北部亚种于2010年在野外灭绝了。20世纪80年代，人工繁殖大鳄鱼使其数量猛增，但野生鳄鱼数量还没有显著的提高。在鸮鹦鹉迁往新西兰安全群岛之前，它曾是地球上最稀有的鸟类之一。汉密尔顿青蛙的数量在10年内几乎增加了一倍，因为动物保护者将其迁到了新西兰附近的岛屿，那里没有老鼠。

鸟类
物种评估=9998
濒危物种=1223

309

词汇表

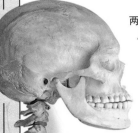

两栖动物
属脊椎动物，水陆两栖，如青蛙。

蜘蛛
一种生有4对足的动物，属节肢动物，例如蜘蛛或蝎子。

节肢动物
动物界节肢动物门的一员。他们有一副分节的外骨骼和多条分节的腿。蛛形纲动物、昆虫、甲壳纲动物、千足虫和蜈蚣都属节肢动物。

脊柱
一种强大而灵活的骨链，纵贯于人类和多种动物的躯干中。它也被称为脊椎或脊柱。

人类的脊柱

骨
一种增加骨骼强度的坚硬身体组织。对人类和许多动物来讲，它是由外层骨密质、内层骨松质和骨髓组成。

犬齿
一种尖锐的牙齿，通常与门齿相邻，用于咬紧和咬穿食物。

裂齿
一种食肉动物的专用牙齿，用来撕食肉类。大多数裂齿大而长。

食肉动物
主要以肉为食的动物。

腕骨
脊椎动物的腕骨。

手部X光片显示，随着个体的生长，软骨逐渐骨化。

软骨   骨头

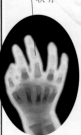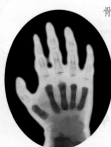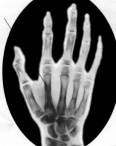

软骨
一种坚韧灵活的物质，用来保护脊椎关节。它有时被称为脆骨。软骨鱼类，如鲨鱼，其骨骼完全由软骨组成。

几丁质
存在于节肢动物外骨骼中的一种质地轻而坚硬的物质。

胶原蛋白
一种可形成强大的弹性纤维的连接性蛋白质。存在于骨骼和皮肤中。

骨密质
构成骨外层的坚硬物质。

颅骨
包围大脑的头骨部分。

甲壳动物
水生节肢动物的一员，身体被一层坚硬的套或壳所包裹，例如螃蟹、龙虾等。

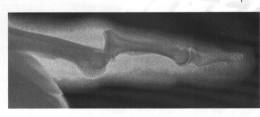

脱臼了的指骨

牙本质
脊椎动物牙齿珐琅质下面的坚硬物质。它也被称为象牙质。

脱臼
一种推拉骨骼的动作导致骨头脱离关节。

棘皮动物
一种海洋无脊椎动物，如海星，骨骼由叫作小骨的坚硬骨板组成。

珐琅质
形成脊椎动物牙齿外层的坚硬物质。

内骨骼
存在于动物体内的硬骨骼。

外骨骼
动物身体以外的硬骨骼。

股骨
脊椎动物的大腿骨。

囟门
婴儿头骨中的软骨区域。随着婴儿的成长，它会逐渐骨化。

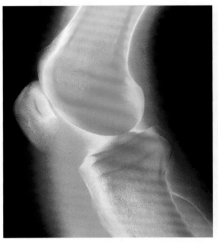

膝关节的人工染色X光片

法医学
一门涉及民事或刑事法律方面的问题时所进行的对骨骼或其他物质的分析的学科。

地质学
关于地球的自然历史和发展的科学。

食草动物
主要吃植物的动物。

流体静力骨骼
无脊椎动物的骨骼由体液的内部压力维持。

门齿
脊椎动物口腔前部的凿形切齿。

无脊椎动物
一种没有脊椎的动物。

关节
两块或更多的骨联结而成的骨骼的任何一部分。

角蛋白
一种结构蛋白，构成坚韧灵活的纤维，并构成角质、头发和指甲。

指关节
手指与骨头之间的关节。

韧带
一种强大的束状纤维组织，使骨头在关节部位相连接。

下颌骨
脊椎动物的下颌或节肢动物咬东西的联动器官。

骨髓
存在于骨松质内的一种物质。它是制造血细胞的物质。

上颌骨
脊椎动物的上颌或节肢动物从口器到上颚后方的部分。

臼齿
位于脊椎动物下颌里面用于咀嚼的牙齿。

软体动物
一种无脊椎动物，通常由坚硬的外壳覆盖着柔软的身体。该类动物包括蜗牛、牡蛎和扇贝。

蜕皮
骨骼、皮毛或羽毛等外层覆盖物的周期性脱落，以适应生长或季节变化。

制作木乃伊
通过天然或人工手段风干和保存人或动物遗体的过程。

夜间活动的动物
一种在夜间活动的动物。

杂食动物
一种既以植物为食，又以其他动物为食的动物。

可与其他手指相对
与其他手指相对的大拇指（人类）或大脚趾（黑猩猩和其他某些动物）可以触摸到同一只手或脚上的其他手指或脚趾或者与其成相反方向的指（趾）头。这使得四肢可以握取和操控物体。

眼眶
容纳眼球的骨窝。

小骨
任何小骨或其他钙化结构，例如棘皮动物的外壳或外骨骼的骨板。就人体而言，它用来指耳内的小骨头。

骨化
软骨变成硬骨的过程。人类出生后，某些骨化过程继续发生。

骨膜
一层薄而结实的膜，覆盖在除关节以外的骨的表面。

指骨
包括人类在内的脊椎动物的手指或脚趾的骨头。

前臼齿
位于臼齿前方的脊椎动物的牙齿。

前胸背板
某些昆虫外骨骼中用来保护头部的甲片。

爬行动物
属脊椎动物纲，皮肤呈鳞状，所产的卵带有密闭性卵壳。蛇、蜥蜴和鳄鱼都是爬行动物。

啮齿动物
属哺乳动物目。通过不断啃食，其不断生长的门齿得以保持大小适中。兔子和豚鼠都是啮齿动物。

肩胛骨
脊椎动物的肩胛骨。

沉积物
通过水、风或冰携带和沉积下来的矿物质或有机物。

沉积岩
由多层沉积物形成的岩石。

鼻窦
头骨中的气腔。鼻腔通道周围的鼻窦中充满了黏膜。

骨骼
人类和某些动物中支撑身体的坚实框架，为肌肉提供附着点。

脊髓
由脊柱（脊梁）包围和保护的束状神经组织。这些神经使大脑与身体其他部位相连。

骨松质
骨头内部的蜂巢状物质。里面充满了骨髓。

胸骨
脊椎动物的胸骨。

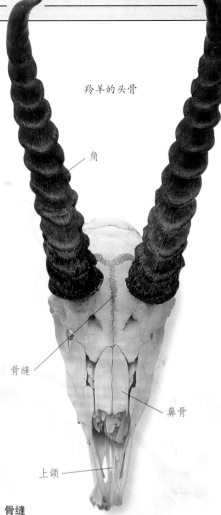

羚羊的头骨

角

骨缝

鼻骨

上颌

骨缝
头骨的各块骨头间不可活动的关节，有助于提供一个坚实的保护壳。

獠牙
突出于上颌或下颌之外的脊椎动物的牙齿。

椎骨
构成脊柱（脊梁）的骨头集合。

脊椎动物
一种脊柱（脊梁）由骨或软骨构成的动物。

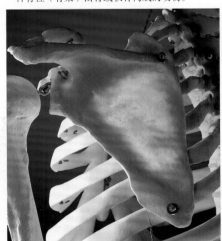

人类肩胛骨图片

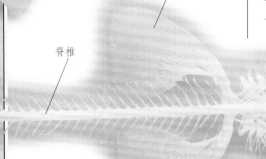

灵活的尾鳍

胸鳍

脊椎

软骨角鲨的骨骼

词汇表

藻类 生长在有阳光照射的水源中的微小的植物，要求水中应含有磷酸盐、硝酸盐和其他营养物质。像所有其他水生植物一样，藻类能增加水中的氧气，在食物链中有着很重要的作用。

两栖动物 在冷血脊椎动物中是很典型的一类动物，它们幼年时用鳃呼吸，长大后会用肺或皮肤呼吸。

沉积层 由泥土、淤泥、沙子、碎石，以及随水流移动的较大岩石组成的沉积物或松软物质。

附器 动物身体上的附属器官或肢体。

水生动植物 生活或成长在水环境中的生物。

节肢动物 有着分节的身体和连接的附器的一种动物；节肢动物包括甲壳类动物和昆虫。

细菌 没有叶绿素的微生物有机体，通过简单的分裂方式来繁殖，它们以无生命的微生物为主食。

鲃鱼 鲃鱼是鲤鱼科中的一种淡水鱼，嘴边有着胡须状附属物。

草甸排草，一种耐寒的植物

河口湾——河流结束的地方

双壳类 有两部分壳或贝壳瓣的一种动物，如牡蛎。

苞片 长在花朵正下方的小叶片状。

沟渠 人工建造的输送水的通道。

食肉生物 以肉为食的动物或植物。

叶绿素 大多数植物都含有绿色素，它也是光合作用进行的核心。

甲壳动物 有着坚硬外壳的一大类节肢动物，如螃蟹、龙虾、小龙虾以及藤壶。

背鳍 鱼的背部或后部上的鳍。

生态系统 一个生物体群落及它们的生存环境。

侵蚀 因水、风以及冰的作用导致土壤或岩石碎片逐渐脱落，最终消耗掉的过程。

河口湾 一条河流宽阔的下游部分，河流在这里注入海洋。

叶状体 叶或叶状有机体，尤指棕榈树和蕨类植物。

鱼苗 刚孵化出的小鱼或出生第二年的鲑鱼。

腹足类动物 一类对称的软体动物，包括帽

田螺，一种腹足类动物

贝、蜗牛和蛞蝓，它们的脚是扁平的，如果有壳的话，是完整的锥形。

碎石 河床上圆形岩石碎块的自然集合。

栖息地 植物或动物生存的自然环境或正常居住地。

耐寒植物 可以承受极端低温的植物，包括霜冻等。

草食动物 一种只吃草或其他植物的动物。

雌雄同体 同时拥有雌雄器官的动物或植物个体。

食虫动物 只以昆虫为食的动物。

幼虫 处于生长中或尚不成熟的动物，与成虫有着显著的区别。

体侧线 鱼身体一侧的线上有着一连串的感觉气孔，这条侧线可以察觉到水流、振动以及压力。

哺乳动物 一类温血脊椎动物，哺乳幼崽，一般身上有毛发覆盖。

岸边水生植物 生长在水边的植物。

蜕变 昆虫从幼年到成虫要经历一系列变化。随着它们的成长，昆虫经历着不完全的蜕变，慢慢变化着。有的昆虫会经历完全蜕变，出现很大的变形。这些昆虫有一个称为"蛹"的休眠过程。不管是什么情况，一旦昆虫达到了成年阶段，它们就会停止生长。

单孔目动物 一种通过产蛋繁殖的哺乳动物。与其他哺乳动物不同，单孔目动物的生殖和消化系统是单一的一个开口。

若虫 一些昆虫，如蜉蝣、蜻蜓等的不成熟的形态。若虫与成虫相似，但性器官不发达，且偶尔才用到翅膀。

有机体 有生命的东西。

杂食动物 以动物和植物为食的有机体。

越冬 植物或动物活过整个冬季。

胸鳍 鱼头附近或前围成对的鳍。

多年生植物 持续生存2年以上的植物或花朵。

有肺类动物 有肺或有类似器官的有机体。

花瓣 花朵上鲜艳的叶片状的部分之一。

光合作用 这是一个植物生成自己食物的过程。植物的食物是通过绿色素即叶绿素与阳光、二氧化碳和水反应生成碳水化合物、水和氧气而形成的。

浮游植物 浮游生物的植物状组成部分，主要包括微小藻类。

浮游生物 在水面上发现的微小的生物体，包括动物和藻类，浮游生物随着水流漂流。

授粉 花粉从一朵花传到另一朵花上的过程。雄性花粉使雌性胚珠受精，并生成一个种子。昆虫或动物经常在开花植物之间传授花粉，风

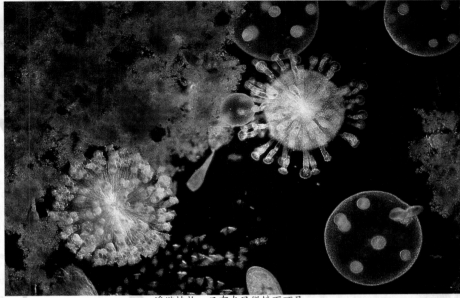

浮游植物，只有在显微镜下可见。

也可以传粉。

化蛹 昆虫从幼虫到成虫之间的一个无法行动的阶段。

急流 河流从陡坡上流下，形成的湍流和漩涡。

根茎 在地下生长蔓延的茎。在地下生长的同时，根茎会发出新芽。

花萼 繁茂的绿色被片保护着花蕾，花朵开放时，萼片通常就会脱落。

小鲑鱼 准备从淡水迁移到海水中的幼小的鲑鱼，上半部分是浅蓝色的，身体两侧是银色的。

源头 一条河流的起始点，通常从地表下高海拔的自然泉水起始。

卵块 水中大量的卵形成的，如青蛙产的卵。

花柱 一朵花连接着柱头的细长部分，可以接收花粉，并用子房产生胚珠。

支流 流入另一条溪流、河流或湖泊的溪流。

脊椎动物 任何有脊骨的动物，这包括哺乳动物、鱼类、鸟类、爬行类和两栖类动物。

腹鳍 长在鱼肚子上的偶鳍中的任意一个。

瀑布 河流从坚硬的岩石上垂直倾泻而下形成瀑布。

一条河流的源头往往很小。

鳟鱼只生存在淡水环境中。

词汇表

触须 头两边的感觉器官，也被称为触角。触须有很多功能，包括确定方向、味觉、视觉和听觉。螃蟹、龙虾和对虾都有触须。

螃蟹是甲壳类动物。

节肢动物 动物王国的一个主要分支，由一甲壳质成对连接副肢的外骨骼和分节的身体。

双壳贝类 一种由两个开合的瓣组成贝壳类动物。

伪装 动物用来避开捕食者注意的方法，通常与周围环境融为一体。

甲壳 螃蟹、龙虾和小虾身体外部的硬骨质覆盖物。乌龟外壳的顶部也称为甲壳。

螯足 甲壳类动物用于支撑螯的副肢。

叶绿素 大多数植物都有绿色素，主要进行负责光合作用。光合作用是植物利用阳光制造食物的过程。

腔肠动物 水栖无脊椎动物，通常有一个简单的囊状腔身体。水母、珊瑚和海葵都是腔肠动物。

珊瑚虫 用有刺的触须捕捉食物的小型海洋动物。许多珊瑚群居，称为珊瑚礁。

热带鱼只能生活在温暖的栖息地。

甲壳动物 一种无脊椎动物，具有两对触须和有关节的腿。

背鳍 位于鱼类背部的鳍。

生态学 研究有机体与其生存环境之间关系的科学。

棘皮动物 指一种海洋动物，它具有内骨架，并且身体等分为五部分，例如海星。

濒临灭绝 一个物种的数量很少，可能会灭绝。

侵蚀 流水、风力和冰作用于岩石或土壤，以碎片的形式逐渐脱离而使其变薄的过程。

河口湾 河水流入海洋时宽阔的低洼地区。

灭绝 一个物种的永久消失。现在经常是狩猎或污染的结果。

外骨骼 围住动物身体的坚硬外部结构，由在关节处结合在一起的弯曲的鳞甲和软管组成。甲壳动物有外骨骼。

动物群 生活在特定栖息地的动物。

植物群 生长在特定栖息地的植物。

化石 保存在岩石中的生物遗骸或遗迹。

藻体 海洋植物的叶子或叶状部分，有时边缘有褶。

岩藻黄素 海洋植物（如大型褐藻）中的棕色色素。这种色素遮住了叶绿素。

腹足动物 不对称的软体动物，包括帽贝、蜗牛和蛞蝓，它们的脚宽而扁，如果有壳，那么壳只有一枚且为圆锥形。

美洲红鹮生活在南美洲北部沿海的动物群之中。

花岗岩 一种晶粒粗糙的火山岩，最初形成于地球内部深处。

栖息地 动植物生活的自然环境或常态的家。

高潮 涨潮时达到的最高水位。

吸盘 海洋植物的分支结构，可以固定在岩石上，以此将植物固定在某处。吸盘有时也被叫作附着器。

寄主 为寄生虫提供食物和住所的生物。

火成岩 一种由熔化的岩石凝固形成的岩石，如熔岩。

潮间带 海水最高高潮与最低低潮之间的海岸。

无脊椎动物 没有脊柱的动物。

大型褐藻 一种海藻，通常是棕色的且有吸盘。

熔岩 通常是指火山喷出的岩浆，也指熔岩冷却后形成的岩石。

低潮 退潮时达到的最低点。

肺 用于呼吸的身体器官。

中脉 植物叶片中央的一条主脉。

迁徙 动物搬到一个新的栖息地。许多动物每年定期迁徙来觅食或繁殖。

矿物 一种天然生成的无机物，通常很硬。大部分岩石是由矿物构成的。

互利共生 两种不同生物形成的对彼此都有益的密切关系。小丑鱼和海葵就有这样的关系，它们互相提供保护，免受掠食者攻击。

小潮 每14～15天发生的潮汐，恰逢上弦月和下弦月。这股潮汐既不太高也不太低。

生物 有生命的东西。

寄生虫 一生的部分或全部时间与另外一种动物存在密切联系，从其身上吸取营养并住在其体内，但是不给予任何回报的生物。

叉棘 覆盖在棘皮动物表面尖锐的、像喙一样的结构，可用于捕食和防御。

藻红素 像大型褐藻这类海洋植物所含有的红色素，能够遮盖叶绿素。

浮游生物 水表层的体型微小的原生动物和藻类，随流水漂浮。

浮游生物分为浮游动物和浮游植物。

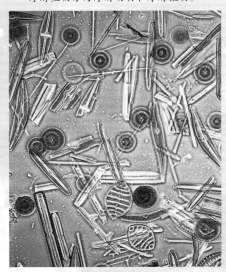

所有的双壳贝类、贻贝都是无脊椎动物。

污染 化学物质和其他药物对自然界所造成的破坏。

食肉动物 捕猎其他动物为食的动物。

猎物 被食肉动物捕食的动物。

食腐动物 以枯枝落叶和动物遗体为食的动物。

沉积物 沉淀在海底的微小岩石颗粒。搅拌时，会使海水变浑浊。

页岩 一种由坚硬的泥土细粒组成的岩石。

淤泥 可以形成海床的岩石或矿物的微小颗粒。

物种 自然界中能够共同繁衍后代的一群生物。

朔望潮 每14～15天（新月和满月时）发生的潮汐，这时海浪达到最高和最低。

柄 植物的茎或干。

小丑鱼和海葵互惠互利。

海岸线 退潮时，冲上岸的贝壳、海藻、浮木或其他残骸存留的痕迹线。

共生 两个不同物种之间互相依赖而得以生存的密切关系。

马蹄螺 一种扁锥形壳的海生腹足动物。

涉禽 在岸边觅食的鸟类，通常站在浅水中，将长嘴探进沙里寻找昆虫和蠕虫。

海草 海藻的主要类型之一，通常是棕色的，纹理坚韧而光滑。

植被 生长在特定栖息地的植物。

毒液 被动物咬伤或蜇伤过程中所传导的有毒物质。

脊椎动物 有脊柱的动物，有五种主要类型：鱼类、两栖动物、爬行动物、鸟类和哺乳动物。

海草是常见的沿海植被。

词汇表

洛仑兹壶腹　鲨鱼口鼻部的感觉毛孔，与敏感、充满胶状物的身体内部相连。当猎物靠近时，毛孔可以检测到来自猎物的电脉冲。科学家认为，鲨鱼在迁徙的时候，洛仑兹壶腹还能作为一种天然指南针来指引鲨鱼们顺利迁徙。

臀鳍　有些鲨鱼在身体的后下方长有臀鳍。

触须

铰口鲨

触须　位于某些鲨鱼的嘴部前端，是一种肉质的、敏感的探测器官。触须可以用来在海底的泥沙中寻找隐藏的猎物，也可以帮助鲨鱼提高嗅觉和味觉。

软骨　坚固的软骨组织构成了鲨鱼的骨架。软骨很灵活，但硬度不及骨头。

软骨性　在描述动物种类的时候，软骨性是指这种生物的骨架是软骨，而不是硬骨。软骨性鱼类包括鲨鱼、鳐鱼、魟鱼和银鲛等。

尾鳍　尾部的鱼鳍。由于种类不同，鲨鱼尾鳍的形状不同，大小不一。

鲨鱼饵　鲨鱼的一种鱼饵，由带血的腐肉做成，味咸。

鳍脚　雄性鲨鱼的生殖器官，位于腹鳍内侧的边缘，通过它来释放精子。

泄殖腔　鲨鱼的生殖孔和排泄口。

共生　生物体的一种生存方式，这种方式使一方从中受益，对另一方则没有影响。例如引水鱼和鲨鱼就存在共生关系：引水鱼紧贴鲨鱼的腹部游泳以寻求保护，而鲨鱼并不受它影响。

桡足类动物　桡足类动物是小型水生动物的一种。小型水生动物有4500多种，它们是浮游生物的重要组成部分。有的桡足类动物附着在鲨鱼的鳍部和鳃部，以鲨鱼的皮肤分泌物和血液为生。

角膜　一层坚硬透明的隔膜，附着在章鱼、鱿鱼和脊椎动物眼睛的虹膜和瞳孔上。

甲壳动物　带有硬壳的水生生物，如螃蟹、虾等。它们是某些鲨鱼的食物。

牙本质　一种由矿物质组成的密实材料，是牙齿的主要组成部分。

盾鳞　它像鲨鱼的盔甲，覆盖在鲨鱼身体的外部，起保护作用。和一般的牙齿类似，盾鳞也是由牙本质和牙釉质组成的，但盾鳞的位置不同，形状也不一样：口鼻部上的盾鳞是圆形的，而背面的是尖的。盾鳞呈脊状，它们与鲨鱼游动的方向一致，以减少阻力。

背脊　动物的背部（与腹部相对）。

背鳍　位于鲨鱼脊背的中部，用来保持鲨鱼的平衡。

棘皮动物　海洋中的一种无脊椎动物，是某些鲨鱼的食物。

生态学　一门研究生物体和环境以及生物体之间关系的学科。专注于这一领域的专家被称为生态学家。

生态系统　在一个特定的栖息地中相互作用的生物体的集合。

牙釉质　牙齿的外敷层，是动物体内最坚硬的物质。

胚胎　动物在出生前或从卵中孵化出来之前被称作"胚胎"。

疯狂进食　鲨鱼群在水中闻到血腥味或食物的味道后不可控制的行为。在疯狂进食的时候，鲨鱼常常忽视自己的安全，甚至会在这期间被其他鲨鱼咬伤。

化石　保留在泥土或岩石中的古老的动植物遗迹。

胆囊　一种小型袋状物，内有肝脏分泌的胆汁，用来帮助消化。

妊娠期　是指生物体从受精到出生之间的阶段，在这一时期胚胎得以发育。

鳃耙　某些鲨鱼鳃弓处的梳状器官。它的功能是过滤掉捕食浮游生物时吸到嘴里的水分。

盾鳞

背鳍

尾鳍

黑鳍礁鲨

鳃 鱼的呼吸器官，吸进氧气，呼出二氧化碳。对鲨鱼和与它相近的物种来说，它们的鳃位于头部后方，有5~7个鳃裂。

铰口鲨的鳃

无脊椎动物 没有脊柱的动物（与脊椎动物相对）。

鳃瓣 位于鲨鱼腮弓处的羽状纤维，形状微小，上面布满了毛细血管。这些结构组织吸收氧气，上面排出二氧化碳。

侧线 对压力极其敏感的器官，分布在鲨鱼身体的两侧和头部。当有物体运动或者向鲨鱼靠近时，侧线可以检测到水中微小的压力变化。这在昏暗的水域里尤为重要。

迁移 动物种群从一个地方转移到另一个地方，然后再次返回的定期性移动。通常每年都会发生。

瞬眼睑 鲨鱼的第三个眼睑，在眼部移动以清洁和保护眼睛。它的功能和人类眨眼的作用很相似。

嗅觉 生物辨别气味的感觉。

食卵性 一种同类相食的现象，有些小鲨鱼出生后会以其他鲨鱼卵为食。

杂食性 以植物性和动物性食物为营养的习性。

鳃盖 硬骨鱼鳃的外壳。鲨鱼没有鳃盖。

耳石 鲨鱼耳内的碳酸钙颗粒，有平衡鲨鱼身体的作用。

输卵管 雌性鲨鱼输出卵子的器官，卵子在这里受精。

卵生 产卵后在母体外孵化的繁殖方式。

卵胎生 产卵后在母体内孵化的繁殖方式。

寄生物 从其他有机体身上汲取营养的动物或植物。

胸鳍 位于鱼体前部下方的一对鱼鳍，有助于鱼类上浮、转向，必要时还会快速停止移动。

腹鳍 位于鱼体后部下方的一对鱼鳍，比胸鳍小，也有利于鱼类转向、保持稳定。

浮游生物 微小的有机体，有时会移动，是某些鲨鱼的食物。它是鲸鲨的主要食物来源。

胸鳍

角鲨

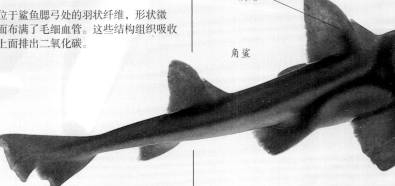

肉食性动物 天生以捕捉其他动物为食的生物。

鲨革 晒干的鲨鱼皮可以当作砂纸来抛光木材和石头。

呼吸孔 位于某些海底鲨鱼头部顶端的圆形鳃褶。

螺旋瓣膜 鲨鱼身体内的一种高效的螺旋形肠道。

做标记。

做标记 为了在野外追踪和研究鲨鱼，人们会在鲨鱼的鳍上做好标记，以随时记录它们的活动。

照膜 一层细胞，位于某些鱼类和夜行动物的眼睛视网膜的后方。这些细胞会反射光线，帮助生物在黑暗中观察事物。

脊椎动物 有脊柱的动物（和无脊椎动物相对）。

垂直迁移 海洋生物从海洋深处到浅水处，或者从浅水处到深处的移动。浮游生物每天都会垂直迁移，它们身后经常会有鱼类、鲸鱼和其他类似食肉动物的出现。

胎生 在母体内生长，是一种发育完全后才会出生的繁殖方式。

一只肉食性的牛鲨在浅滩觅食。

词汇表

两栖动物 包括青蛙、蟾蜍、蝾螈和火蜥蜴。大多数两栖类动物一开始生活在水中，成年后生活在陆地上。

大气 环绕行星的全部气体的总和。地球的大气层包含氧气、二氧化碳和氮，其中氧气和二氧化碳是生物所需的两种气体。

生物多样性 各种各样的生物体。世界一些地区比其他地区有着更丰富的生物多样性。

生物燃料 由特定农作物制成的类似汽油的燃料。生物燃料燃烧时，会向空气中释放水蒸气和二氧化碳。生物燃料作物生长时，会从空气中带走二氧化碳，这样一来，不管燃烧多少生物燃料，空气中的二氧化碳量保持不变。

生物群落：温带雨林

生物群落 生活在一定区域内和特定环境下的由各种特定植物和动物物种组成的生物群体。温带雨林、沙漠和珊瑚礁都是生物群落的例证。

生物圈 地球上生命存在的区域。它向上延伸数千米至大气中，向下延伸至海洋底部，甚至进入到地壳的岩石中。

气候变化 长期以来地球气候模式的变化方式。现在，气候变化主要是由人类将二氧化碳和其他气体排放到空气中造成的，这些气体主要来自燃烧森林和燃料。

克隆 与另一种动物共享其DNA的动物。同卵双胞胎是自然克隆，但科学家们还可以在实验室里制造人工克隆的动物。

保护 拯救栖息地和濒危野生动物的工作。

DNA 脱氧核糖核酸的简写，一种携带所有动物和其他大部分生物遗传密码的化学物质。

生态学 研究动物、植物和其他生物之间以及生物与环境之间的相互关系的科学。

生态系统 生活在特定栖息地的野生生物群落的总称。

生态旅游 一个野生生物节日，旨在尽量减少对环境的影响。生态旅游的收费可用于支付保护工作的费用。

进化 展示了多代生物是如何通过自然选择过程缓慢变化的。动物通过进化来适应环境的变化。

外来的 来自异国，与本土相反。外来动物常常会使当地，特别是岛屿上的动物濒临灭绝。

灭绝 动物灭绝，即一种种的所有成员都消失。灭绝可以是自然引起或是人为引起的。

肥料 添加到土壤中，帮助作物迅速生长的物质。天然肥料包括粪便和腐烂的物质；人造肥料由从空气中提取的氮气制成。

食物链 一种描述生态系统中各种生物之间食物营养关系的方式。食物链中的每一环都展示出一种动物（或植物），它会被另一种吃掉。食物链会一直延伸到顶级捕食者或是没有天敌的动物。

化石 可以当作石头保存起来的古生物的遗体或其他证据。大多数化石是由硬骨形成的。

化石燃料 石油、天然气和煤炭的统称，这些天

关键物种：皮革海星以贻贝为食，可以平衡生态系统。

然燃料是由埋藏于地下的森林和海洋生物遗体经过数百万年的变化逐渐形成的。

真菌 既非动物也非植物的一群生物体，常见的有蘑菇、霉菌和酵母。

基因库 冷冻精子、卵子或种子的仓库，包含遗传指令或基因，人们将其保存起来以防某一物种灭绝或不能自然繁殖。

遗传学 一门研究基因（DNA）中的编码指令，即如何以其方式引导生物生长、演变的学科。

属 近亲物种组成的群体，由最近的共同祖先进化而来。

栖息地 动物、植物或其他任何生物的生存环境。

热点地区 地球上不同动植物大量聚集的区域。

无脊椎动物 没有脊椎骨的动物，如昆虫、蠕虫和海星。

灌溉 从天然源头抽调水灌溉作物，这些作物会因没有足够的雨水而无法自然生长。

关键物种 生态系统中的重要成员，在其他野生生物之间起着关键性的桥梁作用。如果关键物种濒危，生态系统中的其他动物同样会受到威胁。

活化石 一个在几百万年间外貌没有显著变化，仍像其古老祖先的物种。例如土豚（上图），它虽然进化了几百万年，但变化不大。

哺乳动物 一类动物，包括羊、老虎、鲸和人类。所有的哺乳动物至少有一些毛发，还可以用乳汁喂养自己的孩子，这点不同于其他任一类型的动物。

大量消亡 因环境剧变，大量物种在短时间内迅速消亡的现象。

活化石：土豚

迁徙：白腰杓鹬

陨石　来自太空或小行星带，穿越地球大气层、撞向地球的岩石。较大的小行星会带来巨大的灾难，引发地球上诸多生命的消亡。

迁徙　动物为了寻找新的地方觅食、交配或哺育幼仔而发生的定期移居行为。大多数迁徙是双向旅程，春季迁出，秋季迁回。

软体动物　无脊椎动物中的一大类，其中许多都有外壳。软体动物包括蜗牛、蛞蝓、蚌和乌贼。

软体动物：蜗牛

本土的　是指一个物种的起源地。我们经常称某动物是某地的本土动物。但本土动物往往会受到从其他地方引进的物种的侵害。

博物学家　对野生动物研究之后对此方面精通的专家。

自然选择　不适应生存环境的生物体逐渐由于自然原因而遭到淘汰的过程。更能适应环境的亲缘物种更容易生存。

自然资源　人们从地球上搜集的物质。重要的自然资源包括水、金属、燃料、养料、木材和石头。

生态龛　一个物种在生态系统中所占据的位置，包括它生活的场所、如何找到食物，以及其所接触的其他物种等。

夜行性　指在夜间活跃。夜间活动的动物可能有着绝佳的视力，但他们也用嗅觉、听觉和触觉在黑暗中找寻所需的东西。

营养素　物质生长或能源消耗所需的物质，包括糖、蛋白质、脂肪、维生素以及铁、氮等其他元素。

寄生虫　寄生在另一个生物体（宿主）内部或表面，并对其造成损害的一种有机体。寄生动物包括跳蚤、虱子和绦虫。

杀虫剂　一种用来毒害害虫，通常是攻击作物和侵扰家园的昆虫的化学药品。化学药品对于非害虫的动物往往是不致命的，若误用可能导致健康问题。

浮游生物　一种无法控制其移动位置的生物，一般漂浮在水中——有时甚至浮在空气中。大多数浮游生物是微小的植物、动物和微生物。

偷猎者　捕杀受法律保护或所属别人的动物的人。

污染　人为添加到环境中引发问题（如杀死植物和动物或使人不适）的任何物质。

人口　一个特定物种的动物群体的总数。

捕食者　猎杀其他动物为食的动物。

史前的　人们开始记录历史事件之前的时间描述。

热带雨林　生长在终年多雨地区的一类森林。

爬行动物　一类动物，包括蜥蜴、蛇、龟和鳄鱼，皮肤干燥、有鳞。

物种　一个动物群体，其成员外貌相似，生活方式相同，可相互交配。

标本　从野外获取的可作为实例展示给他人的事物。

精子　由携带基因的雄性动物、真菌和大多数植物所产生的一种细胞类型。精子与雌性动物产生的卵子相结合，生育出一只动物幼崽或一棵新植物。

石器时代　在人类早期历史上，人们用石头作为主要建筑材料，并用它来制造武器和工具的一个时期。

亚种　生活在世界特定地区的某一物种的动物集群。例如，老虎这一物种分为九个亚种。一个亚种的个体与其他亚种的看起来略有不同。

分类学　依据物种的外观、DNA以及它们之间的关系对其进行识别、命名和分类的方法。

病毒　一种由DNA和蛋白质构成的致病源。病毒入侵生物体，利用它们进行自身复制，增加其数量。如此一来，动物或植物可能就会生病，甚至是死亡。

荒野　未受人类显著影响并完全保持天然状态的区域。

爬行动物：
旧金山花
纹蛇

感 谢

骨骼

DK出版社衷心感谢以下各位对本书的帮助：

The Booth Museum of Natural History,?Brighton, Peter Gardiner, Griffin and George, The Royal College of Surgeons of England, The Royal Veterinary College, and Paul Vos for skeletal material.

Dr A.V. Mitchell for the X-rays.

Richard and Hilary Bird for the index.

Fred Ford and Mike Pilley of Radius Graphics, and Ray Owen and Nick Madren for artwork.

Anne-Marie Bulat for her work on the initial stages of the book.

Dave King for special photography on pages 18-24 and pages 36-37.

作者对以下各位表示衷心感谢：

Position key: m=middle; b=bottom; l=left; r=right; t=top

Des and Jen Bartlett/Bruce Coleman Ltd: 55tl
Des and Jen Bartlett/Survival Anglia: 61b
Erwin and Peggy Baurer/Bruce Colema Ltd: 51t
BPCC/Aldus Archive: 13b, 14t, mr, br; 15t; 33b
Bridgeman Art Library: 12m; 13ml, 14ml; 15ml Jane Burton/Bruce Coleman Ltd, 37m A. Campbell/NHPA: 38b
CNRI/Science Photo Library: 30m; 53tr; 59br; 64tl
Bruce Coleman Ltd: 55br.
A. Davies/NHPA: 38t
Elsdint/Science Photo Library: 64tl
Francisco Eriza/Bruce Coleman Ltd: 54b
Jeff Foott/Survival Anglia: 54mr, 46m, 52m; 58m
John Freeman, London: 10bl; 11t; Tom and Pam Gardener/ Frank Lane Picture Agency: 37t
P. Boycolea/Alan Hutchinson Library: 15bl
Sonia Halliday Photographs: 47b
E. Hanumantha Rao/NHPA: 57b
Julian Hector/Planet Earth Pictures: 54t
T. Henshaw/Daily Telegraph Colour Library: 58br
Michael Holford: 13t; 15mr; 40t
Eric Hosking: 37br; 55bl; 46tr; 60m

F Jack Jackson/Planet Earth Pictures: 8l
Antony Joyce/Planet Earth Pictures, 37br Gordon Langsbury/Bruce Coleman Ltd: 36tr Michael Leach/NHPA: 60t
Lacz Lemoine/NHPA: 36mr
Mansell Collection: 10m; 11m; 19t; 40m; 47t; 60mr; 62t; 65br
Marineland/Frank Lane Picture Agency: 55m
Mary Evans Picture Libvrary: 10tl; br; 11b; 12t, b; 13mr; 14bl; 15br; 17br; 18l, r; 20ml; 30t; 49br; 62ml, mr; 66tl
Frieder Michler/Science Photo Library: 60m Geoff Moon/Frank Lane Picture Agency: 36br Alfred Pasieka/Bruce Coleman Ltd: 26t
Philip Perry/Frank Lane Picture Agency: 39t The Natural History Museum, London: 66-7b, 68tr.
Dieter and Mary Plage/Bruce Coleman Ltd: 44b
Hans Reinhard/Bruce Coleman Ltd: 36bl; 50bl
Leonard Lee Rue/Bruce Coleman Ltd: 36ml, 56ml
Keith Scholey/Planet Earth Pictures: 54ml Johnathan Scott/Planet Earth Pictures: 41bl Silvestris/Frank Lane Picture Agency: 39b Syndication International: 65bl
Science Photo Library: 310tr, 310c, 310bl, 311br.

Terry Whittaker/Frank Lane Picture Agency: 56bl
ZEFA: 41t; 43tr; 64b
Gunter Ziesler/Bruce Coleman Ltd: 41br

Illustrations by Will Giles: 16b; 17t; m; 311, r; 32b; 33t, 38bl, m; 39tl, br; 41m; 42b, 431, 56b; 48bl, bm, br; 49bl, bm; 50ml, mr, b; 51ml, mr, bl, br, 52ml, 53ml; 55tr, 56m, b; 57t, ml, mr; 58bm; 59m; 60t; 63tm

Natural History Museum, London Jacket:

Philip Dowell © Dorling Kindersley, Courtesy of The Natural History Museum, London:r

Picture research by: Millie Trowbridge All other images © Dorling Kindersley. For further information see: www.dkimages.com

河流与池塘

DK出版社衷心感谢以下各位对本书的帮助：

The Booth Museum of Natural History, Brighton, UK
Ed Wade and Respectable Reptiles, Hampton, UK, for help with the amphibians and reptiles
Richard Harrison and Robert Hughes, Upwey Trout Hatchery for help with the trout eggs
Anne-Marie Bulat for her work on the initial stages of the book

Artwork Fred Ford and Mike Pilley of Radius Graphics, and Ray Owen Design assistance Carole Ash, Neville Graham, Marytn Foote Special photography Kim Taylor, p.91; Dave King, pp.66–69, 92–95, 100–101, 116–117, and 126–127 Consultancy David Burnie Index Jane Parker Proofreading Caitlin Doyle Wallchart Peter Radcliffe, Steve Setford Clipart CD Jo Little, Lisa Stock, Claire Watts, Jessamy Wood

The author would like to thank the following:

作者对以下各位表示衷心感谢：

Don Bentley for loan of equipment; Mike Birch of Mickfield Fish Centre, Max Bond and Tim Watts of Framlingham Fisheries; CEL Trout Farm, Woodbridge; Keith Chell and Chris Riley of Slapton Ley Field Centre; Wendy and David Edwards, Ellen and Chris Nall, Jacqui and Tony Storer for allowing their ponds to be sampled; David Gooderham and Jane Parker for help with collecting; Andrea Hanks and staff at Thornham Magna Field Centre; Alastair MacEwan for technical advice; Ashley Morsely for fish care; Richard Weaving of Dawlish Warren Nature Reserve; John Wortley, Andy Wood and Anglian Water Authority.

DK出版社衷心感谢以下各位许可使用他们的图片：

(Key: a-above; b-below/bottom; c-centre; f-far; l-left; r-right; t-top)
Heather Angel: 107tr, 109br, 117br; G I Bernard/Oxford Scientific Films: 115cl; B Borrell/Frank Lane Picture Agency: 103c; David Boyle/Animals Animals/Oxford Scientific Films: 130b; Bridgeman Art Library: 98tr; British Museum/Natural History: 112tl; Jane Burton/Bruce Coleman Ltd: 128bl; B B Casals/Frank Lane Picture Agency: 103t; John Clegg: 111tl; G Dore/Bruce Coleman Ltd: 112cr, 124tr; Fotomas Index: 103cl; Mary Evans Picture Library: 86tl, 87tr, 94bl, 104tr; C B and D W Frith/Bruce Coleman Ltd: 105br; Tom and Pam Gardener/Frank Lane Picture Agency: 102br; D T Grewcock/Frank Lane Picture Agency: 126br, 135br; Mark Hamblin/Frank Lane Picture Agency: 103bc; David Hosking/Eric and David; Hosking: 91, 101cl; Mansell Collection: 77c, tr, cl, 99cl, 113br, 106bl; Oxford Scientific Films: 135t;Dr Morely Reed/Science Photo Library: 103bl; Jany Sauvanet/Natural History Photographic Agency: 104cl;Richard Vaughan/Ardea: 122cr; Roger Wilmshurst/Frank Lane Picture Agency: 93t

Illustrations by Coral Mula: 98bl; 99tl, 99cl; 100cl, 100bl, 100br; 102cl, 102c; 103ct

Wallchart:
Getty Images: Oleksandr Ivanchenko/Photographer's Choice ftr; Andy Rouse/The Image Bank cla (kingfisher)

Jacket:
Front: David Plummer/Dorling Kindersley: tl; all other images: DK Images. Back (all images): DK Images

All other images © Dorling Kindersley

更多信息请见：
www.dkimages.com

海岸世界

作者及DK出版社衷心感谢以下各位对本书的帮助：

Dr Geoff Potts and the Marine Biological Association of the United Kingdom, The Booth Museum of Natural History, Brighton, for supplying the specimens on pages 176–179, Trevor Smith's Animal World, Collins and Chambers, Wallace Heaton, Jane Williams, Jonathan Buckley, Barney Kindersley and Dr David George, Dr Paul Cornelius, Dr Bob Symes, David Moore, Ian Tittley, Arthur Chater, Dr Ray Ingle, Gordon Patterson, Dr John Taylor, Solene Morris, Susannah van Rose, Alwyne Wheeler, Chris Owen and Colin Keates of the Natural History Museum, Richard Czapnik and Carol Davis for help with design. Ella Skene for the index, Victoria Sorzano for typing, Fred Ford of Radius Graphics for artwork, and David Burnie for consultancy.

Illustrations: John Woodcock
Picture research: Elizabeth Eyres
Wallchart: Steve Setford and Peter Radcliffe

DK出版社衷心感谢以下各位许可使用他们的图片：

t = top; b = bottom; m = middle; l = left; r = right

Heather Angel: 136br, 147ml, 154tr, 166tl & b, 173br; Ardea London Ltd: 178bl; Erik Bjurstrom/Bruce Coleman Ltd: 194bl; Mark Boulton/Bruce Coleman Ltd: 132tl; Professor George Branch: 136b; Jane Burton/Bruce Coleman Ltd: 169tl; Bob & Clara Calhoun/Bruce Coleman Ltd: 161m, 167m; N Callow/NHPA: 155; G J Cambridge/NHPA: 139m; Laurie Campbell/NHPA: 148t; James Carmichael Jr/NHPA: 173bl; C Carvalho/Frank Lane: 147mr; Judith Clarke/Bruce Coleman Ltd: 195br, Eric Crichton/Bruce Coleman Ltd: 144tl, Nicolas Devore/Bruce Coleman

Ltd: 133m, Adrian Evans/Hutchison Library: 134m; Mary Evans Picture Library: 132m, 138tl, 142 & 143b, 144b, 147tr, 150tl, 151, 154tl, 160, 162tl, 171tr, 177tl, 179tl, 180tr & m, 182bl, 183tr; Kenneth W Fink/Ardea London Ltd: 180bl; Jeff Foott/Bruce Coleman Ltd: 148b, 154ml, 155bl; Neville Fox-Davies/Bruce Coleman Ltd: 149m; J Frazier/NHPA: 174tr; Pavel German/NHPA: 174tr; Jeff Goodman/NHPA: 164mr & br; Chris Gomersall/Bruce Coleman Ltd: 195tc; Ian Griffiths/Robert Harding Picture Library: 141br; Robert Harding Picture Library: 132b, 135bl; Michael Holford/Victoria and Albert Museum: 150br; Scott Johnson/NHPA: 155br, 172m; Tony Jones/Robert Harding: 135tr; M P Kahl/Bruce Coleman Ltd: 132bl; Franz Lanting/Bruce Coleman Ltd: 136tl Richard Matthews/Seaphot Ltd: Planet Earth Pictures: 179m; Marine Biological Association of the United Kingdom: 186tr; M Nimmo/Frank Lane: 132tr; Fritz Polking GDT/Frank Lane: 168m; Dr Geoff Potts:

154b;Niall Rankin/Eric Hosking: 178br; Ann Ronan Picture Library: 132br; John Taylor/Bruce Coleman Ltd: 167br; Kim Taylor/Bruce Coleman Ltd: 163tr; Roger Tidman/Frank Lane: 134tr; M I Walker/NHPA: 195bl; Bill Wood/NHPA: 164ml; Gunter Ziesler/Bruce Coleman Ltd: 153b

Jacket
Front: Corbis: Srdjan Zivulovic / Reuters ftr (puffin). FLPA: Ingo Arndt / Minden Pictures c.

Wallchart
Dorling Kindersley: Natural History Museum, London ca

All other images © Dorling Kindersley. For further information see: www.dkimages.com

鲨鱼

DK出版社衷心感谢以下各位对本书的帮助：

Alan Hills, John Williams, & Mike Row of the British Museum, Harry Taylor & Tim Parmenter of the Natural History Museum, Michael Dent, & Michael Pitts (Hong Kong) for additional special photography; the staff of Sea Life Centres (UK), especially Robin James & Ed Speight (Weymouth) & Rod Haynes (Blackpool), David Bird (Poole Aquarium), & Ocean Park Aquarium (Hong Kong), for providing specimens for photography & species information; the staff of the British Museum, Museum of Mankind, the Natural History Museum, especially Oliver

Crimmen of the Fish Dept, the Marine Biological Association (UK), the Marine Conservation Society (UK), Sarah Powler of the Nature Conservation Bureau (UK), the Sydney Aquarium (Darling Harbour, Australia), John West of the Aust. Shark Attack File (Taronga Zoo, Australia), George Burgess of the International Shark Attack File (Florida Museum of Natural History, USA), Dr Peter Klimley (University of California, USA), & Rolf Williams for their research help; Djutja Djutja Munuygurr, Djapu artist, 1983/1984, tor bark painting; John Reynolds & the Ganesha (Cornwall) for the tagging sequence; Oliver Denton & Carly Nicolls as photographic models; Peter Bailey, Katie Davis (Australia), Muffy Dodson

(Hong Kong), Chris Howson, Earl Neish, Manisha Patel, & Helena Spiteri for their design & editorial assistance; Jane Parker for the index; Julie Ferris for proof-reading.

Maps: Sallie Alane Reason.
Illustrations: John Woodcock.
Wallchart: Neville Graham, Sue Nicholson, and Susan St. Louis.

DK出版社衷心感谢以下各位许可使用他们的图片：

a=above t=top b=bottom/below
c=centre l=left r= right

Ardea: Mark Heiches 235bl; D Parer & E Parer-Cook 202tc; Peter Sleyn 191b, 213bc; Ron & Val Taylor 190br, 221bl,

223cl,224tr, 232ct, 235t, 235bc, 236tr, 236cr; Valerie Taylor 202bl, 2141, 234c, 234bl, 243tr; Wardene Weisser 191c. Aviation Picture Library / Austin J Brown: 237br.
The British Museum/Museum of Mankind: 229tl. Bridgeman: The Prado (Madrid), The Tooth Extractor by Theodor Rombouts (1597–1637), 215bl; Private Collection, The Little Mermaid by E S Hardy, 204tl. Corbis: Will Burgess/Reuters 233cla; Capricorn Press Pty: 239tl, 239tr. J Allan Cash: 210br, 233tr, 234tlb. Bruce Coleman Ltd: 242c.
Neville Coleman Underwater Geographic Photo Agency: 203cr, 227bl, 244cr. Ben Cropp (Australia): 233b. C M Dixon: 230cr.
Dorling Kindersley: Colin Keates 208tr,

321

215br; Kim Taylor 204tl; Jerry Young, 192cr, 225cr. Richard Ellis (USA): 200r.

Eric Le Feuvre (USA): 203br. Eric & David Hoskings: 239cl. Frank Lane Picture Agency: 213br. Perry Gilbert (USA): 234tr, 234trb.

Peter Goadby (Australia): 211t. Greenpeace: 241tr; 242br. T Britt Griswold: 227b. Tom Haight (USA): 228t.

Sonia Halliday & Laura Lushington: 233tl. Robert Harding Picture Library: 201tr. Edward S Hodgson (USA): 243lb, 244lb.

The Hulton Picture Company: 217tl, 225cl. Hunterian Museum, The University of Glasgow: 196c. The Image Bank / Guido Alberto Rossi: 213t.

Intervideo Television Clip Entertainment Group Ltd: 189t. F Jack Jackson: 232cr, 232br. Grant Johnson: 237clb. C Scott Johnson (USA): 233cb.

Stephane Korb (France): 241cr, 241b. William MacQuitty International Collection: 228bc. Mary Evans Picture Library: 193t, 219t, 221t, 223t, 231tl, 235tl, 238br, 243tl.

National Museum of Natural History, Smithsonian Institution (Washington, DC): Photo Chip Clark 196r. NHPA: Joe B Blossom 206cr; John Shaw 206tl; ANT/Kelvin Aitken 221cr. National Marine Fisheries Service: H Wes Pratt 237ct, 242tl; Greg Skomal 54bl; Charles Stillwell 206tc, 206tr.

Ocean Images: Rosemary Chastney 211b, 212b, 212c, 237cl; Walt Clayton 198br, 222cl; Al Giddings 198cr, 218br, 221cl, 222bl, 236bl; Charles Nicklin 212br; Doc White 203cl, 203bcl.

Oceanwide Images: Gary Bell 231cla. Oxford Scientific Films: Fred Bavendam 208cl, 222b: Tony Crabtree 217b, 218t; Jack Dermid 208cr; Max Gibbs 210cbr; Rudie Kuiter 2761; Godfrey Merlen 226br; Peter Porks

218c; Kirn Westerskov, 232tr; Norbert Wu 228cr.

Planet Earth Pictures: Richard Cook 242bl; Walter Deas 207bc, 222c, 231bl; Daniel W Gotshall 213cl; Jack Johnson 234br; A Kerstitch 204cr, 204bc, 204b; Ken Lucas 203tr, 207cr, 222tr, 225bl; Krov Menhuin 210bl; D Murrel 215t; Doug Perrine, 206br, 208t, 209bcr, 237br, 238tr, 55cr; Christian Petron 225br; Brian Pitkin 207tl; Flip Schulke 213tl; Marty Snyderman 203bl, 210t, 225t, 226t, 237cr; James P Watt 215t, 215b, 216t, 216b; Marc Webber 213bl; Norbert Wu 209c, 231br. Courtesy of Sea Life Centres (UK): 245bl. Shark Angling Club of Great Britain: 241cl. The Shark Trust: 246tr.

Courtesy of Sydney Aquarium (Darling Harbour, Australia): 245br. Werner Forman Archive / Museum of Mankind: 230cl. Courtesy of Wilkinson Sword: 243cl.

Rolf Williams: 99tl, 101cr (in block of six), 241tr, 244tr.

Jacket: Front: Dorling Kindersley: Jeremy Hunt - modelmaker c. Back: Dorling Kindersley: The British Museum cb, clb, ftl, c, br; Natural History Museum, London fcrb.

Wallchart: Ardea: Valerie Taylor cra (hammerhead); DK Images: Natural History Museum, London cb (gill rakers), cb (jaw), cb (teeth); Getty Images: Jeffrey L. Rotman / Photonica cla (danger sign); Photographer's Choice / Georgette Douwma cb (turtle); Photoshot / NHPA: A.N.T. Photo Library cb (whale shark) Marty Snyderman Productions: clb.

All other images © Dorling Kindersley. For further information see: www.dkimages.com

濒危动物

DK出版社衷心感谢以下各位对本书的帮助：
Charlotte Webb for proofreading and Monica Byles for the index.

DK出版社衷心感谢以下各位许可使用他们的图片：

(Key: a-above; b/g-background; b-below/bottom; bl-below left; br-below right; c-centre; cl-centre left; cr-centre right; l-left; r-right; t-top; tl-top left; tr-top right; crb-centre right below; cra-centre right above.)

Alamy Images: Derrick Alderman 279cr; Peter Arnold, Inc 267br, 300br; Peter Arnold, Inc. 285tr; Blickwinkel 281cr; Bronstein 276–277b; John Cancalosi 247b, 300–301; Coinery 248clb, 301cr; Custom Life Science Images, 275t; Enigma 248bc, 290cla; Bob Gibbons 274cl; Mark Goble 285c; imagebroker 252cl, 301t; Juniors Bildarchiv 274–275; Wolfgang Kaehler 272c; Frans Lemmens 289tr; LOOK Die Bildagentur der Fotografen GmbH 280bl; The Natural History Museum 246tc, 248cra, 253cr, 257br; Rolf Nussbaumer Photography 275br; Michael Patrick O'Neill 256b, 277cb; Photoshot Holdings Ltd 273tl; Pictorial Press Ltd 291cr; Vova Pomortzeff 265br; Robert Harding Picture Library Ltd 289bl; Clive Sawyer 277tr; John Sullivan 319br; Jeremy Sutton–Hibbert 246tr, 288–289, 295cr; Duncan Usher 306–307; Ardea: Nick Gordon 278cl; Joanna Van Gruisen 287tl; Ken Lucas 283cr; Pat Morris 252tr; Kenneth W.Fink, 250tl; Biodiversity Institute

of Ontario/Suz Bateson: 253crb; Corbis: 300tr; Atlantide Phototravel 271t; Bettmann, 252–253; Tom Brakefield, 244, 261cl; Ralph A. Clevenger 260bl; Howard Davies 304b; Nigel Dennis; Gallo Images 298c; Eric Draper/Aurora Photos 281tr; How Hwee Young/epa 258tl; Kevin Fleming 263cr; Frank Lane Picture Agency 289tl; The Gallery Collection 251cr; David T. Grewcock/Frank Lane Picture Agency 293ca; Louise Gubb 302–303b; Martin Harvey, 296–297b, 305tr; Chris Hellier, 250bl; Andrew Holbrooke, 294–295; Hulton-Deutsch Collection 255tr; Frans Lanting 246crb, 285tl, 286tl; Frederic Larson/San Francisco Chronicle 287b; John Lee/Aurora Photos 250clb; Joe McDonald 258bl; Amos Nachoum 260cr; Michael Nicholson 294cl; Radius Images 258–259b; Hans Reinhard 284c; Lynda Richardson 282b; Jeffrey L. Rotman 263tr, 290–291; Sanford/Agliolo 269tl; Kevin Schafer 268–269; Michael St. Maur Sheil 285br; Paul Souders 248tl, 282–283; Keren Su 255tc; Jeff Vanuga 273br; Visuals Unlimited 283tr; Kennan Ward 262tl, 286cl; Stuart Westmorland 318b; Ronald Wittek/dpa 298tl; Luo Xiaoguang/Xinhua Press 298–299; Detroit Public Library/Burton Historical Collection: 288bl; Dorling Kindersley: Geoff Brightling, Courtesy of University College, London 270fcl; Geoff Brightling/ESPL-modelmaker (c) ESPL 270r; Courtesy of the Pitt Rivers Museum, University of Oxford 271c; Frank Greenaway, Courtesy of the National Birds of Prey Centre, Gloucestershire, 257fcl; Jon Hughes 269tr; Colin Keates 268cl, 268fcl; Colin Keates, Courtesy of the Natural History Museum, London 247tl, 261cr, 268cr, 270cl; Courtesy of the Linnean Society of London

252br; Gary Ombler, Courtesy of Paradise Park, Cornwall 309b; Kim Taylor 251tr; friendagorilla.org: 304tl; Getty Images: 253tr, 290bl, 295br; AFP 252bl, 259tl, 273tr, 281br, 293tr, 295tl, 307br; Tom Brakefield 302c; Brandon Cole 290tl; Max Dannenbaum 277ca; Dinodia Photos 251l; David Doubilet 250cla; Paul E.Tessier 279t; Gerry Ellis 278r; Don Farrall 257cl; Sue Flood 279bl; Jeff Foott 309bl; Fotog crb, 272–273b; Martin Harvey, 257cr; Wim van den Heever 308crb; Andrew Holt 273ca; Jeff Hunter, 260–261t; Robb Kendrick 287tr; Frans Lemmens 308c; George Loun 303c; Joe McDonald 251br, 297tr; Mason Morfit 271br; National Geographic 300bl; Stan Osolinski 299tl;Joel Sartore 265tr, 308–309b; Kevin Schafer 297br; Anup Shah 292cl; SSPL 255bl; SuperStock 305cr; Tetra Images 248cla, 273cl; Ron and Patty Thomas 314l; Tony Tilford 252cr; Ann & Steve Toon 302tl; Greg Vaughn 246br, 277br; Sven Zacek 273cr; IUCN (International Union for Conservation of Nature): 260cl; Chris Jordan: 286cr; The Kobal Collection: Sam Emerson/ 20th Century/Zanuck Co. 307cr; Moulinsart: 267tc; Arne N vra/Naturbilder: 280r; National Geographic Stock: 263l, 267tr; Robert Campbell 304cl; Charles R. Knight 271bl; naturepl.com: Barrie Britton 254l; Martin Dohrn 277tl; Pete Oxford 246bc, 262br, 280cl; Morley Read 264–265c; Anup Shah 284–285b; Jean-Pierre Zwaenepoel 279br; New Zealand Post: 266tl; NHPA/ Photoshot: 284tl; Joe Blossom, 246tl, 276tl; Gerald Cubitt 309br; Jany Sauvanet 289br; NOAA: 262bl, 297cl; PA Photos: Doug Alft, 299tr; Hidajet Delic 270bl; Khalil Senosi 295tr; Photolibrary: Gerard Lacz 266b; OSF/ Andrew Plumptre 305br; Oxford Scientific Films 291tc; David Redfield/Research in Review Magazine, Florida State University:

267bl; Reuters: Ho New 305tl; Francesco Rovero/Museo Tridentino di Scienze Naturali: 263br; Science Photo Library: Georgette Douwma 281cl; Steve Gschmeissner 255c; Lawrence Lawry 264tl; Hank Morgan 301; Photo Researchers 299cr; Power and Syred 262c; Philippe Psaila 256t; Martin Shields 303tr; The Telegraph Group: 275cr; University of Cambridge – University Library: 254br; Ross Wanless/Percy FitzPatrck Institute of African Ornithology: 267tl; Fiona Watson/survivalinternational. org: 302bl; Martin Williams: 303tl

Wallchart: Alamy Images: Custom Life Science Images cl; Ardea: Kenneth W.Fink tr; Corbis: Bettmann cla, Tom Brakefield crb, Martin Harvey bl, Chris Hellier cra, Andrew Holbrooke cb; Dorling Kindersley: Frank Greenaway, Courtesy of the National Birds of Prey Centre, Gloucestershire cla; Getty Images: Martin Harvey tl, Jeff Hunter c; NHPA/Photoshot: Joe Blossom cr; PA Photos: Doug Alft clb.

Jacket images: Front: Corbis: Andy Rouse Getty Images: Greg Vaughn tl. Back: Dorling Kindersley: David Lyons, Courtesy of the New Bedford Whaling Museum, Massachusetts cra; Getty Images: crb; naturepl.com: Pete Oxford cl; NHPA / Photoshot: Thomas Arndt tl.

All other images © Dorling Kindersley For further information see: www.dkimages. com

绿色印刷　保护环境　爱护健康